BERNHARD VERBEEK

DIE ANTHROPOLOGIE DER UMWELTZERSTÖRUNG

BERNHARD VERBEEK

DIE ANTHROPOLOGIE DER UMWELTZERSTÖRUNG

Die Evolution und der Schatten der Zukunft

WISSENSCHAFTLICHE BUCHGESELLSCHAFT
DARMSTADT

Einbandbild: Fotografie von Bernhard Verbeek.
Einbandgestaltung: Studio for Communication Design
Ulrich Franz & Neil McBeath, Stuttgart.

CIP-Titelaufnahme der Deutschen Bibliothek

Verbeek, Bernhard:
Die Anthropologie der Umweltzerstörung: Die Evolution und der Schatten der Zukunft / Bernhard Verbeek. – Darmstadt: Wiss. Buchges., 1990
ISBN 3-534-11334-9

Bestellnummer 11334-9

Gedruckt auf säurefreiem und alterungsbeständigem Werkdruckpapier
Satz: Setzerei Gutowski, Weiterstadt
Druck und Einband: Wissenschaftliche Buchgesellschaft, Darmstadt
Printed in Germany
Schrift: Linotype Times, 9.5/11

ISBN 3-534-11334-9

INHALT

II. Eigenheiten des Menschen

1. EINLEITUNG

Mehr und mehr setzt sich in den entwickelten Industrieländern die Erkenntnis durch, daß die Umweltzerstörung die wahrscheinlich größte Gefahr für die Zukunft der Menschheit ist. Ressourcen werden unwiederbringlich verbraucht. Unsere elementaren Lebensgrundlagen, Boden, Wasser, Luft werden fortschreitend in ungünstiger Weise verändert oder vernichtet, ohne daß in historischer Zeit eine Chance zu ihrer Regeneration bestünde.

Etwa 60000 Chemikalien von industrieller Bedeutung werden in die Kreisläufe der Biosphäre gebracht, teilweise in großen Mengen. In den meisten Fällen sind die Folgen unbekannt. Wir wissen fast nichts über ihren Verbleib und ihre vielfältigen Umwandlungen in der Natur. Bisweilen entstehen Ultragifte von unglaublicher Potenz. Selbst wenn – oft erst nach Jahren – die gravierenden Folgen erkennbar sind, wird nur sehr zögerlich gehandelt.

Fairerweise muß man allerdings auch den Nutzen sehen, welchen solche Stoffe oft nicht nur denjenigen bringen, die damit unmittelbar Geld verdienen, sondern auch der Menschheit allgemein – zumindest zunächst einmal. Als eines von vielen möglichen Beispielen mag hier das DDT dienen. 1939 entdeckte der Schweizer Chemiker Paul MÜLLER die insektiziden Eigenschaften dieser an sich schon lange bekannten chemischen Verbindung. Geringe Toxizität für Wirbeltiere und hohe chemische Haltbarkeit ließen sie als ideales Mittel für kleine und große Einsätze erscheinen. In der Tat dürfte DDT Millionen von Menschen das Leben gerettet haben, indem es die biblischen Plagen der Heuschrekkenschwärme oder Krankheiten übertragende Insekten ausschaltete. Es sammelte sich aber – dank der zunächst für den Anwender so angenehmen Persistenz – über die Nahrungskette im menschlichen Organismus in gefährlichen Konzentrationen an. Bei andauernder Toxizität für die Endglieder der Nahrungskette verlor es rapide seine Wirksamkeit. Denn die angezielten Schadinsekten wurden infolge genetischer Anpassung resistent, ihre Freßfeinde aber waren vernichtet. Der anfängliche Nutzen verkehrte sich vielerorts schon für oberflächliche Betrachter ins Gegenteil, was schließlich auch seine gesetzliche Einschränkung erleichtert haben dürfte. In der Bundesrepublik Deutschland wurde sein Einsatz 1974 verboten.

Damit aber ist dieses beispielhafte Kapitel noch keineswegs abgeschlossen. Einmal in den Nahrungskreislauf gebracht, verbleiben solche hartlebigen Gifte dort, ja sie reichern sich bekanntlich insbesondere bei den Endverbrauchern, also auch dem Menschen, noch Jahre nach ihrem letzten Einsatz an. Greifvögel etwa erweisen sich als DDT-Akkumulatoren. Sie gehen ein, zumindest sind vielfach ihre Eier nicht mehr schlupffähig. Manche Arten sterben aus. Erst 11 Jahre nachdem der Anwendungsgipfel dieses Stoffes überschritten ist, wird der Konzentrationsgipfel im Fischfleisch erreicht (MEADOWS 1972). Eine Bevölkerung, die sich hauptsächlich von Fischen ernährt, dürfte das Maximum ihrer DDT-Belastung erst noch später erfahren.

In der Schwangerschaft und beim Stillen werden die Fettreserven mobilisiert. Ausgerechnet in diesem Gewebe sind die Giftkonzentrationen besonders hoch. Muttermilch – für den natürlich aufwachsenden Menschen lange Zeit das einzige Nahrungsmittel – erreichte bald eine derart hohe Schadstoffbelastung, daß sie als Nahrungsmittel hätte verboten werden müssen. Für die Ernährungsadministration aber kein Problem: da Muttermilch kein kommerzielles Gut ist und es infolgedessen auch keinen Markt dafür gibt, braucht man sie auch nicht vom Markt zu nehmen.

Sorgen schädigen die Gesundheit. Ein ganzes Volk kann hypochondrisch werden. Somit glauben viele der für das Volkswohl Verantwortlichen, am wirkungsvollsten ihre Pflicht zu erfüllen, wenn sie beruhigende Erklärungen abgeben. Radioaktivitätsmessungen des Deutschen Wetterdienstes werden zur Geheimnissache, die Unbedenklichkeitsschwellen erst am Tag danach definiert.

Immerhin, DDT hat man vom Markt genommen. Aber wieder wird die Gruppe von Menschen, die sich aufgrund einer sinnvollen verhaltensbiologischen Disposition in höherem Maße verantwortlich für die Zukunft der kommenden Generation fühlt als das Gros der Repräsentanten des Wohlstandes, nämlich die Eltern kleiner Kinder, durch neue Schreckensmeldungen beunruhigt. Von Jahr zu Jahr findet man in steigender Konzentration die in geringsten Spuren hochgiftigen Isomere des als Sevesogift bekannt gewordenen Dioxins auch wieder in der Muttermilch. Es stammt nicht nur aus der Müllverbrennung. Erschreckende Konzentrationen fand man zum Beispiel im Hamburger Elbtunnel, wo sich die Autoabgase niederschlagen. Ganz erhebliche Mengen dieses Ultragiftes stammen aus der Herstellung von Pentachlorphenol, das unter anderem in Holzschutzmitteln Verwendung findet (BOLT 1990). Industrielle und häusliche Verbrennungsprozesse liefern ebenfalls ihren Beitrag. Ein gewisser Level gilt schlicht als unvermeidlich für eine Industriegesellschaft. Im übrigen kann man nicht ernsthaft bestreiten, daß auch schon in den Feuerstellen der Steinzeit Dioxine und andere Carzinogene entstanden sein müssen. Somit besteht für nicht wenige Menschen das Hauptproblem in der Möglichkeit des analytischen Nachweises. Die Ursachen solch verengten Denkens werden uns noch beschäftigen.

Es ist nun einmal der Reproduktionsprozeß, der den Strom des Lebens aufrecht erhält, dessen Abreißen gleichzeitig sein Erlöschen bedeutet. Viele Arten haben durch seine Unterbrechung schon die Existenz verlassen. Deshalb ist es so erschreckend, mit welcher Gelassenheit man nun auch beim Menschen solche Vergiftungsmeldungen aufnimmt. Nur unter Einbeziehung menschlicher Irrationalität ist zu begreifen, daß besorgte Eltern als hysterisch abqualifiziert werden, unbesorgte Giftanwender aber als rational gelten. Brunnenvergiftung galt nicht ohne Grund als eine der schwersten Untaten. Die Vergiftung der Muttermilch hätte in anderen Kulturen die Menschen veranlaßt, die Herrschenden umzubringen, meint Carl Amery (1978).

Heute aber ist es die Menschheit als Ganzes, die herrscht – über die Erde. Ob die Menschheit ihre Mutter Erde ermorden wird oder erlösen, fragt der Universalhistoriker Arnold Toynbee im Schlußabsatz seines letzten großen Werkes; ein Muttermord wäre auch gleichzeitig Selbstmord. Der Selbstmord wäre gleichzeitig Tyrannenmord. Wir sollten aber nach friedlicheren Lösungen suchen.

Das irdische Leben ist von den ganz besonderen astronomischen Bedingungen auf unserem Planeten abhängig, also auch von seinem Strahlungshaushalt. Selbst in diesen greift man unbekümmert wirkungsvoll ein, ohne die Folgen (Verschiebung von Klimazonen, Überflutung dichtbesiedelter Landstriche) genau abschätzen zu können und vor allem: ohne sie verhindern zu können oder zu wollen (?). Ein ernsthafter Versuch ist jedenfalls nicht zu beobachten. Immer mehr Kohlendioxid wird weltweit zusätzlich in den Kreislauf von Biosphäre und Atmosphäre gepumpt, wodurch die Abgabe langwelliger Strahlung ins Weltall behindert wird. Im Jahre 1987 waren es 21 Mrd. t (Seiler 1990). Wesentliche Ursache ist der Einsatz fossiler Energieträger. Die anderen Nationen vorgehaltenen Waldrodungen spielen – in diesem Zusammenhang! – eine vergleichsweise geringe Rolle. Wir sind bisher (1990) in Deutschland noch nicht einmal zur Einführung eines energiesparenden Tempolimits bereit.

Um diese Problematik und den Schwund der Ressourcen zu mildern, empfiehlt eine mächtige Gruppe den weiteren Ausbau der Kernenergie; jedenfalls seit das Klimaproblem populär ist, wird dieses überraschend spät entdeckte Argument mit an erster Stelle genannt. Nach allen Plausibilitätsüberlegungen werden jedoch dadurch unvermeidbar strahlende Isotopen auf dem Erdball verbreitet, die sonst hier nie entstanden wären. Diese treffen das Leben in seinem Kern, in der Erbsubstanz. Mit dieser 'Lösung' wird ein Problem nur durch ein weiteres verstärkt, noch nicht einmal ersetzt. Denn durch die Begrenztheit auch der Kernbrennstoffe bedeutet ihr Einsatz ebenfalls keine dauerhafte Lösung des Energieproblems. Und nach allen Planungen der Energieexperten aus Politik und Wirtschaft sollte Kernenergie nicht *statt* der fossilen Energie bereitgestellt werden, sondern zusätzlich zu ihr, wie etwa die Szenarien der Enquetekommission des Bundestages zeigen.

Dieses Problem ist nicht zu lösen, solange gesteigerter 'Energieverbrauch' von unseren Meinungsführern als Zeichen einer wünschenswerten Art von Fortschritt und Lebensstandard verbucht wird, und vor allem, solange Verbrauch billiger ist als Sparen. Unter dem wachsenden Druck einer sich wandelnden öffentlichen Meinung ist zwar allmählich ein Umdenken zu beobachten. Es kommt aber spät und zögerlich. Und hoffentlich nicht zu halbherzig.

Nun ist der Nutzen des Einsatzes von Energieträgern für den einzelnen Menschen nicht zu bestreiten, und ein plötzlicher totaler Verzicht würde tödliche Folgen haben. Aber auch wenn der unmittelbare Nutzen ganz gering eingeschätzt werden muß, der Schaden aber als ganz erheblich, wird dies offenbar nicht als hinreichender Grund für einen Verzicht angesehen. Den Wettlauf zwischen wahrnehmbarem Reichtum und den nicht wahrnehmbaren Risiken (Beck 1986) hat bisher immer der Reichtum gewonnen. Als aktuelles Beispiel mag hier der fortgesetzte Einsatz von Fluor-Chlor-Kohlen-Wasserstoffen (FCKW) als Treibmittel zum Zwecke des Versprühens dienen: Seit 1971 ist das Problem bekannt. Nachdem man die Warnungen zunächst einmal jahrelang als Beispiel für die lächerlichen Sorgen einiger fortschrittsfeindlicher Akademiker abtat, handelt heute 'die Gesellschaft'.

Mit großem Aufwand werden diese auch als Arbeitsstoffe in Kältemaschinen verwendeten 'Ozonkiller' aus schrottreifen Kühlschränken abgefangen. Und zum gleichen Zeitpunkt wird dieser Stoff weiterhin hergestellt, und es werden weiterhin Sprühflaschen mit diesem Material gefüllt – eben zum Zwecke des Versprühens in die Atmosphäre. Aus rechtlichen Gründen ist ein Verbot angeblich nicht möglich. Das mit dem 'Recht auf Verschmutzung der Atmosphäre' konkurrierende Rechtsgut einer bewohnbaren Erde auch für künftige

Generationen ist offenbar nach derzeitigem Wertempfinden nachrangig. Man appelliert in diesem Zusammenhang an die verantwortungsvolle Souveränität des Konsumenten (dem man weiterhin mit wissenschaftlich betriebenen Marketingmethoden dasselbe Zeug oder 'Ersatzstoffe' mit teilweise gleichrangigem Gefährdungspotential zur Gewissensentlastung anbietet).

Irgendwelche Mechanismen im Steuerungssystem des Menschen oder seiner Kultur müssen ihn hindern, trotz offensichtlich hoch entwickelter Intelligenz, sein Verhalten zum nachhaltigen Nutzen des Lebens, sogar des Lebens seiner eigenen Art, einzusetzen. Irgend etwas muß den Menschen zur immer deutlicher erkennbaren kollektiven Zerstörung führen. Die vielfältigen Quellen, aus denen das destruktive Verhalten der Umwelt gegenüber gespeist wird, aufzudecken, ist vorrangiges Ziel dieses Buches. Dabei werden wir Licht werfen in konstitutiv sorgsam dunkel gehaltene Bereiche unserer letztlich rätselhaften raumzeitlichen Existenz in einem zunächst unbelebten Kosmos. Wir werden feststellen, daß der Boden, auf dem wir uns mit dem Gefühl größter Sicherheit bewegen, ein raffiniert evolviertes Gespinst aus Illusionen und Fakten ist, das uns eine nachtwandlerische Sicherheit im Umgang mit der außersubjektiven Wirklichkeit verleiht.

Den gelegentlich gehörten Vorwurf, man solle doch besser in zufriedener Unkenntnis bleiben und vor allem andere darin lassen, als die Menschen in unzufriedene Kenntnis zu versetzen, möchte ich nicht ganz leichtnehmen. Trägt doch der Baum der Erkenntnis in der Tat gefährliche, gerade von der Ökologie beklagte Früchte. Wir haben aber schon längst davon gekostet und betäuben nun unser Wissen mit den daraus destillierten Opiaten des Konsums. Für den mohnsüchtigen Wandler gibt es aber keine Garantie, daß er nicht in den Abgrund stürzt. Im Gegenteil, seine Euphorie ist wahrscheinlich tödlich. Auch die ignoranten Optimisten der sekttrinkenden Luxusklasse, welche die Titanic für unsinkbar hielten, sind untergegangen.

Der Untergang könnte als nächstes die ganze belebte Erde betreffen, wenn sie weiter von einer erkenntnisunfähigen, suchterlegenen Mannschaft bedient wird. Mit Richard ALEXANDER (1983, S. 172) dürfen wir feststellen, daß Menschen allgemein von sich annehmen, das Beste zu tun und zu wollen, daß aber „eine Gesellschaft aus wohlmeinenden Menschen, die sich selbst und ihre Geschichte genau kennen, besser daran ist, als eine Gesellschaft von Wohlmeinenden, denen dieses Verhältnis fehlt“. Für eine kausale Therapie bedarf es als notwendige Voraussetzung einer möglichst tiefen Kenntnis der Ursachen und Hintergründe unserer zukunftsbezogenen Probleme. Ohne einen „theoretischen und begrifflichen Durchbruch, vor allem in der Entdeckung von allgemeinen Gesetzen für die psychologischen und sozialen Bereiche", ist faktisch keine Einsicht in die fundamentale Natur und Dynamik menschlichen Verhaltens und sozialer Institutionen zu gewinnen (FRIEDGOOD 1972). In einer Situation, in der wir über sehr viel Macht und Herrschaftswissen, aber über sehr wenig Wissen zu deren Motivation und Eigengesetzlichkeit verfügen, ist Illusion eine denkbar ungeeignete Handlungsgrundlage. In den letzten zwei Jahrzehnten sind nun einige durchbruchartige Erkenntnisse erfolgt, die im folgenden für die angegangene brennende Problematik nutzbar strukturiert werden sollen.

Die uns selbst betreffende Naturerkenntis wird vielfach erschrecken, als Kränkung erlebt und dementsprechend erbittert bekämpft werden. Doch solches Erschrecken legt auch eine entscheidende Quelle des Mutes frei. Wie der Genetiker BRESCH (1983) das ausdrückt, kann man darin ein sicheres Zeichen erblicken, „daß wir Menschen *nicht* in einer Entwicklung zu immer größerer Brutalität stehen, sondern im Gegenteil auf dem Weg vom Tier zum Menschen doch den größten Teil der Strecke bereits zurückgelegt haben".

In einem letzten Kapitel soll schließlich eine begründete Heilungsstrategie entworfen werden – übrigens nicht als Heilsstrategie zu lesen. Von unverantwortlichen Heilslehrern möchte ich mich deutlich distanzieren. Irrationalität und Magie werden beleuchtet und berücksichtigt, aber nicht propagiert.

Die Ökologie hat einem großen Kreis von Menschen vor Augen geführt, daß es geschlossene Systeme in der physischen Realität nicht gibt, wenngleich sie als theoretische Annahme von großem Erkenntniswert sein können. Bei naturwissenschaftlichen Experimenten schirmt man nach Möglichkeit alle störenden Einflußgrößen ab, um die jeweils untersuchte Gesetzmäßigkeit deutlich erkennbar zu machen. Auch in den Geisteswissenschaften hat es sich seit langem bewährt, die Fachrichtungen sauber zu trennen. Soweit man im eigenen Bereich bleibt, bekommt man auf diese Weise keine Streitigkeiten mit Kollegen, die, wie man selbst auch, das eigene Revier mit dem Mut und der Ortskenntnis eines dort vom Nachbarn bedrohten Tieres verteidigen. So erfolgreich und konfliktminimierend dieses parzellierte Wissenschaftssystem anerkanntermaßen war und ist, so wenig wir auf solche Erkenntnisstrukturen auch künftig werden verzichten können, es wird dem Wesen der Natur nicht gerecht. Insbesondere in humanökologischen Fragen wird dies mit lebensgefährlicher Schärfe klar.

Dies möge als Rechtfertigung dienen, wenn nun – im vollen Bewußtsein der zwangsläufigen Unzulänglichkeit auch eines solchen Weges – mein Bereich der Biologie bewußt immer wieder verlassen wird. Dies erscheint mir als einzige Chance, die Realität besser abzubilden. Denn es ist nicht nur der Ignorant (dieser auch!), es ist vor allem der zu gute Fachmann, der z. B. artig nur die Wirtschaft wachsen ließ und alles ignorierte oder vehement bekämpfte, was dieses Wachstum stören könnte, es ist der Experte, der immer bessere Spraydosen konstruiert hat, immer rationeller Bäche in Rohre verlegt hat, der immer wirksamer Verkaufspsychologie betrieben hat, der sich die am besten werbenden Stromtarife ausgedacht hat, der die autogerechteste Stadt gebaut, die industrialisierteste Landwirtschaft ermöglicht hat, der sich auf Ökologie als wertfreie Wissenschaft beschränken ließ, auf Philosophie und Theologie ohne materielle Verunreinigung, es ist der brillante Funktionär seines Faches, der musterhaft seine Planerfüllung leistete, der ist es, der uns die ökologische Krise beschert hat. Jedenfalls zum großen Teil – soweit es die Wissenschaft betrifft.

Der Begriff 'Umweltzerstörung' ist anthropozentrisch gemeint, denn es gibt fast immer Lebewesen, die von einer in unserem Sinne zerstörten Umwelt profitieren. Die Elstern von den überfahrenen Tieren, die Möwen von den riesigen Müllkippen, die Steppenvegetation vom Sterben des Waldes, Wüsten- und Meeresorganismen von einer Klimaerwärmung.

Paradoxerweise ist es gerade das anthropozentrische Weltbild, die Vorstellung, die gesamte Natur habe ausschließlich dem Wohl und Wehe des Menschen zu dienen, was uns diese Umweltprobleme beschert. Atheistische Philosophen finden legitimierende Gründe und religiös orientierte Menschen bemühen die göttliche Vorsehung (dazu Drewermann 1983). Was hier mit Umweltzerstörung gemeint ist, sind die den Menschen betreffenden Probleme, die er selbst gemacht hat, nicht der riesige Meteor, der in Sibirien niedergegangen ist und eine riesige Fläche verwüstet hat, wohl aber das infolge der Waldrodungen im Himalaya periodisch überflutete Tiefland Bangladeshs, das vielleicht bald vom Meerwasser bedeckt sein wird.

Sowohl die Umwelt als auch der Mensch sind Teile der Natur – auch des Menschen Geist. Somit sei noch einmal begründet, daß die hier angesprochene Problematik nicht von der im veralteten Sinne reinen Lehre der Natur – *oder* Geisteswissenschaft sinnvoll behandelt werden kann, vielmehr ist eine integrierte Betrachtung unabdingbar.

Ob Wissenschaft allein überhaupt zu einer Lösung ausreicht, sei hier nur als ketzerische Frage formuliert.

I. EIGENHEITEN DER EVOLUTION

2. KANN DIE NATURWISSENSCHAFT ERKENNTNISSE ÜBER DEN MENSCHEN GEWINNEN?

Für erstaunlich viele Menschen ist diese Frage ganz schnell beantwortet, nur in ganz gegensätzlicher Weise. Die einen sagen: selbstverständlich ja! Die anderen bestreiten dies vehement und halten diese Frage schon für eine Beleidigung der menschlichen Würde.

Die Ursachen für diese Haltung sind sicherlich sehr vielfältig und können kaum erschöpfend behandelt werden. Ein in unserem Zusammenhang wichtiger Teil dieser Gründe sollte in den folgenden Kapiteln aber noch deutlicher werden. Sie sind identisch mit denen für die zwanghafte Zerstörung der Umwelt. Einiges sei aber hier schon angesprochen.

Eine Gefahr des Erfolges ist die Anmaßung. Die Naturwissenschaften haben unbestreitbar in den letzten zwei Jahrhunderten diese Gefahrenzone, die bislang vorwiegend den Größen des reinen Geistes vorbehalten schien, erreicht. Ihre Entdeckungen, technisch angewandt, können uns zu Recht erschrecken. Macht und Arroganz erzeugen Angst, Ablehnung und Aggression bei denen, die nicht an *diesem* Machtgefüge beteiligt sind. Wer aber einen Zipfel der Macht in der Hand hat, betrachtet sie als Teil seiner selbst und neigt dazu, sie zu erweitern.

Nun wähnen sich die kämpferischen Vertreter beider Seiten, wie in fröhlich kriegführenden Parteien überall auf der Welt üblich, den Gegnern in jeder Hinsicht haushoch überlegen, vor allem in moralischer. So erhält man im eigenen Lager die sogenannte Kampfmoral. Der Gegner wird kaum als vollwertiger Mensch akzeptiert. Von ihm irgendwelche Argumente zu übernehmen, wäre unverzeihlicher Verrat an der sogenannten guten Sache.

In der historischen ersten öffentlichen Auseinandersetzung über die Evolutionstheorie 1860 fragt demgemäß der gewandte Oxforder Bischof Samuel WILBERFORCE den engagierten Parteigänger DARWINS, Thomas HUXLEY, ob er nun großväterlicher- oder großmütterlicherseits vom Affen abzustammen beliebe. Dabei konnte er sich des beifälligen Gelächters seiner Anhängerschaft, die sich im selbstgefälligen Bewußtsein *ihrer* Gottesebenbildlichkeit sonnten, gewiß sein. Auf der Gegenseite sieht es auch nicht unbedingt seriöser aus: Zum

Beispiel ruft 1904 der Monistenbund den großen Naturwissenschaftler Ernst Haeckel zum Gegenpapst aus. Nichts wird absurd genug, wie Rupert Riedl (1985) in seinem Buch ›Die Spaltung des Weltbildes‹ darlegt.

Der physiologische Zweck lebendiger Strukturen ist, Festigkeit, Halt und Orientierung zu bieten. Was ist ihr Wertmaßstab? Die Fähigkeit zu überleben. Da nun von den nahezu unendlich vielen Möglichkeiten nur ganz wenige diesem Kriterium gerecht werden, ergibt sich unvermeidbar, daß Strukturen, auch Denkstrukturen, konstitutiv konservativ sind. Demnach können wir keinesfalls erwarten, daß wir selbst und auch die Leute, die anderer Meinung sind, solche Orientierungsstrukturen leicht aufgeben. Weder Starrsinn noch proteushafte Skelettlosigkeit eröffnen nun aber Wege, die der Wahrheit näher führen können. Wie überall verlangt die Wirklichkeit auch hier (keine faulen) Kompromisse.

Nur ehrliches Bemühen um eine geeignete Anpassung der Denkstrukturen an die Wirklichkeit kann da weiterhelfen; sicherlich nicht die enthusiastische Beteiligung an einem polarisierenden Kulturkampf. Strukturen, die sich einer Bewährungsprobe *prinzipiell* entziehen, müssen wir zumindest als unwissenschaftlich bezeichnen. Sie brauchen deshalb nicht wertlos sein, sie können sogar das Leben erheblich bereichern und erleichtern (wie Kunstwerke der verschiedensten Gattungen), aber auch zur Hölle machen (wie destruktive Ideologien und Hexenwahn der verschiedensten Spielarten). Von ihnen können wir jedenfalls keinen direkten Erkenntnisfortschritt erwarten. Anders ist das mit Denkstrukturen, die zumindest prinzipiell überprüfbar sind. Solange sie sich bewähren, genießen sie ein bedingtes Vertrauen. Spätestens wenn sie widerlegt sind, muß man ihnen mißtrauen und nach neuen, nicht versagenden suchen. Den unter dem Aspekt unserer Erkenntnisfähigkeit überzeugendsten Orientierungsrahmen bietet die evolutionäre Sicht der Welt, einschließlich unserer selbst und unseres Erkenntnisapparates.

Die Grenzen der Erkenntnis

Nichts auf der Welt ist unveränderlich, alles hat seine Geschichte und seine Zukunft. Gerade beim Phänomen Leben ist die inhärente Dynamik besonders offensichtlich, wie noch im Kapitel über Gleichgewichte gezeigt werden soll. Auch die am Menschen beobachteten Phänomene werden zweifellos am besten – keineswegs vollkommen –

gedeutet, wenn man diesem eine genealogische Verwandtschaft mit allen anderen Lebensformen auf der Welt zubilligt. Sein Körper hat sich – wie der anderer Arten auch – nach den jeweiligen Erfordernissen der Umwelt optimiert, stets begrenzt durch die Voraussetzungen seines Genoms, das Angebot der eingetretenen Mutationen und Rekombinationen sowie den Rahmen der sich ständig wandelnden Evolutionslandschaft, in der sich das Drama des Lebens abspielt.

Das gilt auch für das Gehirn als Steuerungs- und Erkenntnisapparat der Individuen. Diese Feststellung betrifft nun schon grundsätzlich unsere Erkenntnisfähigkeit. Sie baut auf Strukturen auf, die sich in der langen Geschichte des Lebens bewährt haben. Die diesbezügliche Theorie nennt man dementsprechend 'evolutionäre Erkenntnistheorie' (beispielhaft genannt seien LORENZ 1973; POPPER 1973, 1984; RIEDL 1980; VOLLMER 1975; von seinem Geistesgebäude her gehörte in diese Reihe auch der Genetiker J. MONOD 1970 – hier ließen sich auch MATURANA und VARELA [1987] anführen, obgleich diese selbst ihre Erkenntnis als grundsätzlich neu- und andersartig darstellen). In verhältnismäßig kurzer Zeit erwarb die evolutionäre Erkenntnistheorie eine breite Anerkennung. Einen damals in hohem Maße innovativen Entwurf publizierte Konrad LORENZ schon 1943, aus welchem leider heute fast nur noch die schlechtesten und allzu (nazi)zeitbedingten Passagen zitiert werden. Natürlich reichen die Wurzeln noch viel weiter zurück. Wir wollen uns aber hier nun nicht in der Geschichte der Epistemologie verlaufen.

Die Einsichten, die wir inzwischen über das Wesen der Natur und ihre Gesetze haben, die Macht, die daraus resultiert, das alles ist schon eindrucksvoll. Menschen konnten auf dem Mond landen. Raumsonden analysieren Materie auf fernen Planeten und funken die Ergebnisse und Fernsehbilder zur Erde. Materie kann durch Spaltung schwerer oder durch Fusion leichter Atome in Energie verwandelt werden. Sogar Gene stellt man synthetisch her und baut sie erfolgreich in Lebewesen ein. Der jeweilige Erfolg gilt als Beweis, daß unsere Vorstellungen richtig sind. (Was nicht ganz schlüssig ist. Denn zum Beispiel konnte man auch im geozentrischen Weltbild den Gang der Gestirne fürs erste zufriedenstellend berechnen.) Ob zu Recht oder nicht, bei so viel Erfolg ist es nicht verwunderlich, daß ganz besonders exponierte und optimistische Repräsentanten des Fortschritts die Deutung berechtigt finden, daß wir mit Hilfe abstrakter mathematischer Modelle 'die ganze Komplexität des Kosmos' mit unserem Kopf erfassen können (z. B. FRIEDERICI und der Wissenschaftsastronaut FURRER 1987, ausgerechnet in einem Aufsatz, in dem die Unangepaßtheit unseres Wahrnehmungsapparates unter den Bedingungen der Schwerelosigkeit deutlich wird).

Bei dem prinzipiellen Kompromißcharakter und der dadurch bedingten Unvollkommenheit aller evolutiven Anpassungen haben wir nicht die geringste Hoffnung, daß die Erkenntnisfähigkeit unseres Gehirns unbegrenzt sein könnte. Daraus ergibt sich, daß man die Grenzen selbst nicht erkennt. Mit fortschreitender Entwicklung mögen diese immer weiter vorgeschoben werden, manche Erfolge mögen auch ohne wirkliche Erkenntnis, per Zufall, erzielt werden, wie etwa die Entdeckung eines wirksamen Naturheilmittels, das funktioniert, ohne daß man weiß wie. Aber das ganze, vielleicht unendliche Gebiet *jenseits* unserer Erkenntnis*fähigkeit* wird man *per definitionem* nie erkennen, eine Weisheit schon von SOKRATES.

Dagegen haben wir in Bereichen, die für unsere Vorfahren, auch die vormenschlichen, von lebenswichtiger Bedeutung waren, erstaunliche Fähigkeiten. Weil diese für eine hinlänglich erfolgreiche Abbildung der Wirklichkeit in unserem persönlichen mentalen Kosmos sorgen und wir es ja auch nicht schlechter gewöhnt sind, wird es uns gar nicht bewußt, welch komplexe und eigenmächtige Leistungen unser Nervensystem da vollbringt. Zum Beispiel nehmen wir normalerweise Gegenstände entsprechend ihrer absoluten Größe wahr. Eine Mücke kann auf unserer Netzhaut genauso groß abgebildet werden wie ein Elefant, ohne daß uns das sonderlich erschreckt.

Der Farbensinn ist uns auf dem Weg durch die Welt ein nützliches Instrument. Aber Farben haben *ihren Sinn* nur dadurch, daß Augen dafür existieren. Es gibt Insekten und Vögel, die die Welt noch viel bunter sehen als wir, so wie wir es uns mit der ärgsten Phantasie nicht vorstellen können, da wir nur drei verschiedene Farbrezeptoren haben und ein eingeengteres Spektrum. Mit Hilfe technischer Mittel können wir aber eine Menge der auf andere Augen zielenden Signale in der Natur erkennen. Schon lange bekannt sind für Insekten 'gedachte' Saftmale in den Blüten, weniger bekannt, daß zum Beispiel wachsbedeckte Trauben oder auch der Schnabelrand junger Amseln durch die Mischung von Gelb-Ultraviolett leuchtend bunt für UV-tüchtige Vögel erscheinen müssen (BURKHARD 1989).

Lebewesen nehmen die Geschenke ihrer Wahrnehmungen als selbstverständlich hin. Nur, wenn dieser Verrechnungsapparat einmal versagt, löst das unser Erstaunen aus, etwa bei der Müller-Lyer-Täuschung (Abb. 1). In der räumlichen Welt (deren Wahrnehmung sich nun einmal für höhere Lebewesen besonders bewährt hat) haben wir eine unkorrigierbare Neigung, die 'wirkliche' Größe wahrzunehmen.

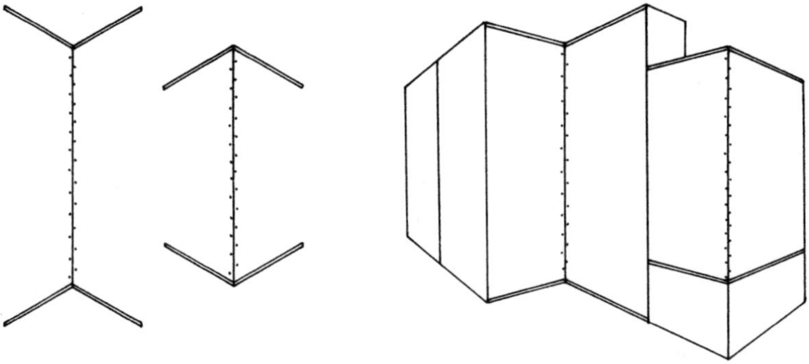

Abb. 1: Müller-Lyer-Täuschung. Das Gehirn interpretiert die optischen Eindrücke so, als stammten sie aus der realen *räumlichen* Welt.

Im rechten Teil der Abbildung findet man die gleichen Linien wie in der linken Bildhälfte, aber in verdeutlichendem Zusammenhang wieder.

Wir können uns gut vorstellen, bzw. wir halten es für selbstverständlich, daß, wenn wir auf einer Rolltreppe vorwärts gehen, sich die eigene Gehgeschwindigkeit zu der Vorschubgeschwindigkeit der Rolltreppe addiert. Für die Alltagspraxis eines Lebewesens reicht diese Vorstellung auch aus, auch für die schnellsten unter den Tieren. Aber bei für uns nicht vorstellbaren Geschwindigkeiten nahe der des Lichtes (wie sie für die Lebensführung auch des gewandtesten Affen uninteressant sind) wird diese Vorstellung aber völlig falsch, wie wir seit EINSTEIN wissen. Mit wachsender Annäherung an die Lichtgeschwindigkeit wird die Gesamtgeschwindigkeit für unser gesundes Volksempfinden zunehmend zu klein. Zwei volle Lichtgeschwindigkeiten würden sich gar nur zu einer einzigen addieren – etwas umgangssprachlich ausgedrückt. In dieser Sprache klingt das reichlich unlogisch. An diesem Beispiel sieht man gleichzeitig, daß neben dem physikalischen Verständnis der Welt auch die üblichen linguistischen Verständigungsmittel an den Alltagserfordernissen orientiert sind.

Nun zeichnet sich der Mensch dadurch aus, daß er seine Sprache bei Bedarf erweitern und anpassen kann. Im Gegensatz zu unserem Vorstellungsvermögen kann eine Formelsprache auch das beschreiben, was außerhalb des unmittelbar Evidenten liegt. Das angeführte Beispiel liest sich dann so

$$v = \frac{v_1 + u}{1 + \frac{v_1 \cdot u}{c_0^2}}$$

Dabei ist *v* die 'Gesamtgeschwindigkeit', v_l das Tempo der 'Rolltreppe', *u* die 'Gehgeschwindigkeit' und c_0 die Lichtgeschwindigkeit im Vakuum.

Da das detaillierte Verständnis dieser Formel für einen Teil der Leser nichts Neues, und für die anderen nicht unbedingt erforderlich ist, brauchen wir nicht näher darauf einzugehen. Die speziell für solche Probleme geschaffene Formelsprache beschreibt zwar das hier angegebene Problem befriedigend, aber auch sie erfaßt nicht die gesamte Wahrheit des Kosmos, sondern nur einen winzigen Ausschnitt. Im folgenden will ich mich möglichst der Normalsprache bedienen, wissend auch um deren grundsätzliche Unzulänglichkeit, worauf gelegentlich zurückzukommen ist.

Die Grenzenlosigkeit des Irrtums

Angepaßt sind wir an den Bereich der mittleren Größenordnungen von Raum, Geschwindigkeit und Zeit, wie sie für uns von praktischer Bedeutung sind, an den Mesokosmos. Hans MOHR (1983) befürchtet sogar, daß wir darin so gefangen sind, daß wir uns nicht einmal die Folgen exponentiellen Wachstums wirklich vorstellen können, obgleich dieses ja – ähnlich wie das vorherige Beispiel – mathematisch verhältnismäßig leicht zu beschreiben ist. Die programmatischen Erklärungen der Politiker, insbesondere derer aus dem Wirtschaftsbereich, lassen befürchten, daß er recht hat. Auf dieses Problem müssen wir noch zurückkommen.

Nun geht es bei der Frage nach der Umweltzerstörung durch den Menschen nicht nur um dessen Erkenntnisfähigkeit. Diese ist wohl eine gute Voraussetzung für seine problemgerechte Handlung. Doch es sind letzlich ja nicht immaterielle Erkenntnisse, sondern irgendwelche Handlungen (bisweilen auch deren Unterlassung), die die Folgen haben. Aktionen werden gesteuert; die Frage ist nur wodurch. Sicherlich nicht immer nur durch den sogenannten Verstand (was sind überhaupt dessen Ziele?), im Hintergrund hält ein System von emotionalen Antrieben auch das Kulturwesen Mensch in Bewegung, so rational es sich auch gebärdet. Warum sollte man sich sonst überhaupt rühren, Nahrung zu sich nehmen, sich für die Erhaltung einer dem Menschen gemäßen Umwelt einsetzen. Völlig emotionsfrei gesehen, wird es absurd, einem herannahenden Nashorn oder Auto auszuweichen.

Daß man dieses und ähnliches tut, ist einem normalen Menschen aber so selbstverständlich eingebaut, daß ihm ein Hinterfragen absurd erscheint. Das ist das Selbstverständliche und doch von vielen nicht Verstandene am Leben: Soweit es seinen Fortbestand nicht sichern wollte oder nicht zu sichern wußte, existiert es nicht mehr. Deshalb kommt es ohne irrationale Antriebe nicht aus – ganz im Gegensatz zu einem Computer aus der Fabrik, mit hochintelligenter Hard- und Software bestückt; ihm ist es egal, ob er Strom hat, ob der Große Panda, der Afrikanische Elefant oder der Kiwi ausstirbt oder ob er selbst unter ein Auto kommt. (Hier sei übrigens ausdrücklich nicht verkannt, daß man viele Prozesse des Lebens mit Rechnern simulieren und auch dadurch besser verstehen kann. Zum Beispiel arbeitet man an computergesteuerten Autos, die darauf optimiert werden, Unfälle zu vermeiden.)

Bei aller rationalen Anpassungsfähigkeit menschlichen Verhaltens, die strukturelle Grundlage lebensnotwendiger Antriebe und Handlungen ist ebenso in den Genen verankert wie die der Erkenntnisstruktur. Optimiert wurde sie an den tagesüblichen Erfordernissen in der Naturgeschichte. Diese waren früher freilich ganz andere als heute. Aber sie wirken unentrinnbar weiter fort. Wir müssen das zur Kenntnis nehmen und außerhalb dieses Bereiches *mit einem unendlichen, zumindest unbegrenzten Feld von Realitäten rechnen, für die unser ratiomorpher Apparat nichts taugt*. Die Aufklärung über die genetische Verankerung menschlicher Verhaltensdispositionen hält auch Hoimar v. Ditfurth (1987, S. 672) für eine entscheidende Voraussetzung für eine erfolgreiche Erziehung zu einem ökologischen Bewußtsein oder zur Friedensfähigkeit. Der evolutionsbiologische Denkansatz bei der Analyse der humanökologischen Probleme wird sich als äußerst hilfreich, wenn nicht als unverzichtbar erweisen.

Nun ist aber so manches, was dem einen als angeboren, dem anderen als göttliche Ordnung erscheint, offenbar doch kulturbedingt, wie schon ein rascher historischer Vergleich leicht erkennen läßt. Das oben Gesagte ist damit nicht unrichtig, nur ist die Sache komplizierter als es zunächst scheint. Auch Modifikationen, also nicht genetisch festgelegte Abweichungen, haben ihre Grundlage im Erbgut. Oft (keineswegs immer) sind sie adaptiv, d. h., sie bringen einen Anpassungsvorteil für den Träger; etwa ein freistehender Baum wächst windstabiler als einer im geschlossenen Bestand. Seine ungeheure Modifikabilität durch plastisches Verhalten ist es, was dem Menschen zu seinem ökologischen (und leider auch ökologisch so gefährlichen) Erfolg verholfen hat. Somit verspricht gerade das Studium auch dieser Zusammenhänge nicht nur interessant, sondern auch unentbehrlich zu sein bei der Suche nach Lösungen zur Frage, wie wir die Erde im Gleichgewicht halten können.

So sehr sich die Situation der Menschheit auf unserem Planeten auch zuspitzt, so grenzenlos falsch wir die Risiken vielleicht auch einschätzen, eines hat die Evolution uns sicher nicht angezüchtet: vorzeitige Selbstaufgabe.

3. GLEICHGEWICHT UND ENTROPIE

Wenn von Gleichgewicht die Rede ist, stellt man sich gerne eine Wippe vor, die waagerecht stehenbleibt, wenn man sie gut austariert hat. Wenn ihr Drehpunkt, wie das bei Spielplatzwippen oft der Fall ist, unterhalb des Schwerpunktes liegt, dann kippt eine gut geölte Wippe durch die leiseste Störung nach der einen oder nach der anderen Seite. Solange dieses *labile* Gleichgewicht nicht gestört wird, bewegt sich aber nichts. Diese Art von Gleichgewichten, bei denen sich nichts bewegt, nennt man statisch.

Nichts ist beständig

Analogien können sehr zum Verständnis eines Sachverhaltes beitragen, sie können aber auch, wenn sie im entscheidenden Punkt nicht zutreffen, das Verständnis verstellen. Von gefährdeten Ökosystemen wird gemeldet, daß sie leicht aus dem Gleichgewicht geraten würden, Gewässer sollen gar 'umkippen'. Die Sprache suggeriert hier das Bild von der aus dem labilen Gleichgewicht geratenen Wippe. Da Leben aber immer mit Dynamik zu tun hat, kann dieses Bild vom Gleichgewicht nicht viel zur Erklärung von Lebensprozessen beitragen.

Langfristig gesehen ist nichts auf der Welt beständig. Im Holz einer Spielplatzwippe siedeln sich Pilze an, sie wird morsch und zerfällt. Auch wenn sie aus für Lebewesen unangreifbaren Materialien hergestellt wäre, würde sie zwar ziemlich lange als Zivilisationsmüll herumstehen, trotzdem aber im Laufe der Zeit zerfallen. Selbst korrosionsbeständige Materialien bleiben in geologischen Zeiträumen nicht unverändert. Das feine Sandstrahlgebläse eines mit Partikeln beladenen Windes gab schon vielen Steinen eine charakteristische Form als Windkanter, beziehungsweise es verwandelte sie schließlich selbst zu Sand, der wieder Ausgangsmaterial für neues Gestein darstellt.

Also schon die unbelebte Natur ist voller Dynamik, und was an besonderen (und somit unwahrscheinlichen) Strukturen besteht, wird zerstört und in einen Zustand höherer Wahrscheinlichkeit überführt. Die trutzigste Burg zerfällt zu einem Haufen Steine, wenn sie nicht immer wieder restauriert wird. Der höchste Berg wird abgetragen, wenn die Kräfte des Erdinnern aufhören, ihn weiter zu heben. Die sinnreichsten Sprüche, in den Meeressand geschrieben, werden durch eine Welle zum Nichts verwischt, in Fels geschrieben dauert das nur etwas länger. Auch dort wirkt die Entropie, die Kraft, die jedes System in den energieärmsten, wahrscheinlichsten, also auch informationsärmsten Zustand befördert.

Lebewesen, auch die primitivsten, sind so *unwahrscheinlich* komplizierte Gefüge, daß sie nach kürzester Zeit in einen Zustand der Funktionsuntüchtigkeit zerfallen müßten, wenn auch hier das physikalische Gesetz der Entropie wirkt – das jedenfalls muß man zunächst konsequenterweise erwarten. Nun gibt es aber das Leben trotzdem. Heißt das, daß in der Biologie andere Gesetze gelten? Lange Zeit hat man das geglaubt, aber das heißt es natürlich nicht. Praktisch alle Biologen sind heute der wohl begründeten Überzeugung, daß auch in der belebten Welt die physikalischen Naturgesetze gelten. Es gibt nur eine Natur, sie hat allerdings viele Gesichter. Die Wahrnehmung mehrerer zusammenhangloser Naturen stellt einen verbreiteten Spezialfall von 'Spaltungsirresein' dar.

Lebewesen, sogar die einzelnen Zellen, müssen ständig um den Erhalt ihrer Funktionsfähigkeit kämpfen, sie reparieren überall die kleinen und größeren Schäden, die eine destruktive Umwelt ihnen unablässig zufügt. Dazu wird Ersatzmaterial gebraucht, ständig werden Bauteile ausgewechselt, wofür sich der anschauliche Ausdruck 'Stoffwechsel' eingebürgert hat. Jeder Mensch, jedes Tier, auch jede Pflanze muß deshalb mehr oder weniger kontinuierlich Stoffe aufnehmen. Soweit kein Massezuwachs erfolgt, werden die gleichen Mengen wieder abgegeben.

Vor unserem Auge entsteht das profane Bild eines unverstöpselten Waschbeckens, in welchem sich, trotz ständigem Abfluß, eine gleichbleibende Wassermenge befindet, weil ebenso beständig durch den laufenden Kran das Abgelaufene ergänzt wird.

So etwas nennt man sinnvollerweise Fließgleichgewicht (Abb. 2).

Ordnung kostet Kraft

Wenn diese Analogie dem Gleichgewicht des Lebens auch schon sehr viel näher kommt als das Bild von der Wippe, so ist bisher von einem für unser Thema besonders wichtigen Aspekt noch gar nicht die Rede gewesen. Die in Richtung Chaos wirkenden Kräfte laufen ganz von alleine. Die ordnenden kosten Aufwand, und der muß irgendwie

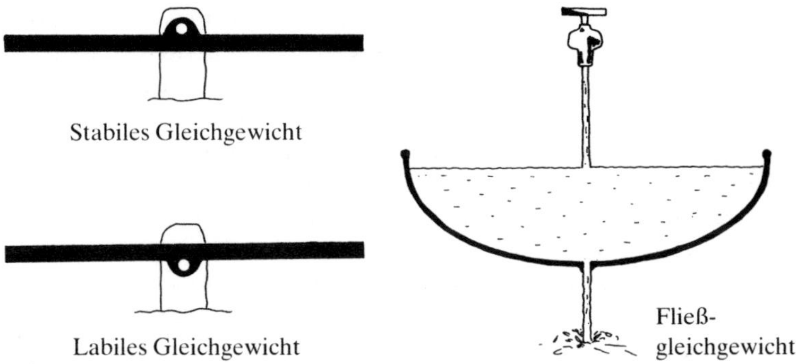

Abb. 2: Stabiles und labiles statisches Gleichgewicht (links) und dynamisches oder Fließgleichgewicht (rechts).

bezahlt werden. Zu den jeden Physiker faszinierenden Fähigkeiten des Lebens gehört es, einen „Strom von Ordnung" auf sich zu ziehen, „Ordnung zu trinken" aus einer geeigneten Umwelt (SCHRÖDINGER 1952).

Wer kennt das nicht von seinem Schreibtisch? Bei unordentlichen Leuten bedarf es stoßweise eines erheblichen Energieaufwandes, den Schreibtisch in einem funktionsfähigen Zustand zu erhalten, ordentliche bringen die dazu notwendige Energie fließend in kleineren Portionen auf – in einer Art von permanentem Schöpfungsakt von Ordnung. Um hier nicht zur Verwirrung des Energiebegriffs beizutragen, hier ist die ganz normale *physische* Energie gemeint, die man aufbringen muß, um etwa die einzelnen Blätter in die zugehörigen Ordner zu befördern. Daß darüber hinaus auch noch ein innerer Antrieb, *psychische* Energie – meist der entscheidende Mangelfaktor – notwendig ist, sei ausdrücklich anerkannt, ist aber hier nicht gemeint.

An dieser Stelle ist es nicht notwendig, im einzelnen auf die stoffwechselphysiologischen Prozesse einzugehen; wichtig ist aber, ständig vor Augen zu haben, daß Leben ein aktiver, permanent energieverzehrender Prozeß ist. Die ständig notwendige Energieversorgung zu sichern, ist eines der ganz zentralen Probleme des Lebens allgemein und eines jeden einzelnen Organismus, ja der einzelnen Zelle und letztlich der dort ablaufenden chemischen Prozesse. Die unterschiedlichsten Strategien wurden zur Erfüllung dieser Notwendigkeit beschritten.

Alle Organismen sind von ihrer Anatomie und Physiologie her so konstruiert, müssen so konstruiert sein, daß Aufnahme und Verarbeitung der energie- und substanzspendenden Nahrung funktionieren. Bei Tieren ist ein ganz wesentlicher Teil des Verhaltensrepertoires darauf abgestimmt. Wenn die Energiezufuhr einmal längere Zeit ausbleibt, sei es aus Gründen der physischen oder psychischen Fehlfunktion oder des absoluten Mangels in der Umgebung, dann ist das tödlich. So ist es nicht verwunderlich, daß der Trieb, Nahrung aufzunehmen, so allgemein beim Menschen verbreitet ist, daß er da, wo Nahrung im Überfluß zur Verfügung steht, für manche zum Problem wird. Das an sich sinnvolle Fettpolster, das bei Bedarf in Wärme und Arbeit umgesetzt wird, kann dann leicht dysfunktionale Formen annehmen. Daher ja auch die große Popularität des Kalorien- und Joulebegriffs.

Im Prinzip leben auch alle Tiere so. Die aufgenommenen Kohlenhydrate, Fette und Eiweiße werden, soweit sie der Energiegewinnung dienen, veratmet, das heißt schrittweise aufgespalten und mit Sauerstoff verbunden. Da die Bereitstellung der Energie für den Stoffwechsel genau zum Zeitpunkt des Verbrauchs, also – mit Intensitätsschwankungen – jederzeit zu erfolgen hat, muß auch ständig neuer Sauerstoff herangeführt werden. Für die meisten steht er in der Atemluft immer zur Verfügung und wird auch in den Phasen der äußeren Ruhe benötigt. An Orten, wo das wegen des fehlenden Sauerstoffs nicht möglich ist, verfügen einige Spezialisten über andere, allerdings viel weniger effektive Möglichkeiten. Sie können anaerob, d. h. ohne Sauerstoff aus chemischen Verbindungen Energie gewinnen. So etwas passiert zum Beispiel bei der alkoholischen Gärung. Wieviel Energie dann noch im Alkohol steckt, zeigt sich, wenn man seine Bestandteile als Brennspiritus oder Treibstoff mit Sauerstoff verbindet.

Neben den in Gewichtseinheiten quantifizierbaren Stoffwechselendprodukten, zu denen auch das ausgeatmete Kohlendioxid gehört, läuft also ständig ebenso Energie aus den Organismen heraus, meßbar als Arbeit oder in Wärmeeinheiten. Kein Wunder, daß die verläßlich zur Verfügung stehende Nahrungsmenge für viele Tierpopulationen der begrenzende Faktor ist. In der Entwickung des Lebens kam erst das Fressen, dann die Moral – und wie wir noch deutlich sehen werden, kam letztere niemals so rein, wie wir uns das gerne vorstellen.

Kreisprozesse und Einbahnstraße

Wo ständig etwas nachgefüllt wird, nämlich Energie, muß eine nichtversiegende Quelle sein. In einem vereinfachten Beispiel aus der Natur sieht das so aus: Eine Fuchspopulation stellt ihre Dichte auf das

Maß der langfristig zur Verfügung stehenden Mäuse ein. Die Population der kleinen Nager als Ganze füllt die Verluste in ihrem Energie- und Aufbaustoffwechsel durch den Verzehr von Pflanzen nach.

Und die Pflanzen? Sie benötigen Mineralien aus dem Boden. Dieser wäre bald erschöpft, wenn nicht durch den Stoffwechsel der Tiere, vor allem aber durch den der Mikroorganismen und Pilze, die Mineralstoffe nach der energieverzehrenden Passage durch die Nahrungskette letztlich wieder in den Boden gelangen würden. Die Hauptmenge des so wichtigen Kohlenstoffs holen sie sich als CO_2 aus der Luft. In die Luft nachgefüllt wird dieses entnommene Kohlendioxid durch Atmungs- und Verbrennungsprozesse.

Der Stoffkreislauf ist also so gewährleistet. Wir finden hier jedoch keinen Kreislauf der Energie. Diese ist ja gerade den an die Pflanzen zurückgeführten Stoffen entzogen worden; das war der Hauptzweck der Nahrungsaufnahme. Aber sie wird doch, wie eben ausdrücklich betont wurde, von allen Lebewesen gebraucht, erst recht von den Pflanzen, an denen sich die Tiere bedienen. Wäre die Welt so kurz konstruiert, die Flamme des Lebens wäre schon längst aus Energiemangel erloschen.

Die Lösung des Problems ist bekannt, sie ist aber keineswegs trivial: Die Pflanzen bauen sich ihre energieliefernden Nährstoffe selbst auf. Das ist natürlich ein energieverzehrender Prozeß, dessen Bilanz ausgeglichen werden muß. Bezahlt wird er von der Sonne, aus 150 Millionen Kilometer Entfernung, seit Milliarden von Jahren. Das aus der Luft gesammelte CO_2 wird bei der Photosynthese zunächst in Kohlenhydrate umgewandelt, die dann den Pflanzen selbst und dem ganzen Gefüge des Lebens als Treibstoff zur Verfügung stehen. Die assimilierenden Pflanzen sind die Akkumulatoren für die Energieversorgung der Ökosysteme. Der freigesetzte Sauerstoff wird bei der energetischen Nutzung durch die Atmung verbraucht und als Kohlendioxid wieder abgegeben. Ein ewiges dynamisches Gleichgewichtssystem – wenn man bei der Definition dieses Wortes die gebotene Toleranz walten läßt (Abb. 3).

Das biologische Ungleichgewicht

Wo ständig etwas abfließt, in diesem Falle nutzbare Energie, besteht ja eigentlich ein chronisches Ungleichgewicht. In jeder Zelle, in jedem Organismus, in jedem Ökosystem, ja in der gesamten Biosphäre, überall strömt Energie abwärts auf ein nicht mehr nutzbares

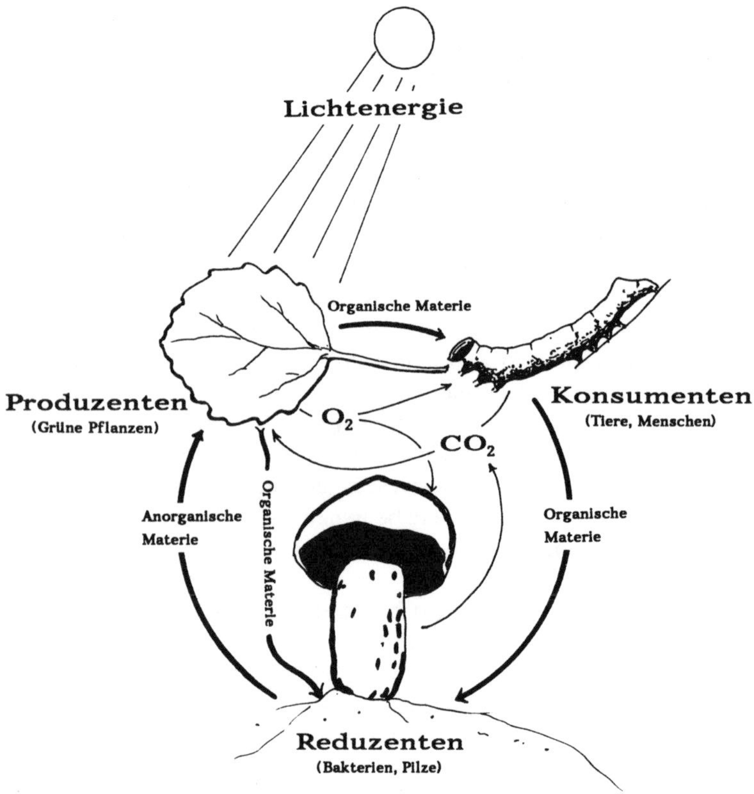

Abb. 3: Das Ökosystem. Die treibende Sonnenenergie wird von den Organismen unter Vermehrung der Entropie an die Umwelt letztlich wieder an das Weltall abgegeben.

Niveau gleichmäßig verteilter Wärme hin. Dieser Abwärtsstrom ist es – paradoxerweise –, der jedes Leben antreibt. Ausgerechnet er ist es, der dem Leben die Energie liefert, anzukämpfen gegen ihn selbst, den tödlichen Strom der Entropie, der ständig an den unerhört wahrscheinlichkeitswidrigen Strukturen des Lebens nagt. „Wovon ein Organismus sich ernährt, ist negative Entropie. Oder, um es etwas weniger paradox auszudrücken, das Wesentliche am Stoffwechsel ist, daß es dem Organismus gelingt, sich von der Entropie zu befreien, die er, solange er lebt, erzeugen muß." (Schrödinger 1952, S. 101) Diese Entropie wird an die Umwelt, letztlich den Kosmos, weitergegeben. Erfolgreich war das Leben in diesem Bestreben, solange es existiert.

Abb. 4: Aufwärtsbewegung durch Abwärtsstrom ist möglich.

Eine technische Erfindung, die wahrscheinlich schon der ältesten Hochkultur der Welt in Mesopotamien zur Verfügung stand, führt sehr deutlich vor Augen, wie der Abwärtsstrom genutzt werden kann, um ein höheres Niveau zu erreichen: das wassergetriebene Schöpfrad. Von einer großen Menge hinabfließenden Wassers wird es bewegt und hebt dabei einen kleineren Teil mit Eimern in die hoch angelegten Bewässerungskanäle.

Früh haben Seefahrer auch Konstruktionen ersonnen, die, sinnvoll gesteuert, geeignet waren, den Wind zu nutzen, um *gegen* ihn anzusegeln. Hoffnungslos tödlich dagegen war für die Mannschaften der Segelschiffe die totale Windstille, wenn sie zu lange anhielt; zunächst mußten freilich die mitgeführten Pferde diese Erfahrung machen, für die das Wasser und das Futter knapp wurde. Diese kritischen windstillen Meeresgürtel wurden daher 'Roßbreiten' genannt.

Man kann sich auch ein Mühlrad, nicht fest in einem Achslager montiert, sondern frei auf einer Schiene lagernd, denken (oder auch konstruieren); es würde stromaufwärts rollen, eine große Menge abwärts fließenden Wassers dafür nutzend. So ist es zumindest energetisch kein Widerspruch, daß es Leben gibt, und daß es sich sogar aufwärts entwickelt hat, immer höher ins Unwahrscheinliche, bis hinauf zum Menschen (Abb. 4).

Und dieser – das heißt seine Zivilisation – begnügt sich nicht mehr mit der Energie, die ihm, wie anderen Lebewesen auch, kontinuierlich durch die sonnengespeiste Photosynthese geliefert wird. Es reichte ihm nicht mehr die Atmung zur Bereitstellung der Arbeitskraft. Er ersann Wärmekraftmaschinen: Verbrennung als Fortsetzung der Atmung mit anderen Mitteln, und zwar sehr viel gröberen. Das hat die Verbrennung gemein mit dem Krieg, der ja nach Karl von Clausewitz nichts anderes ist als die Fortsetzung der Politik mit anderen Mitteln: kurzfristig erfolgreich, dabei tendenziell maßlos und brutal, langfristig verheerend (Verbeek 1983).

Verfügbare Energie erschloß der menschlichen Zivilisation schier unendliche Möglichkeiten und wird somit von vielen offenbar als das Gute schlechthin betrachtet (vgl. z. B. Knizia 1981). Aber sie schafft auch Probleme der gleichen Größenordnung, was unserer Gesellschaft erst langsam dämmert. Die Menschheit eröffnete das 'pyrotechnische Zeitalter' (Rifkin 1987). Es gibt nur eine Natur. Dementsprechend sind die energetischen Gesetze auch überall dieselben. Auch die modernen ökonomischen Systeme leben von negativer Entropie, Entropie, die in die Umwelt abgegeben werden muß. Sehr an Schrödingers zitiertes Statement erinnernd, haben Faber, Niemes und Stephan als „wahrscheinlich" formuliert, „daß die Hauptfunktion der Energieträger nicht die Zufuhr von Energie, sondern die Abfuhr von Entropie aus dem ökonomischen System ist" (1983, S. 87).

Unübersehbar deutlich wird heute auf diesem Sektor das Prinzip von Ausbeutung und Unersättlichkeit. Als Frage stellt sich zunächst: Ist dieses Prinzip neu durch die Zivilisation auf die Welt gekommen, oder ist es dem Leben immanent, nur, daß es vielleicht früher nicht so destruktiv wirkte?

4. EVOLUTION, DIE WELT FÜR AUSBEUTER

Wettkampf der Moleküle

Man ist heute in der Lage, RNA im zellfreien System, im Reagenzglas, zu vermehren. RNA ist die international übliche Abkürzung für Ribonukleinsäure, den genetischen Informationsträger vieler Viren und vermutlich auch der ersten Lebensformen oder -vorstufen. Ihr Informationsprinzip ist in der spezifischen Sequenz von nur vier verschiedenen Bausteinen begründet. Darin unterscheidet sie sich nicht von der als Erbinformationsträger bekannten DNA (Desoxyribonukleinsäure), die auch das gesamte Erbgut des Menschen kodiert und von Generation zu Generation, sogar von Zelle zu Zelle (fast immer) identisch weitergegeben wird. Diese Arbeit des identischen Abschreibens leisten Replikationsenzyme, molekulare Kopiermaschinen, wie sie von jeder lebenden Zelle gebildet werden.

Um die Vermehrungsgeschwindigkeit von RNA-Molekülen durch ein aus einem Virus gewonnenes Replikationsenzym zu testen, hatte SUMPER (1974, zit. n. EIGEN et al. 1981) kleine Mengen von RNA als Ausgangsmatrizen in ein zellfreies System gegeben, das neben dem Enzym selbstverständlich auch die benötigten chemischen Bausteine und einen Energielieferanten enthalten mußte. Die Replikationsgeschwindigkeit hängt bei solchen Experimenten neben der Enzymkonzentration, der Temperatur und anderen Milieufaktoren natürlich im Anfangsstadium auch von der Menge der angeimpften Matrizen-RNA ab. Denn solange noch nicht alle Enzymmoleküle in den 'Besitz' einer Matrize kommen, bleibt ein Teil arbeitslos. Zum Studium der Anlaufphase brachte man immer kleinere Zahlen von Impf-Molekülen ein; grundsätzlich reichte natürlich eine einzige Matrize aus. Jedesmal setzte, ab einem bestimmten (von der Impfmenge abhängigen) Zeitpunkt meßbar, eine lebhafte RNA-Vermehrung ein. So hatte man das auch erwartet, und das allein wäre deshalb auch hier gar nicht von Interesse.

Was man aber nicht erwartet hatte, war, daß eine solche RNA-Vermehrung einsetzte, auch, wenn man gar kein einziges Impfmolekül eingebracht hatte. Zunächst einmal lag der Gedanke an eine Verunreinigung nahe, doch eine solche ließ sich durch sorgfältige neue Versuchsansätze ausschließen. Vielmehr zeigte sich, daß sich spontan unter diesen Versuchsbedingungen RNA synthetisierte, in zunächst kleinen Stücken von weitgehend zufälliger Sequenz. Von Generation zu Generation – bei diesen molekularen Dimensionen also sehr rasch – wurde die RNA-Kette länger und länger. Die spontane 'Neuschöpfung' von RNA an sich und dann die stets etwa gleiche Kettenlänge gaben schon einige Veranlassung zur Aufmerksamkeit.

Noch Überraschenderes zeigte sich, wenn man wenige der hier entstandenen Molekülketten – in anderem Zusammenhang würden wir sie Gene nennen – in neue vorbereitete Gefäße brachte, die wieder alles zur Vermehrung Notwendige boten. Nach einigen solchen erneuten Umsetzungen in ein jedesmal noch unverbrauchtes Milieu entstanden in allen Parallelversuchen RNA-Moleküle, die nicht nur in der Länge, sondern sogar in der Sequenz weitestgehend *identisch* waren. Unter gleichen Versuchsbedingungen kam immer das Gleiche heraus.

Es hatte sich also jedesmal die gleiche Evolution abgespielt. Das läßt sich im Prinzip folgendermaßen erklären (EIGEN et al. 1981): Manche Sequenzen der RNA sind bei dem verwendeten (aus einem primitiven Virus namens Q-beta stammenden) Enzym schneller replizierbar und überlebensfähiger als andere. Replikationsfehler, mit anderen Worten Mutationen, treten in diesem einfachen System verhältnismäßig häufig auf. Die 'fehlerhaften' Abschriften unterscheiden sich von der Urschrift, also unter anderem auch in der Geschwindigkeit, mit der sie von sich weitere Kopien fertigen lassen. Langsam sich vermehrende Mutanten bekommen vom Ressourcenvorrat im Reagenzglas nicht mehr viel ab, wenn schon bald nach dem Start neben ihnen eine schneller replizierbare Mutante aufgetreten ist. Meist werden die 'schnelleren' Mutanten aber erst sehr viel später die Bühne des Geschehens betreten und die optimalen erst nach zahlreichen Zwischenschritten im Laufe tausender von Generationen.

Das bedeutet, wenn das erste Reagenzglas mit der maximalen RNA-Konzentration übervölkert ist, sind die 'besseren', d. h. also die am schnellsten vermehrbaren Mutanten wahrscheinlich noch in verschwindender Minderzahl. Da das Medium inzwischen ja völlig 'leergefressen' ist, haben auch sie keine Möglichkeit mehr, ihre überlegenen Eigenschaften zu entfalten. Im Falle einer Überimpfung in ein neues Glas sind sie aber schon sofort beim Start dabei – wenngleich zunächst in wenigen Exemplaren – und lassen im Run auf die Ressourcen ihre Konkurrenten hoffnungslos zurück. Eine mehrmalige Wiederholung der Stunde Null, also erneute Übertragung des bisherigen Mutantenzoos in neue Optimalbedingungen, läßt schließlich nur noch den allerschnellsten und stabilsten Replikanten eine Chance, und die sehen halt alle gleich aus. Gleiche Voraussetzungen erzwingen die gleiche Evolution.

Jetzt überrascht es auch kaum noch, daß das unter Normalbedingungen entstehende Endprodukt schon bekannt war. Man hatte es aus Bakterien isoliert, die von dem Virus befallen waren, dessen Enzym hier verwendet worden war. Man wußte nie, wozu diese Minivariante der Virus-RNA gut war. In der Natur dient dieses 'Gen' offenbar nicht einmal dem Virus (dem Bakterium schon gar nicht), sondern nur sich selbst. Es läßt sich parasitär mitschleppen und sorgt eigentlich nur für seinen eigenen Fortbestand – wie ein Bürokrat der überflüssigen Sorte. Aber wieso wundert oder entrüstet uns das gar? Was tun Lebewesen denn überhaupt?

'Survival of the fittest' oder 'struggle for life' könnte man sagen, wenn wir es nicht nur mit einem Arrangement von Molekülen zu tun hätten, denen man ja nicht gut Leben zusprechen kann. (Der fälschlicherweise oft ebenfalls DARWIN zugesprochene letztgenannte Ausdruck stammt übrigens von Herbert SPENCER. DARWIN hat ihn dann in die fünfte Auflage seines grundlegenden Werkes ›On the Origin of Species‹ übernommen.) Jedenfalls sind es in den hier besprochenen einfachen unbelebten Systemen stets *die besten Ausbeuter der Ressourcen, die als einzige übrig bleiben*, schon auf dieser moralisch völlig unbedenklichen Ebene, wo es zunächst nur um die gelungene Durchführung eines hochinteressanten Versuchs geht. Wie betont wurde, waren in diesem Experiment keine Lebewesen verwendet worden, aber dieser Versuch hat mit den Prinzipien der Evolution des Lebens mehr zu tun, als es zunächst scheinen mag.

Kampf an den Wurzeln des Lebens

Nach den Ideen OPARINS und HALDANES aus den 20er Jahren, den Versuchen MILLERS (1953), den grundlegenden Betrachtungen MONODS (1970) und den weitgreifenden spieltheoretischen Überlegungen EIGENS und WINKLERS (1975) und anderer spricht alles dafür, daß sich in der Frühgeschichte der Erde unbelebte Materie zu belebter organisiert hat (dazu auch DOSE/RAUCHFUS 1975; KÜPPERS 1986). Man wird streiten können, ob es eine klare Grenze zwischen den Vorstufen des Lebens und dem eigentlichen Leben gibt. Jedenfalls ging es auch *vor* der Übergangsphase schon sehr bald um die konkurrierende Ausbeutung knapper Ressourcen. Und das Prinzip der Informationsspeicherung, -vermehrung und -verbesserung mit Genen als entscheidenden Trägern hat sich bis heute bei allen Lebewesen gehalten.

Was Verbesserung heißt, wird in diesem Zusammenhang bestimmt von ihrer nachhaltigen Durchsetzungskraft in der realen Welt (im geschilderten Experiment: die Suspension im Reagenzglas). Diese Durchsetzungskraft wird weitgehend bestimmt durch die Fähigkeit, vorhandene Ressourcen zu erschließen und auszubeuten. Die 'Wertebene', innerhalb welcher 'vorteilhaft' und 'fehlerhaft' gemessen wird, konnte sich auch in der Natur in Folge eines Selbstorganisationsprozesses selbsttätig aufbauen und ständig auf ein höheres Niveau heben (Küppers 1986).

Dazu gehört natürlich zunächst einmal, daß das Gen sich selbst erhalten kann. Die hervorragende Bedeutung der Umweltbedingungen zeigt sich zum Beispiel deutlich, wenn man im vorhin geschilderten Experiment dem System ein Enzym zugibt, das bestimmte Sequenzen der RNA zerstört. In diesem Fall werden besagte Sequenzen geflissentlich gemieden. Für sie ist das eben kein 'Lebensraum'. 'Gemieden' ist strenggenommen aber nicht der richtige Ausdruck, denn natürlich treten sie auf. Nur werden sie schnell wieder vernichtet und haben deshalb praktisch keine Vermehrungschance.

Andererseits gibt es bestimmte Sequenzen, die auf jeden Fall vorkommen. Das Vervielfältigungsenzym, mit welchem in den hier geschilderten Versuchen gearbeitet wurde, ist darauf optimiert, möglichst nur für das Virus – und nicht für das auszubeutende Bakterium – zu arbeiten. Deshalb repliziert es nur Moleküle mit der spezifischen Anfangssequenz der Virus-RNA, also gewissermaßen nur auf Kennwort hin. Deshalb *muß* diese Sequenz am Anfang aller vermehrungs- und entwicklungsfähigen Mutanten stehen. Diese Information gehört zum notwendigen Herrschaftswissen, mit dem man an die Ressourcen kommt, eine *conditio sine qua non*. Dieses Kennwort ist zwar nicht alles, aber ohne dieses ist auch die vitalste weitere Information nichts. Die Umwelt diktiert, was gebraucht wird – eine Tatsache, an die wir später, bei der Betrachtung der zivilisatorischen Systeme wieder erinnert werden.

Noch einmal sei betont, was sich in den eben beschriebenen Versuchen abgespielt hat, war zwar Evolution, aber kein Leben. Die Substanzen, welche in jedem Organismus die zum Leben erforderlichen Reaktionen ermöglichen, sind Eiweiße, die eine praktisch unbegrenzte Vielfalt bilden können. Sie funktionieren aber nur in jeweils hochspezifischer Form in der jeweils notwendigen Weise. Eiweiße oder Proteine bestehen aus langen, aber in sich spezifisch gefalteten und rückverknüpften Ketten von Aminosäuren.

Aminosäuren können in einer rechts- und einer linkshändigen Form auftreten, analog unseren Handschuhen. Beide sind prinzipiell gleich gut, aber eigenartigerweise gibt es in lebenden Zellen nur linkshändige. Das hielt man früher für einen Beweis der Singularität der Lebensentstehung auf der Urerde. Es erscheint aber heute wahrscheinlicher, daß sich die Lebensentwicklung in vielen Parallelzügen vollzog. Wieso aber konnte sich nur *eine* Version von Aminosäuren halten? Nachdem Eiweiße und Nukleinsäuren zwangsläufig in für einander förderliche Beziehungen getreten waren (das gab es also auch, es wird weiter unten noch näher angesprochen) verdrängte unter den besonderen Bedingungen einer durch die Kooperation einsetzenden überexponentiellen Wachstumsphase die Version, die (zufällig) in der Überzahl war, die andere. Die unvermeidbare Kooperation verschärfte also für die 'rechten' und die 'linken' Aminosäuren den Wettbewerb mit dem berechenbaren Ergebnis, daß nur *eine* der konkurrierenden 'Parteien' übrigblieb. Nicht berechenbar wäre, welche. Die Version, die also ganz zufällig einmal in die Überzahl geriet, bekam infolge „konsequent kompetitiver Selektion" (ELGEN/WINKLER 1975) für alle Zeiten auch den Rest der Welt.

Synergetiker haben solches Ansichreißen des ordnungsbestimmenden Einflusses durch eine sich als die mächtigere erweisende Gruppe als wichtiges Prinzip von allgemeiner Bedeutung erkannt. Es tritt in sich selbst organisierenden Systemen 'fern vom Gleichgewicht' auf (was uns nicht nur zufällig an das 'biologische Ungleichgewicht' erinnert). Zum Beispiel stellt sich in einer Kaffeetasse, deren Inhalt Wärme an die Oberfläche abgibt, unter günstigen Umständen ein Muster von wabenartig sich organisierenden Konvektionszellen ein (die man als Entschädigung für ein Mißgeschick in ihrer geheimnisvollen dynamischen Schönheit bewundern kann, nämlich, wenn man etwas (ganz schwach) saure Milch in den schwarzen Kaffee gegossen hat). In der Mitte der einzelnen Zellen steigt die Flüssigkeit auf und an den 'Zellwänden' sinkt sie nach unten, spezifisch schwerer geworden durch Abkühlung an der Oberfläche.

Die einzelnen Teilchen, im Prinzip zu jedem 'Verhalten' befähigt, ordnen sich dem Gesamtgefüge unter. Diese 'Versklavung' zeigt sich noch viel deutlicher beim Phänomen des Laserlichtes. Dieses entwikkelt sich dadurch, daß von allen Schwingungsmöglichkeiten des Lichtes, welches nach Energiezufuhr im System entsteht, schließlich nur noch eine einzige eingenommen und emittiert wird. Das ist dann der im perfekten Gleichschritt schwingende, 'kohärente' monochromatische Laserstrahl, der eine Durchschlagkraft von militärisch nutzbarem Ausmaß erreichen kann.

Mehrere Ordnungsparameter können in Wechselwirkung und damit auch in Wettbewerb treten. Das kann dazu führen, daß schließlich nur ein einziger Parameter 'überlebt', was uns den aus der Evolutionsforschung geläufigen Ausdruck 'Selektion' nahelegt. Bedeutsam für weiter unten vertiefte Überlegungen ist nun aber noch, daß mehrere *Ordnungsparameter auch miteinander kooperieren* und immer komplexere Strukturen aufbauen können (HAKEN und WUNDERLIN 1986, S. 60). Wie aus Chaos Ordnung wird, wie diese Ordnung ihre Kausalität besitzt, ohne notwendigerweise determiniert zu sein, das beginnen wir zu begreifen.

Energiekrise im Urmeer und Vergiftung der Atmosphäre

Wie im Evolution simulierenden Reagenzglas, so wurden mit Sicherheit auch auf der Urerde infolge der Ausbreitung lebensähnlicher Systeme die Ressourcen knapp. Von Knappheit und Mangel zu reden, scheint überhaupt erst sinnvoll im Zusammenhang mit Leben – oder mit lebensanalogen dynamischen Systemen wie der RNA-Evolution oder z. B. auch der Volkswirtschaft; und die gibt es ja wohl kaum ohne Leben. Wie später noch zu diskutieren ist, hat sie – und auch die von ihr studierten Untersysteme – eine Menge lebensanaloger Eigenschaften. Ein unbelebter Kosmos kann keinen Mangel an Wasser, Nahrung, Energie, Rohstoffen oder Raum haben. Komplexe wachstumsfähige Systeme wie Lebewesen machen besagte Kategorien zur *Ressource* und beanspruchen sie zum Zwecke ihrer Vermehrung eben so lange sie zur Verfügung stehen. Besonders erfolgreich sind natürlich solche Organismen, die speziell die *knappen* Ressourcen, die produktionsbegrenzenden *Minimumfaktoren* vor dem Zugriff der Konkurrenten für ihre Zwecke sichern können.

Auf der Erde in der Phase des allerersten lebendigen Werdens vor über vier Milliarden Jahren gehörten dazu mit Sicherheit die energiespendenden Verbindungen, die selektiv verbraucht wurden und deren Fehlen dann die Weitervermehrung begrenzte. Leben kann aus diesem Grunde damals nur auf einer ganz bescheidenen Stufe in ganz bescheidenen Quantitäten existiert haben; denn es programmierte sich sofort die erste Energiekrise.

Nun gibt es aber außer konservativer Konkurrenz noch eine andere Möglichkeit für erfolgreiche Lebensformen: die bahnbrechende *Innovation*, das Vorstoßen in Bereiche, in denen es (noch) keine Konkurrenz gibt. Durch eine Innovation im Sinne der jeweils evolvierten Wertebene entsteht ein neuer Wachstumszweig. Wie bereits im Kapitel über Gleichgewicht und Entropie angedeutet, bot die Erfindung der Photosynthese eine solche neue Chance. Wie es nun dieser zum Leben organisierten Materie eigen ist, sie schöpfte aufgrund der in ihren Genen angesammelten geeigneten Information ihre Möglichkeiten voll aus. Auf den ersten Blaualgenriffen überwuchs eine Generation die nächste – und schnitt ihr damit den Lebensfaden ab: das Sonnenlicht und die Stoffzufuhr. Schon wieder war Kampf um die knappen Ressourcen entbrannt.

Diese neuen erfolgreichen Wesen nahmen auch keine Rücksicht auf die spätere Verfügbarkeit der Rohstoffe oder auf das atmosphärische Gleichgewicht. Den massenweise in der damaligen Atmosphäre als CO_2 vorhandenen Kohlenstoff bauten sie in ihre Substanz ein. Sauerstoff wurde bekanntlich dabei abgespalten. Dieser veränderte zunächst erheblich die Wasserchemie. Riesige Mengen gelösten zweiwertigen Eisens wurden oxydiert und fielen aus als gebänderter Eisenstein (Schidlowsky 1981). Eine äquivalente Menge von reduziertem, also vom Sauerstoff abgetrenntem Kohlenstoff, sank unwiederbringlich in die Tiefe und stand den Pflanzen somit nicht mehr zur Verfügung. Es zeichnete sich eine tödliche Verknappung des verfügbaren Kohlendioxids ab.

Nachdem auf diese Weise die Ozeane vom sauerstoffbindenden zweiwertigen Eisen leergefegt waren, konnte sich freier Sauerstoff anreichern und schließlich in die Atmosphäre dringen. Für die damaligen Organismen eine gefährliche Veränderung. Die meisten dürften diese 'rücksichtslose Immission' nicht ohne genetische Nachrüstung überlebt haben. Noch heute ist Sauerstoff giftig für viele urtümliche Lebewesen, die an Orte seines Mangels angepaßt sind.

Die Welt war spätestens jetzt wieder reif für eine bahnbrechende Neuerung: Wie es (Sonnen-)Energie *kostet*, aus anorganischer Substanz unter Sauerstoff*abspaltung* organische aufzubauen (es ist also von der Photosynthese die Rede), so *bringt es Energie ein*, wenn man organische Substanz mit Sauerstoff verbindet (das nennt man bei Lebewesen 'Atmung').

Dabei konnte zum Teil vermutlich direkt das *know how* (d.h. die genetische Information) aus der Photosynthese genutzt werden. Die Maschinerie der kleinen Dimensionen in der Zelle mußte nur stellenweise rückwärts laufen. Diese Veratmung des Sauerstoffs ermöglicht die vierzehnfache Ausbeute an Energie gegenüber der ohne Sauerstoff ablaufenden Gärung. So ist das bei den freien Entwicklungsmöglichkeiten der Evolution: Die Voraussetzungen für eine lukrative Erfindung waren 'geschaffen', und schon folgte die Realisierung.

Die Zähmung des Zufalls

Der Opportunismus öffnete neue Türen. Die überfällige Kreislaufwirtschaft, ohne die das Leben auf der Erde aus Rohstoffmangel verkümmert wäre, war mit der Atmung eingeführt. Das war ein *notwendiger* Schritt. Er wurde ausgerechnet durch den Zufall der Mutationen ermöglicht. „Zufall *und* Notwendigkeit", beides sind treibende Kräfte – so sieht Jacques MONOD (1972) die Evolution. Das kreative Moment des Zufalls fällt in die „Falle der Notwendigkeit" (RIEDL 1980). Dort wird der Zufall festgehalten, vermehrt und weiterentwickelt. Was neben die Notwendigkeit fällt (der größte Teil des Zufalls), stirbt aus wie die Flugsamen, die auf ungeeignetem Boden landen.

Was notwendig ist, bestimmt die Realität, und die ändert sich laufend, weshalb auch die Innovations*fähigkeit* – neben der Fähigkeit, Information zu bewahren – zu den wichtigsten Strategien des Lebens gehört. Ein 'Verbot' des Zufalls wäre das Ende der Evolution, denn es wäre das Ende der Kreativität, das Ende der Schöpfung. Somit liegt es in der Logik des Lebens, den Zufall so intensiv zu nutzen wie möglich. Also möglichst viele Mutationen?

Da stellt sich ein Dilemma ein. Mehr Mutationen würden zwar die Kreativität an sich erhöhen, aber auf diese Weise könnte nicht einmal der erreichte Standard erhalten bleiben; die Information höherer Organismen zerflösse schnell in zufällige Beliebigkeit. Zuviel blühende Phantasie bedeutet bald das Ende der Lebenstüchtigkeit. Nicht *irgendwelche* Kreativität ist gefragt, wie zufällige Klecksbilder, sondern nur Neuschöpfungen, die sich mit der Realität im oben geschilderten Sinne *erfolgreicher* auseinandersetzen als das bisher Dagewesene. Solche sind aber um so seltener, je höher das bereits vorgefundene Niveau ist. Je höher es die Neuerungen in ihrer Gesamtfitness bringen, desto stärker breiten sie sich aus. Mutanten, die sich nur so gerade noch oberhalb des 'Wasserspiegels der Lebensfähigkeit' halten, können vielleicht einmal – besonders, wenn die Welt sich verändert hat – eine interessante Basis für Weiterentwicklungen abgeben. Was darunter sinkt – das allermeiste an Innovationsversuchen – landet sofort im Papierkorb der Evolution, was natürlich nicht im Sinne der betreffenden Gene ist.

Aus diesem Grunde hat das Gefüge der Gene den Mechanismus zur identischen Replikation enorm verfeinert. Korrekturlesen mit Hilfe besonderer Enzymsätze wurde eingeführt, eben um das hochintegrierte Informationsgefüge komplizierter Organismen überhaupt erhalten zu können.

Man kann sich für die Arten eine abstrakte *Evolutionslandschaft* vorstellen, deren Gipfel jeweils Anpassungsoptima darstellen, deren tiefste Täler aber unter dem Meeresspiegel der Überlebensfähigkeit liegen. Mit Hilfe von Mutationen klettern die Organismen in diesem Gebirge herum. Wenn man zu phantasievolle Sprünge macht, wird man die optimalen Positionen auf den Graten und Gipfeln kaum je erreichen – und wenn, wird man sich dort nicht lange halten können und rasch unter die Grenze des Existenzminimums der lebenstauglichen Information geraten. Der Flugzeugtechniker Ingo Rechenberg (1973) konnte zeigen, daß es in jeder Evolution (man wendet Evolutionsstrategien auch systematisch in der Technik an) eine *optimale Schrittgröße* gibt.

Mit der Minimierung der Mutationshäufigkeit durch die besagten Korrektursysteme wurde dem also Rechnung getragen. Aber diese Präzision, die sich zur Lösung der ersten Krise einführte, *hemmte nun die Weiterentwicklung*; sie führte somit zu einer zweiten Informationskrise aus dem gegenteiligen Grunde. Der Fortschritt bremste sich selbst, um nicht ins Chaos zurückzufallen.

Unter besonderen Umständen, nämlich wenn sich die Evolutionslandschaft unter den Füßen radikal geändert hat und deshalb die bislang gegebene Anpassung nicht mehr besteht, könnte der verzweifelte Versuch aber doch sinnvoll sein, mit großen, gewagten Sprüngen eine günstigere Position zu erreichen. Ein bißchen mehr Chaos und weniger Kontinuität in der Informationsweitergabe wäre in solchem Falle von Nutzen. Mutationsfreudige Stämme haben jetzt die größere (und vielleicht einzige) Chance. Tatsächlich ließ sich dergleichen bei Mikroorganismen beobachten.

Besonders günstig wäre es, wenn sich bei Bedarf die gewagte, aber vielleicht rettende Kreativität an- und abschalten ließe. Sogar dafür scheint die Natur einen Weg ertüftelt zu haben. Es gibt nichtlineare, 'chaotische' Prozesse, die wie zufällig wirken und somit als 'Zufallsgenerator' sowohl im individuellen Verhalten als auch in der Evolution zur Steigerung der Kreativität genutzt werden können (Hess/Markus 1986). Die Vermutung, daß damit Monods Sicht von der fundamentalen Bedeutung des Zufalls gleich ins Wanken gerät (LORENZEN 1989), geht vielleicht etwas zu weit. Immerhin aber hat der Zufall noch eine kreative Schwester: das Chaos.

Lottogewinn, Sexualität und Moral

Der andere Weg, der aus der Informationskrise zweiter Art herausführt, ist für uns viel leichter zu durchschauen, vielleicht weil ein großer Teil unseres Verhaltensrepertoires darauf abgestimmt ist: die Sexualität. Vorstufen gibt es schon auf den primitivsten Evolutionsebenen. Es ist eine genial anmutende Methode, mit der man die seltenen Glückstreffer, die einzelne Organismen in den verschiedenen Sparten erzielten, beliebig neu zusammenstellen kann. Hier liegt der tiefere Grund dafür, daß es kaum eine Art gibt, bei der nicht geschlechtliche Vorgänge eine Rolle spielen, und die wenigen derartigen Spezies, die es gibt, dürften erdgeschichtlich gesehen keine große Zukunft haben, da sie in ihrer Evolutionsfähigkeit benachteiligt sind.

Die evolutionäre Bedeutung der Sexualität wird vielleicht ein begeistertes Mitglied einer Gemeinschaft von Lottospielern hoch genug einschätzen, wenn es sich erinnert, wie oft man schon Millionär geworden wäre, wenn man zum Beispiel zwei Lose mit drei Richtigen zu einem Volltreffer mit sechs Richtigen vereinigen könnte. Genau solche Kombinationen sind in der sexuellen Fortpflanzungsgemeinschaft einer Art möglich. Ein hypothetisches Säugetier kann im vereinfacht dargestellten Beispiel das dicke Fell des einen Individuums mit der Fähigkeit zum zuverlässig richtigen Timing für die Geburt der Jungen, über die andere Individuen verfügen, kombinieren und nun (zunächst) konkurrenzlos die gesamten Ressourcen winterkalter Regionen nutzen. Jede einzelne dieser beiden Eigenschaften allein würde es dazu nicht befähigen.

Auf die enorme Bedeutung des menschlichen Fortpflanzungsverhaltens für die Umweltzerstörung muß später in anderem Zusammenhang noch ausführlicher eingegangen werden. Hier bleiben wir noch auf der fundamentalen Ebene.

In der Evolution maximieren die Träger der Lebensinformation ihre eigene Überlebensfähigkeit. Das Huhn, so wurde schon formuliert, ist die Methode des Eis, neue Eier zu produzieren. Und wenn es dazu nicht taugt, weil es vielleicht nicht weiß, wie man den Fuchs meidet, oder es keine Eier legt, dann hatte das Ei ein schlechtes Programm, eine unzureichende Methode. Es wird von dieser Sorte fortan keine

Eier mehr geben. Dawkins (1978) nennt in seinem vielbeachteten und -geschmähten Buch über ›Das egoistische Gen‹ in provozierend plastischer Weise die Gene wahre Meister in der Kunst des Überlebens, die ihre Überlebensmaschinen (die Lebewesen) so steuern, daß sie maximalen Nutzen aus ihrer Umwelt ziehen. Dabei spielt es keine Rolle, ob dieser maximale Nutzen aus der unbelebten oder der belebten Welt gezogen wird.

Die Evolutionsfähigkeit wurde immer perfekter, das Tempo immer rasanter. Es gibt eine ›Evolution der Evolutionsfähigkeit‹ (Wagner 1986). Wir werden weiter unten noch sehen, daß diese Evolutionsfähigkeit mit der Kulturentwicklung völlig neue chaotisch kreative und damit auch gefährlich instabile Formen angenommen hat.

Doch auch schon auf der primitiven, nicht einmal echt lebendigen Stufe der Viren zeigen die Überlebenskünstler, wozu sie fähig sind. Das AIDS-Virus ist ein makabres Beispiel für deren Raffinesse und Rücksichtslosigkeit. Es versteht es, das Reproduktionsverhalten seines Wirts zu nutzen und gleichzeitig sogar dessen Immunsystem außer Funktion zu setzen. Darüber hinaus entzieht es sich unter anderem durch seine große Wandlungsfähigkeit vorläufig mit Erfolg den Angriffen durch einen Impfstoff.

Dadurch kann es sich in der explosionsartig wachsenden Menschheit einen neuen Lebensraum erschließen, der gegenüber den zusammengeschmolzenen Affenpopulationen ein Ozean ist, ein Ozean, der dank einem hochentwickelten Gesundheitswesen für konkurrierende Erreger immer schwerer zu bewohnen ist.

Die Frage, ob das *Prinzip Ausbeutung* erst durch den Menschen und seine Zivilisation auf die Welt gekommen ist, muß man nun eindeutig und nachdrücklich verneinen. Vielmehr müssen wir mit Markl (1986, S. 44) konstatieren, daß Lebewesen „die Methoden, wie man knappe Güter mit besonders gutem Erfolg ausbeutet, einige Milliarden Jahre lang ausprobiert“ haben. Sie haben diese Methoden sogar systematisch optimiert.

Naturtümelei in der Art: Natur ist immer gut, nur der Mensch ist schlecht, wird den Realitäten nicht gerecht. Es ist völlig unangebracht, der Natur irgendwelche moralischen Maßstäbe anzulegen. In seiner weit über die Mythologien der Völker gespannten Arbeit über ›Evolution and Ethics‹ konstatiert schon Thomas Huxley (1893) eine „moralische Indifferenz“ der Natur, gegen die das menschliche Gewissen revoltierte und „das kleinste Atom könnte den grenzenlosen Kosmos schuldig“ finden. Nur wenige oder niemand, fährt der Biologe Huxley fort, hätten bislang gewagt, dieses Verdikt niederzuschreiben. Kategorien moralischer Art, Kategorien von *Gut und Böse sind der Natur einfach fremd*. Diese als unerfreulich erlebte Wahrheit ließ sich aus der Gedankenwelt (insbesondere der der Biologen) allen gegensinnigen Versuchen zum Trotz nicht mehr überzeugend ausräumen. Wir werden uns an sie gewöhnen müssen (dazu u. a. WICKLER/SEIBT 1977; WICKLER 1983; VOGEL 1986).

Ein Wort zur Sprache

Wenn bisher von 'Ausbeutung' die Rede war, dann müßte das den kritischen Leser gestört haben. Denn nach meinen letzten Ausführungen ist dieses Wort wegen seines moralisch wertenden Beigeschmacks nicht gerade geeignet, anthropomorph moralisierende Naturbetrachtung zu vermeiden. Wir hätten in Anlehnung an DAWKINS ja auch z. B. von 'optimaler Nutzung' sprechen können. Aber dieser Ausdruck wertet wieder in der anderen Richtung (Nutzung!) und ist deshalb ebenso ungeeignet. Denn es ist nicht zu leugnen, daß diese 'optimale Nutzung' ja anderen Zeitgenossen und späteren Lebewesen auch einigen Schaden zufügt, zum Beispiel fressen sogar die friedlichsten Tiere die noch 'unschuldigeren' Pflanzen.

Spätestens hier wird die Toleranzgrenze des kritischen Lesers überschritten sein, und es muß noch einmal ein Wort über das Problem der sprachlichen Darstellung natürlicher Zusammenhänge eingeflochten werden. Wie unser Erkenntnisvermögen ganz an den praktischen Erfordernissen der realen Welt orientiert ist, so ist unsere Sprache auf die zwischenmenschliche Kommunikation abgestimmt, und da spielen Wertungen nun einmal eine große Rolle. Es ist also nicht so, wie von manchen erschreckten Zeitgenossen gelegentlich unterstellt, daß es für Biologen keine Werte und keine Ethik gebe, nur in der Natur, in der *Natur an sich*, ohne den Menschen, gibt es sie nicht.

Um dem semantischen Problem auszuweichen, ließe sich natürlich eine Kunstsprache konstruieren, aber diese hätte den nicht unerheblichen Nachteil, daß sie zunächst niemand versteht. Und nach ihrem mühsamen Erlernen böte sie noch immer keine Garantie, daß sie den Realitäten gerechter würde. Zahlreiche überflüssige Fachsprachen sind der abschreckende Beweis. (Der Umkehrschluß, jede Fachsprache oder jeder fachsprachliche Begriff sei überflüssig, ist natürlich nicht berechtigt.)

Wenn die Natur auch nicht menschlich ist, so bedeutet eine unmenschliche Sprache noch nicht, daß diese natürlich ist. ORWELLS 'Neusprache' – er hatte sich übrigens früher selbst mit der Entwicklung einer solchen Sprache befaßt –, das allzu verbreitete Vokabular aus dem Wörterbuch des Unmenschen und die leeren Phrasen und Kürzel sich absetzender bürokratischer oder wissenschaftlicher Kommunikationseinheiten tragen überhaupt nicht zur Klarheit bei, und sie werden auch der außermenschlichen Natur in keiner Weise gerechter. Wenn also gelegentlich Anthropomorphismen auftauchen, dann mögen sie als *sprachliche Analogien*, als Mittel zur leichteren Verständigung betrachtet werden und nicht als Versuch, alles in der Natur zu vermenschlichen.

Dazu hat man auch gerade in einem Kapitel über das Prinzip Ausbeutung wenig Grund. Dieser hier beleuchtete Aspekt führte allerdings zu einem etwas einseitigen Bild, zu einer ganz unmenschlichen Natur (in unserem wertenden Sinne). Es gibt zwar jede Menge Beispiele von Opportunismus und 'egoistischem Verfolgen eigener Interessen' auch bei höheren und höchsten Organismen. Es gibt 'Räuber', die mitleidlos zuschlagen, und Parasiten, die rücksichtslos ihren Wirt aussaugen. Es gibt Tollwutviren, die ins Nervensystem wandern und gar das Verhalten ihres Wirtes zum Zwecke ihrer weiteren Ausbreitung manipulieren, bevor dieser dann zugrunde geht. Im tropischen Amerika bewohnen solche Viren tatsächlich auch die an Tieren saugenden Vampire und lassen sich von diesen verbreiten.

Es gibt den Kuckuck, der als Erwachsener faul seine Eier in fremde Nester legt, der bereits als Nestling seine Stiefgeschwister aus dem Nest beförderte und sich von den kleinen Pflegeeltern dickfüttern ließ, daß es einen empören kann. Anders betrachtet, gibt es aber auch die rührenden Singvögel, die voller Hingabe den verwaisten kleinen Kuckuck, der keine andere Chance hat und der ja auch nichts für seine Eltern kann, 'selbstlos' adoptieren. Aber was ist denn das für ein Widerspruch? Die Logik der Evolution 'verbietet' doch solche, eindeutig den Interessen der eigenen Gene zuwiderlaufenden Aktionen. Dementsprechend hat sich auch beispielsweise beim Wiesenpieper ein angeborenes Verhaltensprogramm entwickelt, das ihn zu Nestaufgabe und Neubrut veranlaßt, wenn er nur einen Kuckuck (oder eine Attrappe) in der Nähe des Nestes gesehen hat. Anders kann der kleine Vogel sich offenbar nicht helfen. Der Kuckuck seinerseits war dadurch genötigt, sein 'kriminelles' Verhalten zu verfeinern. Er schleicht sich in einem sorgfältig ausgewählten unbeobachteten Moment ein. Nach dem Schlüpfen würde man, ethologisch gesehen, feststellen, daß der wunderschön geöffnete rote Rachen des jungen Kuckucks bei den Pflegeeltern in besonderem Maße die elterliche Triebhandlung des Fütterns auslöst. Das veranlaßte den souverän und unbesorgt formulierenden Ornithologen Oskar HEINROTH, vom Kuckuck als dem „Laster der Singvögel" zu sprechen.

Wenn man sich allzu ernste Sorge um sprachliche Korrektheit macht, dann muß man beim Studium der Natur sich tunlichst aller wertenden Begriffe enthalten. In äußerster Konsequenz müßten wir im Endeffekt auf deren Darstellung ganz verzichten. Das wollen wir aber nicht.

Schließlich ist eines der Evolutionsprodukte auch der Mensch.

Damit muß es auch eine freundlichere Umweltmanipulation als die der genannten Viren und Brutparasiten geben. Es gibt zum Beispiel den sympathischen Biber, der ganze Talauen in ein Paradies für Wasserorganismen verwandelt, indem er ingenieurartig Dämme baut, den Wasserstand dort systematisch reguliert, sein Kanalsystem in Ordnung hält und ganze Flußsysteme vor Hochwässern schützt. Allerdings gibt es auch hier wieder gleich den anderen Aspekt. Die an temporäre Überflutungen angepaßten Landorganismen, die dort vor der Bautätigkeit der Biber gelebt hatten, dürften das alles als weniger segensreich erleben.

Altruismus scheint also gar nicht so einfach zu finden zu sein; aber es gibt ihn, es gibt nicht *nur* das gegenseitige Schaden, es gibt als vielleicht gleichberechtigtes Prinzip auch den wechselseitigen Nutzen. Das konnten wir schon bei der Betrachtung des Wettlaufs der Moleküle nicht ganz übersehen, und das wird im nächsten Kapitel noch ausführlich und kritisch behandelt.

Es gibt sogar das Aufopfern des eigenen Lebens für andere. Wir kennen das etwa von Honigbienen, deren Stachel so konstruiert ist, daß er in der Haut von Säugetieren und Menschen (mitsamt der sich weiter entleerenden Giftblase) stecken bleibt. Doch wie kann sich solch extremer, für seinen Träger tödlicher Altruismus in einer Evolution entwickeln, wie wir sie eben dargestellt haben? Ist unsere Sicht der Evolution überhaupt richtig, wenn es den Altruismus gibt?

Und wie ist das schließlich mit dem Menschen, um den es uns letztlich geht, der ja auch ein Teil der Natur ist? Sollte man sich auch bezüglich seiner Aktivitäten ganz aus der Wertediskussion zurückziehen und sich fatalistisch damit abfinden, daß „Macht gleich Recht" ist, wie Jane GOODALL (1983) das als „beinahe immer" gültiges Prinzip in der Schimpansengesellschaft konstatiert. Sollte man das 'natürliche

Recht des Stärkeren', des im Überlebensspiel Erfolgreicheren gar zur normativen Grundlage machen, egal ob darüber die Welt für Menschen unbewohnbar wird? Oder können wir darauf vertrauen, daß die viel bemühte Vorsehung oder die 'unsichtbare Hand' des Adam Smith schon etwas Gutes daraus konstruieren?

Diese unbequemen Fragen müssen noch behandelt werden.

x Selbstlosigkeit
Uneigennützigkeit

5. ALTRUISMUS, DIE ERFREULICHE SONDERFORM DES EGOISMUS

Krasser Egoismus ist der Tod einer jeden Gemeinschaft. Insbesondere die Machthaber forderten zu allen Zeiten von ihren Mitmenschen die Unterordnung der eigenen Interessen unter die der Gemeinschaft bzw. die des Staates. Nicht immer traten die Motive solcher Forderungen ganz so deutlich hervor wie im Absolutismus, was dann ja auch in Frankreich die Große Revolution nach sich zog. Damals waren die Interessen des Staates ausdrücklich mit denen der Herrscher identisch (*L'Etat, c'est moi*, war einer der viel zitierten Sprüche Ludwigs XIV.). Deshalb und wegen der metaphysischen (beziehungsweise ideologischen) Begründung fällt die (zumindest häufig) egoistische Motivation derer, die den Altruismus (von anderen) einfordern, nicht so sehr ins Auge.

Das oben Gesagte stellt die eine, sehr gewichtige und egoistische Seite unserer sozialen Wirklichkeit dar. Die andere ist, daß sich zu allen Zeiten Menschen finden, bisweilen beinahe ganze Völker, die solchem Aufruf bedingungslos folgen und sich für ihren Führer oder eine (von irgendwelchen Führern vertretene) Idee regelrecht *verheizen* lassen. Es gibt so etwas wie humanes Brennmaterial für inhumane Menschen oder Ideen. Offenbar sind oft auch die Anführer und Verführer selbstlose Werkzeuge übergeordneter, materiell nicht faßbarer Realitäten.

Dieses Phänomen wird je nach Einzelfall und vor allem nach dem eigenen Standpunkt positiv oder negativ bewertet. Reiner Egoismus kann es jedenfalls nicht sein, wenn Märtyrer sich zum Zeugnis ihres Glaubens bestialisch umbringen lassen oder wenn, weniger anachronistisch, ein Andrej SACHAROW massivsten Pressionen zum Trotz unbeugsam seine Meinung sagte oder ein Vaclav HAVEL immer wieder ins Gefängnis ging, nachdem er immer wieder, die Folgen kennend, seine Meinung äußerte, oder wenn ein brillanter junger Techniker auf eine Industriekarriere verzichtet und sich einer Alternativbewegung anschließt. Diese Beispiele sind vielleicht nicht die glücklichsten, weil nämlich in diesen Fällen sich gegen alle Erwartungen anderer schließlich ein krönender Erfolg, wenigstens ein partieller, einstellte. Wir müssen in diesem Zuammenhang aber auch die Opfer der vielen Unbekannten und Erfolglosen bedenken, auch derer, die Ziele verfolgten, die den unseren kraß zuwiderlaufen können.

Als harmloses Beispiel diene der biedere Herr, der gar nicht einmal von der Energiewirtschaft bezahlt wird und eher dem Law-and-order-Typ zuzurechnen ist, der sich hinreißen läßt, Plakate abzureißen, die zu einer kritischen Diskussion über die Atomwirtschaft einladen; weniger harmlos, aber auch nicht als primitiver Egoist abzutun, mancher Terrorist, mancher Nazi, mancher Stalinist oder Maoist. Hier sei die Liste aus Raumgründen geschlossen. Solche gefährlichen Leute nehmen zum Teil unglaubliche persönliche Opfer und Risiken auf sich. Im Zusammenhang mit der Diskussion des Milgram-Experiments müssen wir noch einmal auf dieses Phänomen und seine destruktiven Folgen für die Umwelt zurückkommen (Kap. 11).

Aus der Alltagserfahrung, vor allem im Familien- und Freundeskreis, kennt wohl jeder Beispiele für die Rückstellung eigener Interessen zugunsten anderer, und zwar nicht nur solche, die man als berechnend oder unbewußt opportunistisch abtun könnte (so groß deren Anteil auch sein mag). Eltern verzichten auf Karriere zugunsten eines behinderten Kindes, ein kleines Kind, noch ohne jede pädagogische Anleitung, teilt die begehrten Süßigkeiten mit nahestehenden Personen. Und schließlich der nicht alltägliche Fall, daß jemand das Leben eines Ertrinkenden rettet und dabei selbst umkommt. Gegen jede evolutionstheoretische Deutung spricht (scheinbar) der verbürgte Fall eines Pater Kolbe, der sich in Auschwitz anstelle eines Familienvaters umbringen ließ.

Die durch ihren geistigen Hintergrund an eine Sprachkultur gebundenen Beispiele könnten zunächst als ganz spezifisch menschlich betrachtet werden; im Tierreich findet sich aber bekanntlich mindestens Ebenbürtiges. Viel selbstverständlicher wird dort noch bisweilen das individuelle Leben für den 'Staat' hingegeben. So schlimm kann die Natur also nicht sein. In der Welt des Egoismus muß eine gegenläufige Entwicklungstendenz vorliegen, die man als *Altruismus* bezeichnet. Vielleicht hilft uns dieses Bewußtsein, auch in Fragen der Zerstörung der Umwelt, die zum Leben notwendige Hoffnung aufrechtzuerhalten. Es soll versucht werden, diese Tendenz zu verstehen.

Obgleich meiner Erfahrung nach bei vielen (auch intelligenten) Menschen die Abneigung gegen evolutionsbiologische Erklärungen menschlichen Verhaltens fast unüberwindbar ist, soll nach den ernüchternden Betrachtungen zum Egoismus auch der Frage nach dem Altruismus zunächst in der Urzeit der Lebensentstehung nachgegangen werden, in der Hoffnung, daß der Leser mir nicht gleich unterstellt, ich würde keinen Unterschied zwischen Menschen und Molekülen sehen.

Kooperation im praebiotischen Urmeer

Die molekulare Dimension erfreut sich nicht bei allen Menschen großer Beliebtheit. Sie ist aber faszinierend interessant und scheint mir für unsere evolutionsphilosophischen Betrachtungen zu bedeutsam, als daß wir sie einfach übergehen sollten. Es wird nur das Prinzip diskutiert. Nach wenigen Seiten kommen wir dann in mesokosmische Bereiche, in denen auch der naturwissenschaftlich Unvorbereitete von seiten des evolutionären Erkenntnisapparates wieder besser ausgerüstet ist.

Nukleinsäuren sind hervorragende Informatoren. Alles, was sie 'wissen', können sie an die nächste Generation weitergeben. Sie sind aber relativ schlechte Macher. Hervorragende Akteure dagegen sind die Proteine. Wie bereits in Kapitel 4 kurz angedeutet, beschleunigen sie als Enzyme sehr unwahrscheinliche Reaktionen, die aber möglich sind. (Etwas anderes kann logischerweise sowieso nicht passieren.) Durch diese phantastisch exakte Lenkung des thermodynamischen Zufalls in eine bestimmte evolutions*bewährte* Richtung können alle Reaktionswege ablaufen, die das Leben zu seiner Existenz braucht. Damit diese Proteine als 'leitende' Enzyme auch zielsicher funktionieren, müssen sie selbst mindestens ebenso unwahrscheinliche Strukturen haben wie diese.

Diese auszubilden, erforderte einen schwierigen und evolutionär wichtigen Schritt, denn Eiweiße allein sind nicht zu solcher Leistungsfähigkeit evolvierbar, da sie die erreichte und bewährte Information zwar anwenden, nicht aber auf weitere Molekülgenerationen übertragen können. Das können nur die Nukleinsäuren. Doch deren Entwicklunsmöglichkeiten waren in der 'Ursuppe' begrenzt, weil zu ihrer wirkungsvollen identischen Replikation ja hochspezifische, d.h. bestens informierte Enzyme notwendig sind. Die Katze beißt sich also in den Schwanz und kommt nicht weiter, es sei denn, der Zufall läßt die beiden aufeinander angewiesenen, aber in ihrer Existenz unabhängigen Komponenten zusammenarbeiten (Abb. 5a). Durch das erstmalige Auftreten dieses gewinnträchtigen Zufalls wird Kooperation für die Überlebensfähigkeit konkurrierender Moleküle zur neuen Notwendigkeit, an der alle künftigen Mitbewerber um die Ressourcen nicht mehr vorbeikommen.

Das Zeitalter der Kooperation war also angebrochen. Da es bei fortschreitender Entwicklung um knapper werdende Ressourcen ging, hatte die konventionelle primitive Einzelsynthese keine Daseinschance gegenüber der Kooperation, nachdem diese nur einmal aufgekommen war. Es klingt paradox: Die aufkommende Kooperation verschärfte ungeheuer stark die Konkurrenz. Dies verstärkte wieder den Zwang zur Kooperation. Parabiotische 'Hyperzyklen', Kooperation ganzer Familien informationstragender Nukleinsäuren (N) mit katalysierendem Eiweiß (P = Protein), wurden zur verbreiteten Strategie (Näheres bei Eigen et al. 1981). Abbildung 5 stellt nur den einfachsten Fall dar. Eine Kooperation loser Moleküle hat allerdings bei aller Vielfalt noch ihre enggesetzten Grenzen, was die Weiterentwicklung anbetrifft.

Denn die guten Dienste eines Proteins P_1, das aufgrund der Information der Nukleinsäure N_1 durch Vermittlung primitiver Katalysatoren entstanden ist, können ungehindert und womöglich mit noch höherem Wirkungsgrad von einer konkurrierenden Nukleinsäure N_2 genutzt werden (Abb. 5b). Wenn der Synthesenutzen nicht über einen erweiterten Kreis dem Urheber wieder zugute kommt, wird das dazu führen, daß sich so die Nukleinsäure N_1 selbst ausschaltet, da die Produkte ihrer eigenen Information sozusagen ständig 'fremdgehen' und vorrangig der Konkurrenz zur Ressourcenausbeute verhelfen. Wenn aber schließlich N_1 ausgestorben ist, ist es mit der rücksichtslosen N_2 auch zu Ende, da ihr ja nun von N_1 keine Enzymmoleküle mehr nachgeliefert werden und die bereits bestehenden ja nicht in alle Ewigkeit beständig sind. N_1 wird also vermutlich aussterben oder sich mindestens selbst sehr schaden, ohne daß sie eine Information darüber verarbeiten könnte, warum. Sie kann also nichts daran ändern (mit Sicherheit ist es ihr auch egal). Für eine systematische Höherentwicklung jedenfalls ist das keine Methode. Es bestand also die Notwendigkeit zu einem Ausweg.

Wenn eine enge Rückkopplung N_1 signalisieren könnte, ob ihr eine neu erworbene Mutation selbst nützt oder schadet, also wenn sich die Änderung sofort auf ihre eigene Replikationsgeschwindigkeit auswirkte, dann wäre das eine geniale Zufallsfalle für N_1, um festzuhalten, was ihr nützt. Der einzig erkennbare Weg, dieses Ziel zu erreichen, besteht in der Kompartimentierung (Eigen et al. 1981). Bekanntlich spielt sich das Leben seit jeher in wohlgegliederten Zellen ab, die die molekularen Partner beisammen halten (Abb. 5c).

Ein auf Grund einer Nukleinsäuremutation verändertes Eiweiß diffundiert nun nicht mehr davon und entzieht sich so einer Prüfung auf Tauglichkeit, sondern es entfaltet seinen Segen (oder sein Unwesen)

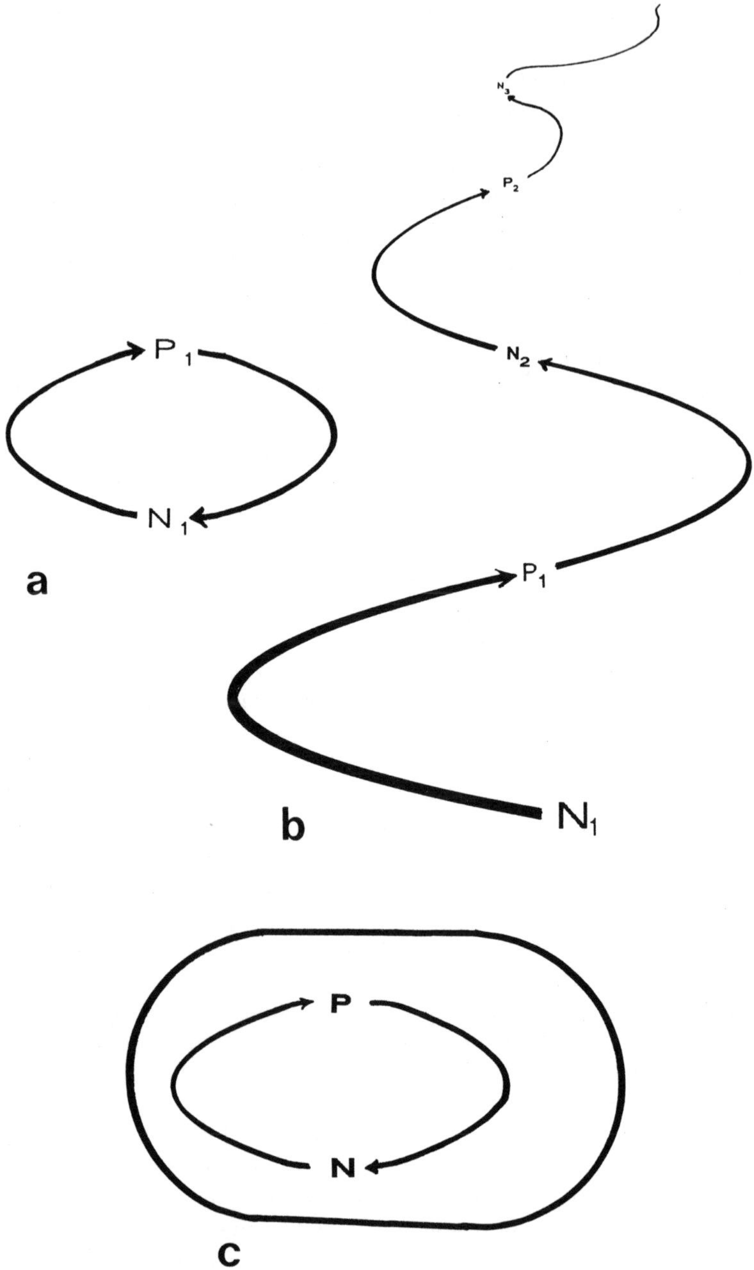
N3
P2
N2
P1
N1
a
P1
N1
b
P
N
c

direkt am Ort seiner Entstehung. Wenn es etwa die Eigenart hat, die korrespondierende ('eigene') Nukleinsäure zu zerstören, wird diese neue Errungenschaft wohl nicht mehr sehr alt werden. Wenn es aber seinem Gen zu irgendeinem Vorteil verhilft, dann – man verzeihe die Trivialität – wird dieses Gen stärker vermehrt als die, die bislang seinesgleichen waren. Diese durch Kompartimentierung *exklusiv* gesicherte Kooperation mit ihrem kurzgeschlossenen Feedback in einer funktionalen Einheit, die man wohl ruhig schon Organismus nennen kann, entwickelte sich so erfolgreich, daß die bis dahin praktizierten Formen lebensähnlicher Prozesse keine Daseinsmöglichkeit mehr fanden. Die Information zur Fähigkeit, Zellen, auch als Organismus kooperierende, auszubilden, wurde dagegen perfektioniert.

Kooperation funktioniert also, sie verbindet auch schon die molekularen Partner sogar bis zur Untrennbarkeit – wenn dies dem eigenen Vorteil dient. Kooperation steht somit dem Egoismus ebenbürtig, als sein siamesischer Zwilling, Pate an der Wurzel des Lebens.

Ausbeutung und Fürsorge – die verwischte Grenze

Vergleichbares ist auf höherer Ebene immer wieder geschehen. Von vielen einfacheren Tieren weiß man, daß sie in ihren Zellen einzellige Algen beherbergen, die dort Photosynthese betreiben. Sie bekommen das dafür nötige CO_2 und für Pflanzen wichtige Mineralstoffe als Abfallprodukte von den Tieren geliefert. Den Tieren nutzen die Endosymbionten durch Abgabe des für deren Atmung benötigten Sauerstoffs, und die Tiere bedienen sich vor allem ihrer Kohlenhydrate. Damit der innere Hausgarten auch stets floriert, sorgen solche Tiere auch für eine optimale Exposition zum energiespendenden Licht. Die Vermehrung der Pflanzen muß natürlich auf die Kapazität ihres Wirtes abgestimmt sein. Das ist in manchen Fällen dadurch geregelt, daß überzählige Pflanzenzellen schlicht verdaut werden. Beispiele für pflanzliche Endosymbionten findet man bei bestimmten Pantoffeltier-

Abb. 5: Kooperation und Kompartimentierung. Nukleinsäuren (N) als Informationsträger und Proteine (P) als Katalysatoren können kooperieren (a). Der Nutzen kann aber auch an fremde Reaktionspartner fallen und erst über Umwege zurückkommen oder (wie in b) in der 'Ursuppe' verlorengehen. Eine Kompartimentierung hält die Reaktionspartner zusammen (c) und koppelt so die Folgen einer Mutation direkt an den Verursacher. Dieses Prinzip war eine Voraussetzung für den Durchbruch zu höheren Evolutionsstufen.

chen, Süßwasserpolypen und Riffkorallen. Letztere können deshalb nur in einer lichtdurchfluteten Zone nahe der Oberfläche wachsen.

Eine schon frühzeitig geäußerte, inzwischen hervorragend belegte These zur Entstehung der Chloroplasten, also der grünen Zellorganellen, die die Funktion kleiner Sonnenkraftwerke bei den höheren Pflanzen wahrnehmen, besagt, daß es sich auch bei diesen um ehemalige Endosymbionten handelt. Das stärkste Argument dafür ist deren genetisches Eigenleben. Sie haben innerhalb ihrer 'Wirtszelle' ihre eigene DNA und gehen nur auseinander hervor. Entsprechendes gilt auch für die Organellen, die den gegenteiligen Prozeß, nämlich die Zellatmung, abwickeln, die Mitochondrien.

Nur für den sich stets mit seinen Forschungsobjekten identifizierenden und wertenden Menschen ergibt sich die Frage, ob diese inneren Haustiere als Sklaven gefangen und nicht mehr freigelassen wurden, ob sie sich als nicht mehr abzuschüttelnde Parasiten eingenistet oder schließlich, ob sie nicht einen fairen Vertrag mit dem Hauseigentümer und Arbeitgeber zu beiderseitigem Nutzen abgeschlossen haben. Obgleich Identifikation nichts Ehrenrühriges ist, offensichtlich der menschlichen Natur entgegenkommt und erfolgreiches Denken anregen kann – Monod schreibt, daß er sich sogar schon mit einem Eiweißmolekül identifiziert hat – wollen wir diese Frage hier unbeantwortet lassen. Festzuhalten ist aber, daß sich hier Einheiten zusammenfügten, die nunmehr als Ganzes der Selektion unterliegen und mit jeder lebensfähigen Änderung neue und folgenreiche Fakten auf der Leiter des Lebens schaffen.

Damit der Gesichtspunkt der Umweltzerstörung nicht verlorengeht: bevor das Prinzip der Kompartimentierung erfunden war, gab es für die Nukleinsäuren keine Möglichkeit zu verhindern, daß sie die eigenen Überlebenschancen mit ihren Produkten wahllos, auch zu ihrem unmittelbaren Nachteil hin, veränderten. In der Geschichte der Lebensentstehung erwies sich die Rückkopplung durch Einführung kleinräumlicher Ursache-Wirkungs-Beziehungen als Ausweg aus diesem Dilemma. Es drängt sich der Gedanke auf, daß dies auch eine wertvolle Strategie zur Bewältigung zivilisatorischer Dilemmata sein könnte. Doch solche Überlegungen sollen erst später ausgeführt werden.

Vom Parasitismus zur Symbiose

Unter der Überschrift 'Altruismus' den Parasitismus zu erwähnen, empfindet man sicher nicht als sehr passend; dennoch ist die Grenze zwischen Symbiose, die ja schon eher mit Altruismus zu tun hat, und Parasitismus fließend. Der Lebenszweck eines Parasiten ist es ja nicht, seinen Wirt zu quälen und auszubeuten, sondern, soweit wir das erkennen können, ausschließlich, wie bei allen Lebewesen, selbst zu leben und dadurch die Chance zu haben, seine Daseinskopie weiterzugeben und maximal zu vermehren. Ein Parasit, der in Kürze seine Wirtspopulation auslöscht, ist ein Selbstmörder seiner Spezies und hat es in der Kunst, seinem Zweck nachzukommen, noch nicht sehr weit gebracht.

Ein Beispiel dafür erleben zur Zeit unsere leidgeprüften Imker. Eine Milbe, von der man bislang nie gehört hatte, *Varroa jacobsoni*, vernichtet seit einigen Jahren unweigerlich die von ihr befallenen Bienenvölker, wenn diese nicht behandelt werden. Nun ist ein totes Volk aber auch kein potentieller Wirt mehr, und durch Auslöschen seiner Wirtsart rottet sich der Parasit selber aus. Bei der großen Infektionsfähigkeit sieht es (zunächst) so aus, als wäre diese Milbe dazu (ohne Eingreifen des Menschen) in der Lage. Nach abgeschlossenem Vernichtungsfeldzug gäbe es dann weder Wirt – das heißt in diesem Falle Honigbienen – noch Parasit.

Jedoch ist sich die Mehrzahl der Experten einig, daß es so nicht kommen würde. Das Parasit-Wirt-Verhältnis steuert im Laufe der Evolution auf ein Gentlemen's Agreement hin. Nach einer katastrophalen Phase der Beinahevernichtung von Wirt *und* Parasit werden, bedingt durch entsprechende Mutationen (die mit der Zufallssicherheit der großen Zahl auftreten), mildere Formen des Zusammenlebens praktiziert, in denen der Schaden durch den Parasiten so gering ist, daß die Wirtsart sich wieder zunächst konkurrenzlos ausbreiten kann. Somit gestatten beide 'Vertragspartner' – mehr nolens als volens – einander ein gesichertes Dasein. Die für eine kontinuierliche Imkerei unerläßliche Behandlung verhindert in Europa allerdings diesen evolutiven Anpassungsprozeß. Ein solcher Prozeß scheint sich aber in Brasilien schon abgespielt zu haben (Engels 1988). Dort sind Honigbienen von demselben Parasiten befallen, aber kaum geschädigt. Das dürfte nicht allein mit dem Klima und der anderen Bienenrasse zu erklären sein. Die meisten Bienen sind dort (problematischerweise) verwildert. Einem Bienenvolk, das vom Parasiten tödlich geschädigt wurde, half kein Mensch. Es blieben nur die hinreichend resistenten

Bienen – oder die hinreichend 'milden' Milben. Den wie auch immer überlebenden Völkern bietet das tropische Klima beste Ausbreitungsbedingungen.

Übrigens ist ein solcher Parasit ja nicht plötzlich vom Himmel gefallen. In unserem Beispiel ist er von der asiatischen Honigbiene auf die westliche 'umgestiegen'. Der Mensch hat ihm das durch Bienenimporte nahegelegt. Bei der asiatischen Honigbiene richtet dieser Parasit kaum Schäden an. Hier lebt er schon seit eh und je und hat durch entsprechende Anpassung auf die Folgen maßloser Ausbeutung reagiert. Gentlemanlike läßt er leben, wen er melkt. Allerdings von Symbiose kann man auch da noch nicht gut reden.

Dafür gibt es ein anderes aktuelles Beispiel. Man diskutiert, daß bei den 'neuartigen Waldschäden' auch Veränderungen an der Mykorrhiza infolge Schadstoffeintrags über die Luft beteiligt sind. Unter Mykorrhiza versteht man die symbiotische Verbindung zwischen einem Pilz und den Wurzeln einer höheren Pflanze. Die meisten unserer Waldbäume pflegen solche Gemeinschaften, manche sind sogar darauf angewiesen. Ursprünglich dürften Mykorrhizapilze versucht haben, in den Bäumen zu parasitieren, wie es viele Pilze bekanntlich heute noch tun. Die Bäume aber haben den Pilz gewissermaßen domestiziert. Sie 'halten' ihn im Rindenbereich ihrer Wurzel und verdauen zu ihrem eigenen Vorteil die hineinwachsenden Zellen.

Das ganze hoch interessante Gebiet von Parasitismus und Symbiose kann und braucht unter dem hier betrachteten Aspekt nicht erschöpfend behandelt zu werden. Diese Beispiele müssen genügen, um zu zeigen, daß es durchaus reale Wege gibt, den nicht aus der Natur wegzudiskutierenden vitalen Eigennutz in ein gedeihliches Miteinander ausmünden zu lassen. Aus einseitigem und wechselseitigem Parasitismus kann schließlich eine obligatorische Symbiose werden. Bei allem guten Ende ist es bei interspezifischen Beziehungen offenbar immer der Versuch, bei minimalen Kosten ein Maximum an Vorteil zu erzielen. Solche koevolutionären Beziehungen spielen sich nicht nur innerhalb des Tierreiches oder nur innerhalb des Pflanzenreiches ab, sie oszillieren auch zwischen diesen beiden 'Reichen', wie schon bei der Erwähnung der Endosymbionten deutlich wurde. Bei aller Komplexität und Vielfalt, die Natur bildet eine Einheit.

Kooperation und Koevolution

Bei Pflanzen ist die vegetative, also die asexuelle Fortpflanzung durch Ableger, verbreiteter als bei Tieren. Solche Ableger sind ein genetisch identisches Abbild des Mutterorganismus. Trotzdem gibt es aber auch im Pflanzenreich kaum Arten, die sich der sexuellen Vermehrung ganz enthalten. Denn sie verbessert ja durch Rekombination die für das Überleben ständig abgeforderte Anpassungsfähigkeit. Die zunehmende Besiedlung der verschiedensten Standorte unseres Planeten schuf die unterschiedlichsten Organismen, die wieder neue 'ökologische Planstellen' anboten (nicht unbedingt nur zum Nutzen dieser Organismen, wie das Beispiel der Parasiten zeigt).

Pflanzen sind nun nicht beweglich wie im allgemeinen die Tiere. Aber ein genetischer Austausch sollte möglichst zwischen *verschiedenen* Individuen stattfinden. So brauchen die Pflanzen irgendein Transportmedium. Die ersten Landpflanzen dürften sich neben dem Medium Wasser an feuchten Standorten zur Übertragung der Pollen vor allem des Windes bedient haben, wie es gerade die massenhaft verbreiteten Pflanzen, die große Bestände bilden, noch heute tun, z. B. die Gräser und die Nadelbäume.

Pflanzen, die mehr an besondere Standorte gebunden sind und somit vielleicht nur vereinzelt geeignete Lebensbedingungen finden, brauchen einen zielgerichteten Boten, um die wichtige genetische Information dem Artgenossen in der Diaspora zu übermitteln. Dazu boten sich vor allem die Insekten an.

Die fliegenden Boten wollen aber bezahlt werden, sonst würden sie nicht kommen. Viele nehmen sich ihren Lohn, indem sie einfach den eiweißreichen Pollen fressen. Der Pollen war für Insekten wohl der ursprüngliche Grund, Blüten zu besuchen. Unvermeidbar hatte auch die Pflanze ihren Nutzen durch die gezielte Bestäubungsleistung. Die zunehmende Konkurrenz unter den Pflanzen um die zuverlässigen Besucher führte dazu, daß sich bald solche Mutanten ausbreiteten, die Zuckersaft aus besonderen Nektarien als Lockmittel fließen ließen. Für die energiebedürftigen Flieger stellt er eine wertvolle Nahrungsquelle dar, für die Pflanzen ist er viel 'billiger' als der Pollen, da der Zucker aus praktisch unbeschränkt zugänglichen oder nachlieferbaren Rohstoffen synthetisiert wird: aus dem CO_2 der Luft, aus Wasser und aus Sonnenenergie. Zur Pollenerzeugung braucht man zusätzlich noch weitere Stoffe.

Nur begrenzte Harmonie

Doch auch im Verhältnis zwischen blütenbesuchenden Insekten und Pflanzen herrscht nur eine *begrenzte Harmonie*, so symbolhaft friedlich und trugfrei eine summende Blumenwiese auch scheinen mag. Die Pflanzen gestalten sich möglichst attraktiv, aber 'wollen' möglichst wenig bezahlen. Die Tiere 'wollen' möglichst viel bei minimalen Kosten holen. Meist hat sich ein fairer Interessenausgleich eingestellt. Die Insekten müssen etwa in Blütenhöhlen kriechen, dabei streifen sie Pollen an der Narbe ab oder sie betätigen, wie beim Wiesensalbei, einen Hebelmechanismus, der ihnen den Staub auf den Rücken tupft. Erst dann kommen sie an den Nektar, und zwar an möglichst klein dosierte und schwach konzentrierte Einzelportionen. Exakte Bilanzierungen ergeben, daß die blütenbesuchenden Insekten ganz schön arbeiten müssen, um auf eine positive Energiebilanz (nach Abzug der Treibstoffkosten) zu kommen. Deshalb hat eine Hummel auch nicht viel Zeit, sich an den Einzelblüten lange aufzuhalten. Genau diese Aktivitätsmaximierung bei minimalem Lohn, darauf zielt die Strategie der Pflanzen ab. *Taylorismus*, die mit wissenschaftlichen Methoden optimierte Ausnutzung der bezahlten Arbeitskräfte, das gibt es in der Natur schon lange. Doch zu weit dürfen die Pflanzen es aus wohlverstandenem Eigeninteresse nicht treiben. Wenn die Tiere zu sehr ausgebeutet werden, gehen sie zur Konkurrenz, oder bei ganz schlechter Marktlage finden sie gar keine Lebensmöglichkeit mehr als Blütenbesucher, und die Pflanze steht ohne da.

Natürlich ist es vorteilhaft, wenn die Besucher nicht 'fremd'gehen, denn nur Pollen der eigenen Art sind für die Pflanze von Nutzen. Deshalb werden oft nur Spezialisten – etwa solche mit langem Rüssel – eingeladen, mit Farbe, Form und Duft, und nur für diese wird meist ausschließlich zu einer bestimmten günstigen Tageszeit der Tisch gedeckt. Sie sollen sich dann auf diese Blütenart konzentrieren.

Aber nicht vor allen unwillkommenen Gästen können sich die Pflanzen schützen. Sogar vor Einbruch sind sie nicht sicher. Manche Geißblattarten zum Beispiel haben ausgesprochen tiefgründige Röhrenblüten, mit denen sie die langrüsseligen Schmetterlinge exklusiv einladen 'wollen'. Selbst für die gut ausgerüsteten Hummeln sitzt der Nektar zu tief. Aber diese wissen sich (vermutlich aufgrund eines genetisch verankerten Verhaltensprogramms) zu helfen. Sie beißen den Nektarkelch einfach mit ihren Mundzangen am Boden auf und saugen ihn aus, ohne irgendeine Bestäubungsleistung erbringen zu müssen oder zu können. Und die Bienen, das oft gepriesene Vorbild für Fleiß und Rechtschaffenheit, sie beweisen hier ihre Fähigkeiten als Trittbrettfahrer. Sie nutzen die vom Hummeleinbruch offene Tür zum Plündern.

Nicht nur bei Tieren gibt es 'Betrüger', es gibt auch Pflanzen, die als solche sehr erfolgreich sind. Nur ein Beispiel sei hier kurz unter Auslassung interessanter Details genannt: Eine Reihe von auch in Mittel- und Südeuropa heimischen Orchideen wirken schon auf den unbefangenen menschlichen Betrachter hummelartig. Das ist 'Absicht'; für Hummelmännchen duften sie sogar wie attraktive Weibchen. Sie fallen drauf herein, versuchen eine Kopulation, geben frustriert auf, erliegen aber erneut den falschen Reizen der nächsten Blüte. Zur Begattung eines Hummelweibchens trägt dieses Spiel nicht viel bei, aber die listenreiche Orchidee erreicht, was sie 'will': ihre Bestäubung. Eine für die Arterhaltung der Hummel nützliche Gegenleistung gibt es nicht. Um einmal die moralisierende Naturdarstellung auf die Spitze zu treiben. Die in der vornehmen Welt hochgeachtete Orchidee treibt ein schamloses Geschäft mit der wehrlos 'dummen' sexuellen Triebhaftigkeit der Hummelmännchen.

Parasitismus, Symbiose und Blütenökologie würden noch schier endlos viele Beispiele dafür hergeben, wie in der Natur die jeweiligen Fortpflanzungsinteressen rücksichtslos gegen Fernerstehende und oft altruistisch gegenüber der eigenen Gruppe verfolgt werden, aber auch dafür, daß man so in Sackgassen geraten kann und schließlich auch, daß sich Kooperation aus dem Streben nach Eigennutz entwickelt, und vor allem dafür, wie sich stets jede Seite der Ausbeutungsversuche erwehren muß, wenn sie weiter bestehen will. (Weitere Beispiele bei WICKLER 1968 und in Lehrbüchern der Parasitologie und der Blütenökologie, z.B. bei BERTSCH 1975; FRANK 1976; KUGLER 1970; MATHES 1988; MEHLHORN/PIEKARSKI 1985.)

Die soziale Evolution im Computer

Weil es doch von erheblichem Interesse sowohl für das altruistische als auch für das ausbeuterische Verhalten der Lebewesen allgemein ist und weil es den sonst bisher (scheinbar) fast vergessenen Bezug zu den Problemen des Menschen deutlich macht, wollen wir uns einem interessanten Modell zuwenden: dem *'iterativen Gefangenendilemma'*. HOFSTADTER (1983) beschreibt sehr anschaulich, was damit gemeint ist. In seiner Darstellung bleibt er nicht beim ursprünglichen Bild zweier durch Komplizenschaft verbundener, aber getrennt eingesperrter Missetäter, von denen jeder zu seinen eigenen Gunsten den Komplizen austricksen möchte, ohne dabei wissen zu können, was dieser seinerseits aussagt; dies zu wissen wäre aber für eine 'richtige' Entscheidung unerläßlich. HOFSTADTER nutzt das viel bessere Bild zweier Händler, die Ware tauschen, wobei jeder damit rechnen muß, daß der andere ihn betrügt und er dann seine Ware brav abgegeben hätte, ohne einen Gegenwert erhalten zu haben. Vorausgesetzt ist dabei eine Welt ohne Skrupel und ohne Gerichte (eine Art Chicagoer Unterwelt offenbar). Wer selbst betrügt und an einen ehrlichen Partner geraten ist, macht unter solchen Rahmenbedingungen das große Geschäft, wenn aber immer beide betrügen, kommt nie ein Handel zustande.

Insgesamt am besten für alle wäre es natürlich, jeder wäre immer ehrlich. Nur, dies ist ein realitätsferner Wunsch. Ein echtes Dilemma also. Iterativ heißt dieses Dilemma, weil die Akteure immer wieder in Geschäftsbeziehung miteinander treten und die vorhergehenden Erfahrungen, die sie mit den jeweiligen Partnern gemacht haben, eine Rolle spielen. Ist man als Einzelner in einer solchen Welt immer ehrlich, wird man bald den Bankrott anmelden müssen, weil die weniger gerade strukturierten Partner einen erbarmungslos ausnehmen. Betrügt man immer, wird man auch kaum zum erfolgreichsten Geschäftsmann avancieren – nicht einmal im durch Al CAPONE berühmt gewordenen Chicagoer Vorort Cicero.

Dieses anscheinend weit unterhalb unseres Interessenniveaus liegende Problem hatte schon viele verspielte Geister beschäftigt, als der amerikanische Politologe AXELROD zu einem Computerturnier aufforderte, in welchem die eingesandten Programme gegeneinander unter den Bedingungen des 'iterativen Gefangenendilemmas' antreten sollten.

Den Programmen, die nun in der Computerwelt von Ann Arbor in Michigan agierten, waren von ihren Architekten zum Teil die raffiniertesten Strategien einprogrammiert worden, einschließlich eines unberechenbaren Zufallsfaktors. In der wechselseitigen Auseinandersetzung im Meer der Konkurrenzprogramme bewährten sie sich in unterschiedlichem Maße. Daß die ausschließlich 'Ehrlichen' unter diesen Bedingungen nicht lange überleben konnten, war wohl von vornherein zu befürchten. Erstaunlicher ist, aber auch ein wenig beruhigend, daß auch notorische 'Betrüger' auf die Dauer nicht viele Punkte sammeln konnten. Schlecht hatten es auch die ganz raffinierten, sie waren so undurchschaubar wie die aufgrund ihres Zufallsprogramms wirklich unberechenbaren, die auch nicht so gut abschnitten.

Ein Typ bewährte sich aber immer; unter allen Umständen bewies er eine erstaunliche Robustheit, die höchstens von seiner Einfachheit übertroffen wurde. Den jeweiligen Gegnern war er mindestens ebenbürtig, meistens überlegen, niemals feierte er cäsarenhafte Triumphe. Er konnte auch schon mal verlieren, aber nicht katastrophal. Wenn er ausgetrickst wurde, war er nicht nachtragend. Er war der eindeutige langfristige Sieger, auch in solchen Durchläufen, in denen sich die Programmlandschaft evolutiv änderte. Seine Methode war sehr einfach: Wie du mir, so ich dir. *'Tit for tat'* heißt das im englischen Skatjargon, und so wurde diese Strategie dann auch bezeichnet.

Bei dieser Strategie beginnt man mit Kooperation und behält diese so lange bei, wie der Partner mitspielt. Andernfalls tut man just das, was der Partner zuvor einem (an)getan hat. Auch wenn das Gegenüber ein Computerprogramm ist, fährt man mit dieser freundlichen, versöhnlichen, aber wehrhaften Taktik optimal. Selbst in eine Welt krassester Egoisten kann diese Strategie eindringen, und mit fortschreitender Ausbreitung reduziert sie die zunächst starken Vorteile der konstitutiven 'Betrüger'. Sie ist nicht mehr auszurotten. Andere Programme zerstören sich oft selbst die (Programm-)Umwelt, in der sie zunächst so erfolgreich waren. Denn wenn die 'Skrupellosen' es nur noch mit ihresgleichen zu tun haben, dann geht es ihnen gar nicht mehr so gut wie anfangs. Schließlich würden dann vor allem sie – hätten sie ein menschliches Gemüt – mit einiger Berechtigung zutiefst über die heutige Verderbnis der Sitten klagen. Ist doch die Welt so schlecht geworden, daß nicht einmal mehr sie sich noch durchsetzen können.

Solche Probleme, daß man sich auf Dauer die soziale Umwelt zwangsläufig zerstört, gibt es nicht für *Tit-for-tat*. Die Zahnräder der sozialen Evolution haben eine Rücklaufsperre, formuliert AXELROD (1987) bildhaft.

Aus Computerspielereien naturphilosophische oder gar gesellschaftswissenschaftliche Schlüsse zu ziehen, wird, fürchte ich, manchen abstoßen. Und wir sollten in der Tat damit vorsichtig sein, aber andererseits neue Gedanken nicht vorschnell ablehnen. Die Evolution hat sich abgespielt in einem rechts- und moralfreien Raum; ich hoffe, das ist anhand der beliebig zu erweiternden Zahl der Beispiele deutlich geworden.

Gene wie Gangster?

Die geringsten Probleme, diesen Gedanken zu akzeptieren, wird man bei der Evolution der Nukleinsäuren im Reagenzglas haben. Vergleichbares hat sich aber im Urozean der präbiotischen Phase abgespielt. Die Gene, die sich den besten eigenen Reproduktionsapparat ertüftelt hatten und diesen sowie ihre Umgebung am besten in ihrem Sinne manipulieren konnten, waren die, die überlebten. Anders als egoistisch durften sie nicht sein. „Sie starben nicht aus, denn sie sind unübertroffene Meister in der Kunst des Überlebens. Doch dürfen wir sie nicht frei im Meer herumtreibend suchen; diese ungezwungene Freiheit haben sie seit langem aufgegeben. Heute drängen sie sich in riesigen Kolonien, sicher im Innern gigantischer, schwerfälliger Roboter, hermetisch abgeschlossen von der Außenwelt; sie verständigen sich mit ihr auf gewundenen, indirekten Wegen, manipulieren sie durch Fernsteuerung. Sie sind in dir und in mir, sie schufen uns, Körper und Geist; und ihr Fortbestehen ist der letzte Grund unserer Existenz. Sie haben einen weiten Weg hinter sich, diese Replikatoren. Heute tragen sie den Namen Gene, und wir sind ihre Überlebensmaschinen." (DAWKINS 1978, S. 24) Wenn diese plastische Darstellung zutrifft, haben auch die Bedingungen des Computerturniers in Ann Arbor einige Ähnlichkeit mit dem wirklichen Leben.

Interessanterweise benutzt DAWKINS, um die Zwangsläufigkeit, mit der Gene auf Egoismus optimiert werden, anschaulich zu machen, die Metapher von jemandem, der im Chicagoer Gangstermilieu ein gesegnetes Alter erreicht hat. Man könne sich vorstellen, welche Eigenschaften solch ein Typ haben muß. Dazu gehört neben Rücksichtslosigkeit und der Fähigkeit, sich zu wehren, mit Sicherheit auch, daß er kooperationsfähig ist.

AXELROD hat nun sein Buch über das iterative Gefangenendilemma ›Die Evolution der Kooperation‹ genannt und selbst mit dem Biologen W. D. HAMILTON kooperiert. Mit einiger Stoffülle weist er nach, daß auch ohne Absprache der Partner in Politik und Wirtschaft unbewußt nach der *Tit-for-tat*-Strategie verfahren wird, daß diese in der Wirtschaft oft wichtiger ist als juristisch wasserdichte Verträge, die bisweilen schlicht, ohne daß es jemals auffällt, vergessen werden. Er macht aber auch deutlich, daß das nur funktioniert, wenn der 'Schatten der Zukunft' wirkt. Damit ist gemeint, daß die durch die Aktion beeinflußte Zukunft in die aktuelle Handlungsweise einfließt. Im beschriebenen Händlermilieu ist das die Möglichkeit des Vergeltungsbetruges. Damit dieser Schatten der Zukunft wirksam werden kann, muß man es also auch weiterhin mit demselben Partner zu tun haben. Der schlechte Ruf fliegender Händler hängt damit zusammen, daß das erste Geschäft mit einem solchen voraussichtlich in jedem Falle auch das letzte ist; hier wirft also die Zukunft *keinen* Schatten voraus, und der Händler, der mit einiger Sicherheit selbst auch sein Lehrgeld zu zahlen hatte, hat in einem solchen Falle keinen (spieltheoretischen) Grund für die *Tit-for-tat*-Strategie.

Im Ersten Weltkrieg, so belegt der Politologe, kam es sogar – ohne jeden Verrat – zur nachweislichen Kooperation zwischen den feindlichen Schützengräben, was auch im Krieg noch eine Spur von Humanität glimmen ließ. Wenn man etwa den gegnerischen Verpflegungswagen nicht passieren ließ, dann wußte man aus Erfahrung, daß man selbst bald auch nicht mehr zu seinem Essen kommen würde.

Was diese Erkenntnisse mit Abkommen zugunsten der Umwelt zu tun haben, wird man schon erahnt haben. Sie liefern die theoretische Begründung dafür, daß die viel beklagte *Oberliegermentalität*, der zufolge Kläranlagen völlig unsinnige Investitionen sind, nur wirksam bekämpft werden kann, wenn der Unterlieger einen möglichen Gegenzug anzubieten hat. Innerstaatlich kann man notfalls vor Gericht ziehen, wenn die Gesetze und eine funktionierende Justiz das erlauben, zwischenstaatliche Abmachungen funktionieren, wenn sie entweder keine Seite irgend etwas kosten (dann braucht man sie allerdings auch gar nicht) oder (nur?) wenn – ich schrecke vor der vulgären Ausdrucksweise zurück, da das stets Verhandlungen unter Gentlemen sind – *wechselseitige* Erpreßbarkeit gegeben ist oder natürlich wenn ein von beiden Seiten akzeptiertes Gericht existiert. Und wie ist es bei den vielen wohlgemeinten Appellen, die das „hohe Gut der freien Entscheidung" (L. SPÄTH mündl. 1989) für (kostspieligere) umweltfreundliche Techniken garantieren? Freiwillig ein teurer Abgasfilter, freiwillig autofreier Sonntag, keine Einwegverpackung, nur noch öffentliche Verkehrsmittel benutzen? Eine Antwort ist überflüssig.

Garret HARDIN hat sich 1968 mit einer ähnlichen Frage befaßt: der 'Tragödie der Allmende'. Jeder will auf die frei zugängliche gemeinsame Weide möglichst viel Vieh treiben. Die zusätzliche Belastung durch die Vergrößerung der eigenen Herde ist bei einer großen Fläche denkbar gering, der zusätzliche Gewinn für den einzelnen aber beträchtlich. Umgekehrt wäre der Verzicht für den einzelnen erheblich, im Extremfall, wenn er als Angehöriger eines reinen Hirtenvolkes ganz auf seine Herde verzichtete, wirkte der *Schatten seiner persönlichen Zukunft* gar tödlich. Eine Entlastung für die riesige Weide (symbolhaft für die ganze Erde) wäre dennoch nicht wahrnehmbar. Vor allem würde seine freigemachte Position von anderen Viehhaltern (Umweltbelastern) eingenommen. Hier müßten von der Gemeinschaft realistische Entscheidungshilfen geboten oder auch Zwänge ausgeübt werden, damit humanes Leben möglich bleibt. Die Einschränkung der Freiheit zu Rauben bedeutet doch wohl auch nicht das Ende der Freiheit schlechthin.

Auf diese bedeutende Problematik vom hohen Gut der Freiheit und vom freiem Gut ökologischer Ressourcen müssen wir noch einmal später bei der Suche nach realistischen Lösungsstrategien zurückkommen (Kap. 13).

Vom totalen Krieg zur vollendeten Harmonie?

Nun sind wir offensichtlich mitten in ein Feld geraten, auf dem es um die Austragung von Konflikten geht. Daß die Welt voll von solchen ist, kann keine noch so fromme Lehre ernsthaft wegdiskutieren. Aber diese Konflikte sind anderseits meist nicht grenzenlos. Die Strategie des totalen Krieges – auch sie dürfte immer wieder angewandt worden sein in der Natur – auf die Dauer zahlt sie sich aber nicht aus, so erschreckend seine Erfolge zunächst auch sind.

Da Krieg und Rüstung zu den großen Faktoren der Umweltzerstörung gehören, sei dieser kleine Exkurs zur Bewaffnungsproblematik gestattet. Denn leicht könnte das bisher Gesagte als Argument zur Rüstungsmaximierung mißverstanden werden. Grenzenlose Hochrüstung im Vorgriff zwingt nach der einfachen Logik dieses Spiels den Konkurrenten zur gleichen Strategie und setzt die bekannte Spirale in Gang. Das dürfte kaum im eigenen Interesse liegen. Völlige Wehrlosigkeit allerdings bedeutet eine gefährliche Versuchung für den anderen, d.h., gefährlich ist sie für einen selbst. Realistisch ist eine Abrüstungsspirale, wie sie ja tatsächlich endlich in Gang gekommen ist und uns hoffentlich erhalten bleibt.

Zurück zur Natur. Tiere, je gefährlicher sie sind, kämpfen um so strenger ritualisiert, das heißt, sie vermeiden Verletzungen des Gegners und halten – wie die säbelschwingenden Studenten früherer Zeiten – fair ihren Komment ein. Die schwach bewaffneten Tauben, die Sinnbilder der Friedfertigkeit, brauchen dagegen (in der Natur) solche Aggressionssperren nicht, weil dort der Unterlegene im Streitfalle ausweichen kann, und sie besitzen auch keine. Hält man aber zwei streitende Tauben in einem engen Käfig zusammen, aus dem die

Unterlegene nicht entweichen kann, so hackt die Überlegene sie gnadenlos tot – in stundenlanger Kleinarbeit (LORENZ 1963).

Ganz zufriedenstellend ließ sich bisher in einer Welt des Egoismus die Evolution des Einhaltens von Spielregeln nicht erklären. Die 'Erhaltung der Art' reicht nicht ganz aus als Begründung, denn die Selektion setzt am Individuum an, und dieses konkurriert ja vor allem mit den eigenen Artgenossen um die artspezifischen Ressourcen. Daß es keine Überlebensgarantie für die Art gibt, daß eine Art sich selbst in Richtung Ausrottung treiben kann, darauf hat insbesondere der mit der Arterhaltung argumentierende Konrad LORENZ selbst immer wieder hingewiesen. Warum sollen nur die Federn des Argusfasans und nicht genauso die für das Individuum vorteilhafterweise *fehlende Beißhemmung* eine solche Sackgasse auf der Allmende der Fortpflanzungsmöglichkeiten eröffnen? Diese Frage stellt eine echte Herausforderung dar.

Die oben kurz referierten Computerturniere erlauben schon ein exakteres Verständnis. Weitere Klarheit bringen die schon früher angestellten Kosten-Nutzen-quantifizierenden Modellüberlegungen von MAYNARD SMITH und PRICE (1973), die mittlerweile in zahlreichen Lehrbüchern referiert sind, besonders anschaulich bei WICKLER und SEIBT (1977) oder bei DAWKINS (1978). Hier sollen im folgenden keine ermüdenden Rechnungen durchgeführt, sondern nur kurz Ergebnisse dargestellt werden, soweit sie für unsere Überlegungen wichtig sind.

In einer Population aus biederen 'Kommentkämpfern' können sich rücksichtslose 'Beschädiger' mit großem Erfolg ausbreiten. Aber sie verdrängen die Kommentkämpfer nicht ganz. Denn mit zunehmend erfolgter Ausbreitung der Beschädiger werden sie immer häufiger auf ihresgleichen stoßen und dann selbst bei jedem Kampf ganz übel zugerichtet. Der anfängliche Vorteil beim Wettbewerb etwa um die Fortpflanzungsressource Weibchen, beruhte ja auf der Fairneß der Partner; auf einmal gilt er nicht mehr. Die Beschädiger haben selbst die soziale Umwelt zu ihrem Nachteil verändert. Die Kommentkämpfer sind in diesem Modell relativ noch etwas besser dran, da sie gegenüber Beschädigungskämpfern frühzeitig aufgeben und deshalb keine ernsthaften Verletzungen davontragen. Aber aus der Population hinausdrängen können sie die Beschädiger nicht mehr. Es stellt sich ein Gleichgewicht ein.

Eine evolutionär stabile Strategie, kurz ESS, wäre es auch, wenn sich dieses Gleichgewicht in jedem Individuum einstellen würde, wenn es also im entsprechenden Prozentsatz der Fälle nach dem Schema des einen oder anderen Typs reagieren würde, vielleicht durch einen nichtlinearen 'Zufallsgenerator' gesteuert. Tatsächlich steckt ja in den meisten Lebewesen eine Menge alternativer Verhaltensprogramme. Anderseits gibt es auch in den Tierpopulationen gewöhnlich extreme individuelle Verhaltenstypen, Charaktere nennt man das beim Menschen. Beides, Plastizität im Individuum und populationsgenetisch balancierten Polymorphismus, läßt das Modell zu.

Besonders günstig dürfte eine situations- oder gegnerabhängige Anpassungsfähigkeit sein. In unserem Zusammenhang ist ein komplizierteres Szenario von Interesse, in dem neben Kommentkämpfern und Beschädigern (und außer zwei anderen Verhaltenstypen, auf die wir hier nicht eingehen müssen) noch Vergelter auftreten. Die Vergelter sind ehrliche Kommentkämpfer, wenn sie es mit ebensolchen zu tun haben. Sie schalten aber gegebenenfalls auf Beschädigung um, wenn sie bei ihrem Gegenüber die Beschädigungstaktik feststellen. Also wieder *Tit-for-tat*, nur hatte man dieses Programm damals nicht so genannt.

Wie wir es jetzt auch kaum noch anders erwarten, war diese Strategie in den Rechnungen die robusteste. In einer Population von ausschließlich ehrenvollen Vergeltern erwies sie sich als einzige – fast – als evolutionär stabil. Beschädiger hatten jedenfalls keine guten Chancen einzudringen. In einer solchen (theoretischen) Population, die nun ausschließlich aus wehrhaften, aber friedlichen Ehrenmännern besteht, hat schließlich die *Fähigkeit* zur Vergeltung keinen Nutzen mehr und sie geht gemäß dem Gesetz vom Verlust der Information im Laufe der Generationen verloren. Somit würde der Genotyp des reinen (nicht zur Vergeltung befähigten) Kommentkämpfers wieder auftreten (er könnte auch irgendwoher einwandern). Da solche Kommentkämpfer in der angenommenen Umgebung nie beschädigt werden, unterscheiden sie sich im Verhaltensablauf gar nicht von den zusätzlich zur Vergeltung befähigten. Dieser Typ hat also auch keinen Selektionsnachteil. Weil er von seinem Informationsgehalt her aber der wahrscheinlichere ist, müßte er langfristig den Vergelter verdrängen. Das könnte eine Welt ganz ohne hemmungslose Aggression und ohne gegenseitige Ausbeutung der Gutgläubigkeit werden, ja sogar *ohne die Fähigkeit* zur aggressiven Vergeltung.

Von der Unmöglichkeit des Paradieses

Aber das ist wirklich zu schön, um wahr zu sein: In einer Population, die ausschließlich oder fast ausschließlich aus wehrunfähigen Friedfertigen besteht, haben gleich die alten hemmungslos aggressiven Mutanten wieder ihre Chance. Wenn es sie nicht mehr gibt, dann müssen sie aufgrund evolutionärer Logik wieder erfunden werden, und sie breiten sich dann 'natürlich' auch wieder aus, bis zu einem (von den Spielbedingungen abhängigen) *Gleichgewicht* – nachweisbar im Computerlauf, zu vermuten in der Wirklichkeit. Auch bei dieser Konstellation ist als realitätsnah eine ausgewogene Mixtur der verschiedenen Verhaltenskomponenten *innerhalb* der Individuen zu erwarten.

Beim Studium der Natur hat es, wie schon dargelegt, keinen Zweck, moralisch zu werten und vom Guten und Bösen zu reden. In dieser Hinsicht taugt die Natur nicht als Vorbild, höchstens als warnendes (WICKLER 1983). Demgemäß traute sich LORENZ (1963) auch nur von der Aggressivität als dem *sogenannten* Bösen zu sprechen. Das Ganze ist weitgehend wieder ein Sprachproblem. In unserem menschlichen Bereich gibt es natürlich moralische Kategorien.

Da wir Menschen nun zweifellos Teil der Natur sind, sollten wir auch den (wenigen) Theologen, die sich ernsthaft mit der Evolution auseinandersetzen, nicht verübeln, in solchen Kategorien zu denken. Vieles von dem, was der forschende Jesuitenpater TEILHARD DE CHARDIN (1959) vorschlägt, kann keine naturwissenschaftliche Stützung finden, insbesondere die erwartete völlige Loslösung der 'Noosphäre' von der Materie dürfte eine (sympathische) Illusion bleiben. Aber, daß er eine zwangsläufige Entwicklung zur idealen Vollkommenheit sieht, ist ein tiefes Mißverständnis einiger seiner Jünger. TEILHARD weiß als Biologe sehr wohl um den skrupellosen Opportunismus in der Evolution und, ohne daß er die vorhin referierten Modellrechnungen kennen konnte, vermag er nicht auszuschließen, daß bei seiner ersehnten Annäherung an den 'Punkt Omega' auch das Böse in einer besonderen und neuen Form einen Höhepunkt erreichen könnte (S. 284). Und es erinnert sehr an das evolutionsimmanente Einschleichen des Ausbeuters, sobald sich zuviel wehrloses Gutes etabliert hat, wenn dieser Philosoph unter „dem Schleier von Sicherheit und Harmonie ..., mit dem sich der Aufstieg des Menschen umhüllt, einen besonderen Typ von Kosmos" entdeckt, „der das Böse (nicht durch Zufall – das hätte wenig zu bedeuten, sondern *infolge seiner ganzen Anlage*) *notwendig in dem Kielwasser seiner Evolution* nach sich zieht, und zwar in beliebiger Menge und Schwere" (S. 310, Hervorhebung B. V.).

Trotz dieser relativen Ernüchterung zum guten Schluß dieses Kapitels, kann man doch drei seltsame *Auftrieb gebende Faktoren* registrieren: Entropie, Zufall, Egoismus.

Die paradoxe Trias

Zwei dieser Faktoren, Entropie und Zufall, wurden schon angesprochen (Kap. 2 und 3). Doch seien sie noch einmal in den Zusammenhang gestellt:

(1) Die physikalische Welt ist auf *Entropiezunahme* programmiert, zumindest ließen sich der erste und der zweite Hauptsatz der Thermodynamik bisher nicht widerlegen. Trotzdem *bringt das Leben es fertig, unter Nutzung (nicht etwa unter Vernachlässigung) dieser Entropievermehrung zu existieren*.

(2) Außerdem bringt es, wie wir sahen, der thermodynamisch in Bewegung gehaltene *Zufall* mit sich, daß eventuell vorhandene Information verwischt wird. Das merkwürdige Phänomen Leben entwickelte aber reproduktionsfähige Strukturen, die geeignet sind, ihm nützliche Information zu konservieren, zu vermehren und ins immer *Unzufälligere* weiterzuentwickeln. Auch hier ist es wieder der scheinbare Gegner der Aufwärtsentwicklung des Lebens, nämlich ausgerechnet der Zufall, 'nichts als der Zufall' (MONOD 1972), der mit raffinierten Mitteln genutzt wird, um sich von ihm zu emanzipieren.

(3) Und schließlich der dritte hier angesprochene Auftriebsfaktor, der *Egoismus*, zeigt in seiner primären Destruktivität und Paradoxie gewisse Ähnlichkeiten gegenüber den beiden anderen. *In einer Evolutionswelt, die notwendigerweise auf Überleben abgestellt ist, und zwar auf das der vorhandenen Gene, also auf deren 'vitalen' Egoismus, pendelt sich durch entsprechend fixierte Zufallsinformation Kooperation ein, die auch noch evolutionär stabil ist. Auch dies geschieht nicht etwa durch Elimination des Prinzips Ausbeutung, sondern vielmehr unter seiner Führung.*

Das Ganze ist nicht paradoxer als die Existenz des Lebens überhaupt. Ausgerechnet die Trias von Entropie, Zufall und Egoismus erzeugen Ordnung, Information und Liebe. In einer Tradition, in der man Kräfte gerne personalisiert, formulierte GOETHE für Mephisto: *ein Teil von jener Kraft, die stets das Böse will und stets das Gute schafft.*

Nun darf man natürlich keine übersteigerten Erwartungen wecken.

Wie sich ein energetisches Schlaraffenland nicht auftut, obgleich es immer wieder versprochen wurde und wird, so dürfen wir auch kaum erwarten, daß wir je eine Welt bekommen, die in Harmonie und Nächstenliebe zerfließt, obgleich auch dieses immer wieder versprochen wurde und wird. Das Paradies ist ein Traum, der noch nie Realität war, seit das Leben Bewußtheit aus dem dumpfen Tohuwabohu strukturierte und – vorbehaltlich besserer Erkenntnisse – nie Realität sein wird.

Keinesfalls soll das allerdings heißen, daß ein solcher Traum wertlos ist und daß wir nicht allen Grund und noch eine Menge Möglichkeiten hätten, vieles besser zu machen.

II. EIGENHEITEN DES MENSCHEN

6. DER MENSCH ALS PROBLEM DER EVOLUTION

Beim Überdenken evolutionärer Prinzipien war bisher vom Menschen noch sehr wenig die Rede, und ich fürchte, daß dies gar nicht den Erwartungen des Lesers entspricht und ihn vielleicht schon mit Ärger erfüllt hat.

Abhängig von Zerstörung?

Doch der Mensch ist ein so junges Kapitel in der Historie unserer Welt, daß man seine gewaltige Entstehungsgeschichte und die Naturgesetzlichkeiten, die ihn hervorbrachten, nicht einfach übergehen kann, ähnlich wie man auch einer Einzelpersönlichkeit nicht aufgrund des Augenblicks, sondern eher unter Würdigung ihrer vita gerecht werden kann, wobei man ihr zwangsläufig eine Entwicklung zugestehen muß.

Diese neue Gattung *Homo*, die sich vor etwa drei Millionen Jahren aus dem bis dahin noch nicht sonderlich auffälligen Stamm der Primaten herausgebildet hatte, konnte noch über Äonen in aller Unschuld die natürlichen Ressourcen nutzen, wie das andere Gattungen auch taten. Nichts war daran besonders. Manche Insektenart dürfte folgenreicher in das ökologische Gefüge eingegriffen haben. Und daß auch dieses sich laufend ändert, gehört bekanntlich zum Wesen der Evolution.

Diese Gattung *Homo* differenzierte sich über *H. habilis*, den Geschickten, und *erectus*, den Aufrechten, zu *sapiens*, dem Weisen, wie er sich nomenklatorisch zu krönen inzwischen geistig befähigt ist (vgl. z. B. HEBERER/HENKE/ROTHE 1975).

Das ist die Species mit dem verheerenden Überlebenserfolg. Zunächst dürfte sie den nächsten systematischen Verwandten zum Verhängnis geworden sein. Die alten Species seiner Gattung sind ausgestorben. Schon 1865, als man noch heftigst um *missing links* stritt, stellte Hermann SCHAAFFHAUSEN (S. 237 f.) in der Pariser Anthropologischen Gesellschaft zur Diskussion, ob es nicht das *destruktive Eingreifen* des Menschen war, das dazu beigetragen hat, daß sich der Abstand zu den Menschenaffen vergrößert hat. Derzeit zumindest sei der Mensch damit beschäftigt, Arten auszurotten, die ihm das Land streitig machten, und so sei das wohl auch in der Vergangenheit gewesen. Im Kontakt mit 'zivilisierten' Menschen dürften die höheren Affen oder andere Menschenarten und -rassen kaum überlebt haben.

Klug ist sie zweifellos und auch clever, die Species *Homo sapiens*. Keine Art verstand es bisher, die Welt so vielfältig auszubeuten wie der Mensch. Nicht etwa, daß andere Arten weitblickender oder gar moralisch besser wären, sie hatten bloß nicht den Verstand dazu.

Manche Art organisierte sich in zum Teil hochkomplizierten Sozialsystemen, baute sich die unmittelbare Umwelt in einer ihr adäquaten Weise um (etwa betonharte klimaangepaßte Burgen bei Termiten), hielt sich Haustiere und Kulturpflanzen (manche Ameisen), betrieb Vorratswirtschaft usw., schon lange bevor es Menschen gab. Manche Species übernutzt ihren Lebensraum durch schrankenlose Vermehrung (z. B. Lemminge), verzehrt ihre Lebensgrundlagen und vergiftet sie (Hefe im Weinfaß), überhitzt sie (Bakterien im nassen Heuhaufen) oder gestaltet die Landschaft so um, daß sie dort selbst nicht mehr bleiben kann, weil sie anderen Opportunisten das Feld bereitet hat. Das letztere ist eine wesentliche Eigentümlichkeit bei sogenannten Sukzessionen, also einer zeitlichen Abfolge von Pflanzengemeinschaften, in denen Pionierpflanzen (mit ihren tierischen Begleitern) über Zwischenstufen schließlich von der Klimax, d. h. der unter den jeweiligen Verhältnissen (weitgehend) stabilen Endgesellschaft, abgelöst werden.

In den genannten Fällen fanden alle Arten aber bisher immer wieder, notfalls an ganz anderen Stellen und zu anderen Zeiten, Gelegenheit zur erneuten Entfaltung ihrer lebendigen Existenz. An dieses wechselvolle Geschehen sind sie genetisch angepaßt, ja oft darauf angewiesen.

Ein aufschlußreiches Beispiel stellen in diesem Zusammenhang die sogenannten Pyrophyten (Feuerpflanzen) dar. Ein Wald- oder Buschbrand, für den sie zum Teil selbst die Voraussetzungen geschaffen haben, vernichtet die im Ökosystem festgehaltene Sonnenenergie schlagartig und zerstört periodisch alles Leben – aber nicht ganz. Große Einzelbäume liegen im Kronenbereich zum Teil genügend entfernt von der tödlichen Hitze und im Fußbereich schützt sie eine dicke isolierende Borke. Wir kennen das von Pinien und von Korkeichen. Viele Tiere überleben im Boden, andere konnten flüchten. Der nun kahle, aschegedüngte Boden ermöglicht dazu befähigten Pflanzen, zunächst ohne Konkurrenzdruck, erneut und rasch auszuschlagen. Das Interessanteste ist, daß es, insbesondere unter den Proteaceen Australiens eine Reihe von Arten gibt, deren Samenkapseln sich nur nach starker Erhitzung durch Feuer öffnen, deren Flugsamen aber erst nach Stunden entlassen werden und dann auf der inzwischen erkalteten Asche ein optimales Keimbett finden (dazu z.B. WALTER/BRECKLE 1983, Bd. 1). Das sind also Arten, die *angewiesen* sind auf die selbst verursachte periodische Zerstörung der Umwelt. Könnte so etwas vielleicht auch für den Menschen gelten? Braucht der auch seine selbstgemachte Umweltzerstörung? Wohl kaum, seine Probleme sind ganz neu. Dafür kann es noch keine Anpassung geben.

Eine naturhistorische Überlebensgarantie in Katastrophen gibt es nicht. Die Pyrophyten sind deshalb entstanden, weil das Feuer mit solcher Regelmäßigkeit kam, daß sich die Gene darauf einrichten konnten. An alle Wechselfälle der Naturgeschichte hinreichend angepaßt waren bisher nur ganz wenige Arten. Von den je auf der Erde vorgekommenen 10^9 bis 10^{10} Arten hat sich etwa nur $^1/_{1000}$ bis in die Gegenwart retten können. Das sind die, die noch existieren, auch wir. (Auf die große Problematik solcher Zahlen sei hier nicht eingegangen, sondern auf die Diskussion von Reinhard KAPLAN [1989] verwiesen, dessen Zahlen hier auch verwendet werden.) Dieses 'natürliche' Aussterben ist über Milliarden Jahre verteilt und wird überlagert und *übertroffen* von einem sich allgemein beschleunigenden Prozeß der Neuentstehung. Aus hundert Arten entstanden im Jahrmillion'netto' 100,37 neue, also eine sehr bescheidene Nettowachstumsrate von 0,37% bezogen auf Millionen Jahre (!) oder in üblichen Jahreswachstumsraten: 0,00000037%.

Seit es den Menschen gibt, insbesondere seit das pyrotechnische Zeitalter angebrochen ist, ist das alles anders. Jetzt sterben fast nur noch Arten aus, und zwar mit wachsenden Schwundraten – pro einzelnes Jahr! Zwar weiß keiner ganz genau, wieviele Arten zur Zeit überhaupt auf der Erde leben – mit lateinischen Namen versehen sind es mittlerweile 1,4 Millionen (WILSON 1989) –, aber man kann immerhin die Größenordnung der Schwundrate abschätzen: Pro Stunde wird die Welt um eine Art ärmer. Das überfordert die Kreativität der Evolution bei weitem. Das übersteigt, wie WILSON in der Tat 'sehr zurückhaltend' berechnet, die gewohnte Aussterberate vor der Verheerung durch den Menschen um das 10000fache. Der tatsächliche Wert liegt möglicherweise um eine Zehnerpotenz darüber, wie sich aufgrund anderer, durchaus nicht unseriöser Daten überschlägig errechnen läßt. Was diesbezüglich derzeit passiert, ist eine Katastrophe, wie sie sich auf dem Globus seit der Entstehung des Lebens noch nicht abgespielt hat.

Ein unwissenschaftlicher Versuch, uns objektiv zu sehen

Stellen wir uns ein in hohem Maße vernunftbegabtes Wesen vor, das mit einem nach Jahrhunderten oder nach Jahrtausenden messenden Zeitempfinden ausgestattet ist und das Geschehen auf unserem Planeten gewissermaßen im Zeitraffer beobachtet. Dieses sollte die schon skizzierten Prinzipien der Evolution erkannt haben und vielleicht noch einige mehr. Es würde auch die bereits erwähnte begrenzte Harmonie festgestellt haben, welche die Arten oder richtiger deren neu konzipierte Individuen erreicht haben.

Diese Harmonisierung geschah bekanntlich in einem schmerzlichen Anpassungs*prozeß* von kühnen genetischen Versuchen und dem Nachweis des Irrtums durch eine mitleidlose Selektion, wenn ein solcher denn (wie meistens) vorlag. Diese Anpassung stellt den jeweils überlebenden Individuen für die häufig vorkommenden Situationen das geeignete Rüstzeug bereit, Rüstzeug in Form passender Gestalt, passender Physiologie und passenden Verhaltens. Ferner dürfte unser imaginärer naturhistorischer Beobachter festgestellt haben, daß für den glücklichen Träger einer solchen evolutionär hart erarbeiteten angepaßten Merkmalskombination sich diese paradoxerweise im Nachhinein als apriorische, als *praestabilierte Harmonie* darstellt, wie LEIBNIZ die beste aller ihm denkbaren Welten wahrnahm. Jedenfalls ist hinreichende Harmonie im Innern des Organismus und bezüglich seiner Einbettung in die Umwelt für ein Lebewesen unverzichtbar, egal ob nun prae- oder poststabiliert.

Eine solche durch Festhalten günstiger Zufälle entstandene *begrenzte Harmonie* pendelte sich zwangsläufig ein, auch in den Beziehungen zwischen den Arten und im Geschehen des ganzen Ökosystems. So stellte sich eine weitgehende Kreislaufwirtschaft ein und eine gesicherte Energieversorgung durch die Sonne. Diese Erkenntnisse bescherten unserem Beobachter mit erdhistorischem Zeithorizont ein einigermaßen geschlossenes Lebensweltbild.

Verwirrung erzeugten nur plötzlich Beobachtungen im Umfeld des *Homo sapiens*. Diese Art hatte sich schon öfters durch unberechenbare neue Verhaltensweisen hervorgetan, vor allem durch den Gebrauch des Feuers. Jetzt begann sie damit, daß sie nicht mehr nur in Kleingruppen lebte, sondern sich offenbar zu immer größeren sozialen Einheiten organisierte. Daß die zu dieser Sozialform entwikkelten bisweilen räuberisch über die weniger organisierten Artgenossen herfielen, war noch nichts umwälzend Neues auf dem Blauen Planeten, obgleich das in dieser organisierten Form bislang nur bei wenigen kleinen Insekten vorkam. Doch daß sich diese Organisationsform blitzartig ausbreitete ebenso wie neue Methoden, Behausungen zu bauen oder Werkzeuge zu benutzen, empfand unser begabter, Erdzeiten überblickender Beobachter schon als verblüffend. Daß das über die Ausbreitung neu entwickelter verhaltenssteuernder Gene funktionierte, war ausgeschlossen. Dafür ging das viel zu schnell.

In dieser neuen Organisationsform entfaltete diese bis dahin eher bescheidene Art erstaunliche Aktivitäten: Wälder wurden systematisch gerodet und verbrannt, Monokulturen von wachsender Ausdehnung wurden angelegt, mit Hilfe von lebenstötenden Chemikalien erhalten und noch weiter ausgedehnt. Es wurden kleine und große Tiere zur Nahrungserzeugung und zur Arbeit gehalten, teilweise behielten diese kaum noch eine Ähnlichkeit mit ihrer Urform.

Gleichzeitig waren auf einmal in atemberaubender Entwicklung völlig neue Metaorganismen entstanden, immer mehr, die zu ungeheuren Leistungen befähigt waren. Die Menschen hatten sie selbst zusammengesetzt, jedenfalls deren erste Generationen. Sie bestanden aus ganz anderen Stoffen, als man bisher gewöhnt war, und ihre Überreste schienen zum Teil gar nicht zu verwesen. Sie transportierten Menschen und Material und gestalteten in erschreckendem Tempo das gesamte System der evolutiv eingependelten begrenzten Harmonie um. Das alles wirkte wie eine planetare Katastrophe.

Diese neuen Organismen hatten einen riesigen Bedarf an energiereichen Substanzen, der aus dem ordentlichen Haushalt der Ökosysteme überhaupt nicht zu decken war. Deshalb wurden Bergwerke angelegt und nahrungsaugende Rüssel an allen möglichen, sonst von Menschen nicht bewohnten Orten in die Erde getrieben. In der Wüste, in der Arktis, im Meer.

Zuerst schien es, als hätte der Mensch diese neuen Organismen ähnlich wie früher zu seinem Nutzen gehalten. Doch offenbar hatte er die Kontrolle verloren. Er arbeitete immer hektischer, um ihnen Nahrung und Lebensraum zu beschaffen, explosionsartig dehnten sie sich aus, diese neuen Organismen, verlangten immer mehr Ressourcen, immer größere Flächen des Planeten wurden mit einer steinharten schwarzen oder grauen Masse zugedeckt, mit Gebäuden überstellt, Flüsse, Meere und die noch unversiegelten Böden vergiftet, die letzten großen Walder gerodet.

Durch den exorbitanten Verbrauch an fossiler Nahrung wurde die Atmosphäre des Blauen Planeten in dramatischer Weise geändert, blitzartig, wie es sich noch nie ereignet hatte. Stürme, wie man sie bislang nur von unbelebten Planeten kannte, wurden immer häufiger. Wüsten weiteten sich aus, und andere Zonen wurden überflutet.

Der Energiehunger der neuen, aus anorganischem Material bestehenden unglaublich wandlungsfähigen, augenscheinlich keinerlei genetischen Gesetzen unterliegenden Organismen war offenbar unersättlich. Sie suchten, ihn dadurch zu befriedigen, daß sie die Menschen Anlagen bauen ließen, die geeignet waren, durch Atomspaltung Energie zu gewinnen. Das ließ im kurzen Augenblick von nur etwa hundert Sonnenjahren den Pegel ionisierender Strahlung über große Flächen der Erde auf ein Maß anschwellen, wie es offensichtlich Menschen nicht mehr bekömmlich ist. Jedenfalls wurden sie zunächst in den Gegenden der größten Konzentration, wo solche Anlagen explodiert waren, immer seltener. Bald aber verschwand er als Genus ganz, der Mensch – wie schon kurz zuvor die meisten anderen größeren Arten. Offenbar war das unverzichtbare Minimum an begrenzter Harmonie nicht mehr gegeben, das die betroffenen irdischen Lebewesen benötigten.

Das dramatische Ende dieses Alleskönners war für unseren geneigten Beobachter äußerst überraschend. Schien doch bislang die Wandlungsfähigkeit der Lebensform von *Homo sapiens* anders als bei allen anderen Wesen auf der Erde buchstäblich unbegrenzt. Auf die bislang übliche, schleppend langsame genetische Anpassung war er ja in seinen Verhaltensweisen, wie es scheint, nicht mehr angewiesen. In wenigen Generationen konnte er sich auf die seltsamsten Bedingungen umstellen. Ganz plötzlich war er aber nicht mehr lebensfähig in der Welt. Irgendwie müssen diese neuen unorganischen technischen Organismen ihn doch zu stark ausgebeutet haben.

Zusammen mit dem Menschen verschwanden auch diese. Keine öltrinkenden, müllausspuckenden Großaggregate mehr, kein Gewimmel von Fahrzeugen mehr auf der Erde und im Äther. Ihre Entwicklung endete in einer einzigartigen Sackgasse. Sie sind größer geworden als der sie schaffende Partner. Sie haben sich verselbständigt und haben ihn ausgerottet. Das alles vollzog sich zwar so schnell wie noch nie. Aber warum konnte nicht auch die Adaptation entsprechend schnell erfolgen, bei der erwiesenen Loslösung von der genetischen Fessel, fragte sich der nachdenkliche Beobachter mit dem großen Zeithorizont.

Nach kometenhaftem Aufstieg des Symbiontenpaares Mensch und Technik und seinem plötzlichen Sturz in unbegrenzte Disharmonie, hinterließ es eine völlig veränderte Erde, artenarm, wüst und leer wie in ihrer noch wenig entwickelten Frühzeit, mit gestörtem Wärmehaushalt, mit vergifteter Atmosphäre, lebensfeindlichem Klima und ruinierter Oberfläche, durchsetzt mit Quellen mutagener Strahlung, wie es sie bislang auf der Erde noch nie gab. Alles offenbar infolge der Tatsache, daß *Homo sapiens* sich nicht mehr seiner zu Parasiten ausgearteten selbst gebauten Hilfsorganismen erwehren konnte und die Kontrolle darüber verlor. So könnte das unser imaginärer Beobachter wahrnehmen.

Ich weiß, die vorhergehende Passage ist durch und durch unwissenschaftlich. Sogleich werde ich auch wieder ernsthaft. Zur Entschuldigung sei der Hinweis erlaubt, daß mir daran gelegen war, aus dem Sicherheit suggerierenden Käfig eingesperrten Denkens herauszukommen. Inhaltlich dürfte dieser gewagte Exkurs ebenso seriös oder unseriös sein wie andere langfristige Zukunftsprognosen. Zutreffend ist das hier dargestellte Szenario hoffentlich nicht. Die Chance, daß es sich nicht erfüllt, steigt in dem Maße, wie wir es ernst nehmen. Es gibt auch eine self-destroying prophecy.

Die Zukunft liegt im Dunkeln. Der unberechenbare Zufall und nichtlineare ('chaotische') Entwicklungen können entscheidende Weichen stellen, wie die Forschung immer deutlicher herausarbeitet. Doch in steigendem Maße hat das Leben gelernt, den Zufall einzufangen, sich von ihm unabhängiger gemacht, vielfach kann es ihn ausgleichen. Wir können sogar mit Hilfe unseres Erkenntnisapparates, neuerdings unterstützt durch Computersimulationen, zunächst rein theoretisch Szenarien ablaufen lassen, um die Folgen verschiedener Handlungsalternativen gegeneinander abzuwägen. Dabei werden die gegenwärtigen Daten, die ihre Existenz der Vergangenheit verdanken, in geeigneter – soweit es sich im Gehirn abspielt –, meist selektionsbewährter Weise verrechnet.

Dieses Vorgehen hat entscheidende Vorzüge gegenüber dem grausam zufälligen Spiel der Gene, deren jeweilige Träger die riesige Zahl erfolgloser Einsätze existentiell auszubaden hatten. Wenn dagegen eine Hypothese nichts taugt, stirbt nur die Hypothese und nicht ihr Träger, worauf unter anderen Karl POPPER hingewiesen hat. Mit dieser neuen Methode der Hypothesenbildung und anschließenden Überprüfung sind wir in den meisten Fällen ja ziemlich erfolgreich gewesen. Anders wären wir wohl kaum zu unserer Zivilisation gekommen. Darauf gründet sich auch unser selbstbewußter wissenschaftlicher Artname: *sapiens*, der Weise.

Wie aber ist es nur möglich, daß es uns dennoch bezüglich der *Welterhaltung* offenbar jeder kollektiven Weisheit ermangelt? Wir erkennen schemenhaft, daß wir offenbar eine Neigung zu Hypothesen haben, deren Schwäche leider nicht nur das Ende ihrer selbst, sondern auch das ihrer Träger, also unsererselbst bedeuten können.

Unsere Species hat sich mit *sapiens* zu optimistisch benannt. Dazu hat uns eine spezielle genetisch bedingte Disposition verführt: die Pflege angenehmer Illusionen. Dieser 'Weise' neigt zu Torheiten, zu Eitelkeiten und zum Aberglauben. Ist er vielleicht doch der *'Irrläufer der Evolution'*, wie etwa Arthur KOESTLER (1978) das sieht?

7. ILLUSION ALS STRATEGIE

Schon mehrfach wurde angesprochen, daß unser Gehirn, auch schon das der Tiere (wenngleich in den meisten Fällen mit geringerer Perfektion) mit Hilfe neuronaler Schaltungen und chemischer Prozesse eine innere Welt rekonstruiert, welche in einem für das jeweilige Lebewesen offensichtlich hinreichendem Maße der objektiven Welt entspricht, aber keineswegs mit ihr identisch ist. Diese innere Welt ist eben ein Konstrukt.

Die evolutionäre Wirklichkeit

Farben etwa sind insofern objektive Wirklichkeit und nicht nur eine Halluzination, als wir diese (unter üblichen Umständen) zuverlässig bestimmten Gegenständen zusprechen können. Inzwischen lassen sie sich auch ganz bestimmten Frequenzen oder Frequenzgemischen von elektromagnetischen Wellen zuordnen, und mit Hilfe dieser Kenntnisse können wir sie nicht nur physikalisch nachweisen, sondern sogar Illusionsmaschinen konstruieren, z. B. Farbfernseher, Farbfilme und ähnliches.

Eine Wirklichkeit als Farbe haben besagte Wellen aber nur dadurch, daß wir sie als solche wahrnehmen. Nur durch die Entwicklung geeigneter Augen bekamen Licht und Farbe ihren *Sinn*. Diese neue Fähigkeit hatte wieder ihre eigene *Wirklichkeit* oder *Wirksamkeit*, was sich etwa in der evolutiven Ausbildung optischer Signale und auch Tarnfarben zeigt – oder auch in Verkehrsampeln oder Farbvideos. Solche Geräte sind auf die Illusionserzeugung speziell beim Menschen abgestimmt. Die meisten Säugetiere könnten ein Farbbild gar nicht von einem billigen Schwarzweißbild unterscheiden. Viele Vögel und Schmetterlinge fänden diese Farbwiedergabe ganz katastrophal. Analoges ließe sich für die anderen Sinne darstellen.

Unter praktisch beliebig vielen anführbaren Beispielen möge dieses eine genügen, die bereits vorgetragene zentrale These der evolutionaren Erkenntnistheorie, daß unser Welterkennungsapparat, einschließlich unseres Denkens, zumindest von seiner Disposition her auf die jeweiligen biologischen Notwendigkeiten hin optimiert ist, noch einmal zu verdeutlichen. Für ein reales Lebewesen ist es keineswegs optimal, das Weltgefüge in seiner unendlichen Komplexität zu erfassen. Ganz im Gegenteil, vereinfachendes Denken ist gefragt.

Beim Pflücken von Erdbeeren hilft das leuchtende Rot weiter und keine sinnesphysiologische Theorie. Die Realität, die uns da als normales Lebewesen *interessiert*, ist, daß rote Erdbeeren im Gegensatz zu grünen gut schmecken. Die Realität, die *bewirkte*, daß wir nur diese als gut schmeckend empfinden, ist vordergründig mit den nur in reifen Früchten enthaltenen Zuckern und Aromastoffen zu erklären. Weiterhin könnte man die Syntheseketten, den Photosyntheseprozeß, die diesen ermöglichende Kernfusion auf der Sonne, die Entstehung des Planetensystems ... kausal beschreiben. Bei den Erdbeeren angesetzt, garantiert die rote Färbung die Ausbreitung der reifen Samen durch Tiere (wie früchtefressende Vögel), was noch keine Ursache, sondern ein Zweck ist. Und wieder bei uns angesetzt, garantiert sie, daß wir uns den Magen nicht mit unreifen Früchten verderben und genügend bekömmliche Kost aufnehmen.

Hintergründig ist die Realität, welche die rote Farbe der Erdbeeren bewirkt, koevolutionärer Natur und verliert sich, wie alles, in der unendlichen Raumzeit kleiner und kleinster regressiver Kausalitäten. Wenn wir das alles verfolgen wollten, bevor wir anfangen, die Erdbeeren zu genießen, würden wir mit Sicherheit unsere biologische Fitness einbüßen, welche die Amseln und andere nicht reflektierende Erdbeerdiebe noch in vollem Maße haben. Von der Selektion prämiert wird das vereinfachte Denken (soweit es zum Erfolg ausreicht); zum Beispiel etwas plakativ: Die Erdbeere ist rot, weil sie gut schmeckt.

Asymmetrischer Realitätssinn

Da nun, wie gesagt, in der Überlebenspraxis gewöhnlich nur die vordergründige Erkenntnis interessiert, sind wir mit unserer Sicht der Dinge im allgemeinen recht zufrieden. So scheint die verbreitete Annahme auch nicht weiter verwunderlich, daß nur Menschen, die sich in der Nähe einer Geisteskrankheit bewegen, sich und die Welt nicht in einer der Realität entsprechenden Weise wahrnehmen. Auch psychiatrische Experten waren früher allgemein dieser Überzeugung. Das kommt daher, daß die Vorstellungen ihrer Patienten einen auffälligen Mangel an Realitätssinn (Betonung auf 'auffällig') erkennen ließen und man sich außerdem mit den sogenannten psychisch Gesunden unter diesem Aspekt wenig befaßt hatte. Letztere weisen nämlich einen durchaus vergleichbaren Mangel an Realitätssinn auf, nur nicht einen so auffälligen. Diesbezüglich Erkenntnisse aus der Selbstbeobachtung zu ziehen, daran ist gerade der psychisch Robuste konstitutiv gehindert, wie gleich gezeigt werden soll.

Überprüfen wir uns einmal selbst bezüglich unserer Realitätseinschätzung durch den Vergleich zweier allgemein bekannter Beispiele:

Die Studie der deutschen Reaktorsicherheitskommission – also nicht irgendeine Studie von pathologischen grünen Schwarzmalern – rechnete (bis zur Neuerstellung 1989) statistisch mit einem schweren Unfall auf 10000 Reaktorbetriebsjahre. Sehr viele Menschen, angeblich 'alle, die etwas davon verstehen', darunter intelligente Freunde, halten ein solches Risiko für verantwortbar. Am Rande nur sei angemerkt, daß auch prominente und doch vermutlich Risiken abwägende, auf jeden Fall im verschlungenen Denken ausgewiesene Köpfe den Ausbau der Atomenergie mit den Visionen einer Heilslehre verkündigten, darunter große Philosophen und Physiker. Grönland, so hieß es unter anderem, werde dank dieser Technik zu einer Riviera (Ernst Bloch), der elektrische Strom werde so billig, daß sich die Montage eines Zählers nicht lohne (Edward Teller, 'Vater der Wasserstoffbombe'). Die beiden nach dem Unfall von Tschernobyl 1986 in der ›ZEIT‹ zitierten Geistesgrößen hätten auf Frage hin mit Sicherheit gewußt, daß sich das Risiko mit der von ihnen befürworteten großen Zahl der Quellen multipliziert: Also bei weltweit 10000 Kraftwerken – nur in dieser Größenordnung könnte die Kernenergie wirkungsvoll die Weltenergieproblematik bei einer solchen geplanten Verschwendung beeinflussen – jedes Jahr eine Reaktorkatastrophe. Auch wenn neuerdings die Sicherheit – per Rechenoperation – um den Faktor sechs verbessert wurde, macht das noch keinen großen Unterschied: dann also alle sechs Jahre, vorausgesetzt, die Rechnung mit vielen unsicheren Größen und Unwägbarkeiten stimmt überhaupt.

Daß auch engagierte Gegner von Atomkraftwerken sich nicht unmittelbar persönlich bedroht fühlen, wird als Realitätssinn interpretiert. Wer dauernd Angstträume hat, bedarf der psychiatrischen Hilfe. Jedenfalls lebt es sich schlecht für ihn in unserer Welt.

Wie aber schätzen wir demgegenüber ein anderes unwahrscheinliches Ereignis ein, allerdings ein erfreuliches, einen großen Lottogewinn? Dieses Beispiel hat den Vorteil, daß sich die Wahrscheinlichkeit seines Eintritts ganz exakt berechnen läßt.

Angenommen, wir kaufen nur ein einziges Los und hoffen auf die berühmten sechs Richtigen. Als Realisten, die von der Evolution so geformt wurden, daß wir die Welt so sehen, wie das für unser Überleben geeignet ist, schätzen wir die Chance von vornherein gering ein.

Aber, da wir uns schon einmal an der Verlosung beteiligt haben, richten wir es so ein, daß wir zufällig die Ziehung der Lottozahlen im Fernsehen miterleben können, mimen aber noch den Gelassenen: Die erste Zahl stimmt, die zweite ...

Die aufkeimenden Hoffnungen nach der dritten brauche ich nicht dramatisch zu beschreiben. Das gehört nicht hierher. Interessanter ist folgende Frage: Wie würde man intuitiv die Wahrscheinlichkeit eines Hauptgewinns abwägen gegen die Wahrscheinlichkeit für einen Super-GAU im nächstgelegenen Kernkraftwerk (nur in diesem, unter den Annahmen der oben genannten ›Birkhoferstudie‹). Als Maß bietet sich die Zeitspanne an, in der die Wahrscheinlichkeit des befürchteten Unfalls genau so groß ist wie die Wahrscheinlichkeit, daß ich in diesem einen Falle das große Los ausgefüllt habe. Was würde man so schätzen? Der Gewinn ist (fast) greifbar nahe, der Unfall noch weit, weit weg (statistisch eben 10000 Jahre), werden die meisten sagen. (Der Leser nenne sich mal zum Spaß eine Zahl, bevor er rechnet oder weiterliest.)

Auf die Waage gleicher Wahrscheinlichkeit gelegt, ergibt sich folgendes für die meisten erschütternde Ergebnis: Das große Los auf der einen Seite der Waage und der große Unfall auf der anderen Seite in den nächsten fünf Stunden! Ob sich die Lottospieler, die die Auslosung voller positiver Erwartung erleben, auch stündlich die Nachrichten immer mit dem gleichen Grad von Befürchtung bezüglich des zweiten, gleich (un)wahrscheinlichen Ereignisses ansehen? Wohl kaum. Wenn doch, gelten sie als psychotisch.

Sind nun die Millionen von Lottospielern, die jeder Ziehung entgegenfiebern, aber nicht stündlich mit der Evakuierung wegen einer Reaktorkatastrophe rechnen, die also offensichtlich die Ereigniswahrscheinlichkeit monströs fehlinterpretieren, geisteskrank? Dann wäre es unsere ganze Gesellschaft; eine interessante Frage, der wir an dieser Stelle nicht weiter nachgehen wollen.

Wie kommt es zu dieser unglaublichen Asymmetrie in der Realitätswahrnehmung?

Wahrheit macht krank

Taylor und Brown (1988) sind in einer groß angelegten Literaturstudie der Frage nach der Beziehung zwischen Illusion und geistiger Gesundheit nachgegangen. Sie kommen zu dem auf zahlreiche Untersuchungen gestützten Ergebnis, daß normale Menschen, speziell die als psychisch besonders robust geltenden, sich selbst in fast jeder Hinsicht besser klassifizieren, als die andern dies tun und auch besser, als es objektiv (mathematisch) überhaupt möglich ist. Es können zum Beispiel nicht mehr als 10% zu den 10% Besten zählen.

Die weitaus meisten (und besonders die gefährlichsten) betrachten sich demgemäß als zur Gruppe der besseren Autofahrer gehörig und haben nach ihrer Meinung wegen ihrer besonderen Fähigkeiten ein fast vernachlässigbar geringes Unfallrisiko. Auch bezüglich ihrer Gesundheitsprognosen wähnen sie ihre persönliche Situation sehr viel günstiger als die an der Realität erhobene Statistik es zuläßt. Demgemäß ist es auch mir bisher nur in einem Ausnahmefall gelungen, einen Freund vom Rauchen abzubringen. Ein Ventil zur Realität erlaubt man sich meist nur bei einigen Fertigkeiten, die man zur Wahrung des hohen Selbstwertgefühls als weniger wichtig klassifiziert und deren Mangel man möglichst zur Tugend erhebt.

Das Gedächtnis ist natürlich egozentrisch strukturiert, und zwar – nur das ist vielleicht erstaunlich – mit positiver Schlagseite. In unserer Erinnerung bleiben demnach mit großem Übergewicht die Begebenheiten haften, die das Selbst besonders vorteilhaft erscheinen lassen. So läßt sich auch eine üble Vergangenheit für ihren Träger subjektiv in goldenem Licht betrachten, was allgemein eine günstige Voraussetzung für die Bewältigung der Gegenwartsaufgaben ist.

Setzt man diese Befunde in bezug zu anerkannten Kriterien psychischer Gesundheit, dann stellt sich heraus, daß in dieser Art realitätsfern wahrnehmende Menschen als besonders stabil eingestuft werden können. Es gibt aber auch eine Gruppe Menschen, die nicht zu den oben genannten Illusionen neigt, die also die Welt in bezug auf ihr Selbst realistischer wahrnimmt. Diese Realisten nun findet man nach der oben genannten Studie vorzugsweise in der Gruppe der Depressiven, also derjenigen, die man kaum als psychisch gesund betrachten kann.

Die Frage, wie es nun zu dieser konstitutiven asymmetrischen Realitätswahrnehmung kommt, läßt sich – evolutionär betrachtet – gar nicht so schwer beantworten: Mit Illusionen über die eigene Zukunft, mit optimistischer Einstellung, die bestimmt wird auch von dem Glauben an die Möglichkeiten aktiver Einflußnahme, von Erwartungen auch des unwahrscheinlichsten Glückes, von übertriebenen Vorstellungen über den eigenen Status usw. hat man den größeren praktischen *Lebenserfolg*, die besseren *Reproduktionschancen*. Das ist es bekanntlich, was in der Evolution zählt. Solche Gene stoßen in neue Lebensräume vor, besiedeln neue Kontinente. Ihre Träger haben keine Hemmungen, *Ressourcen zu nutzen*, wo immer sie sich bieten.

Nachweislich haben – statistisch gesehen – die optimistischen Selbstüberschätzer mehr soziale Kontakte, sind aktiver und auch hilfsbereiter. Man wird bei Bedarf auch ihnen zu helfen eher bereit sein.

Das psychologische Ungleichgewicht

Wie nun verträgt sich die Illusionsfähigkeit des Menschen mit seiner oft beklagten Angst?

Angst und Antriebe reichten neben einigen anderen Akzessorien, wie etwa Reflexe bei den vormenschlichen Wesen zur Lebensbewältigung, das heißt zum dauerhaften Überleben der Gene, aus. (Für Pflanzen sind nicht einmal diese vonnöten.) Der Mensch verfügt natürlich über dieses Repertoire auch noch. Bei allen seinen Vorzügen ist er jedoch durch sein hoch entwickeltes Gehirn in einiger Hinsicht aber ein besonders benachteiligtes Wesen. Im Gegensatz zu allen übrigen Mitgliedern der Biosphäre wird er infolge seiner mentalen Fähigkeiten nämlich neben der Frage nach dem Sinn seines Tuns und Daseins auch noch mit bewußter weitgreifender Zukunftsangst konfrontiert, am auffälligsten durch die unvermeidbare Einsicht in seine Sterblichkeit.

Wenn die Angst nun überlebensnachteilig ist, sollte sie schleunigst von der Natur wieder abgezüchtet werden. Das geht aber nicht, weil sie – neben ihrem besagten Nachteil – weiterhin auch für den Menschen unerläßlich ist. Denn ohne Angst würde ein Kind gar nicht bis zum Gebrauch seiner Intelligenz heranreifen. Ein Erwachsener – nicht ständig in hinreichendem Maße Herr kontrollierter Vernunft – würde aus der Seilbahn springen, wenn da unten ein interessantes Blümchen wächst, oder er würde einen Löwen mit der Hand einfangen, wenn er z. B. das Bedürfnis hat, der Freundin zu imponieren. Die kleinste Verstimmung könnte zum erfolgreichen Suizid führen. Unser Schutzengel bleibt die Angst. Der einzige erkennbare und beschrittene Ausweg besteht in *zusätzlichen* Strategien, um mit dem Wissen um die Zukunft fertig zu werden.

Besagte konstitutive Illusionsfähigkeit scheint mir die bedeutendste dieser Strategien zu sein. Auch Mythen und Riten mögen in dieses Bündel von Wegen gehören. Doch vor allem läßt die Fähigkeit zur ungetrübten Hingabe an die Illusion das Verhalten der Menschen in eine Richtung kippen, die geeignet ist, wenigstens zu einem kleinen Teil die traumhaften Vorstellungen in Erfüllung gehen zu lassen – vor dem Hintergrund des rasch vergessenen Frustes unerfüllter Erwartungen. Wer ein Los zieht, gewinnt zwar vermutlich nicht, aber immerhin *vielleicht*. Wer nie ein Los zieht, gewinnt *mit Sicherheit nie*.

Selbst, wenn das Risiko der Illusion für einen Teil einer Population tödlich sein sollte, es dürfte sich in der Rechnung der Gene auszahlen. So wurden beinahe die letzten Winkel der Welt besiedelt, so gab es die wagemutigsten Unternehmungen, von denen einige (wenige) einen dauerhaften Gewinn für die Ausführenden und oft auch für die Menschheit darstellten (von gescheiterten Unternehmungen und ihren gescheiterten Glücksrittern weiß oder erzählt man nichts. Sie sind eben unbedeutend für den Verlauf der Evolutions- und Menschheitsgeschichte). So nährt sich auch in vielen Köpfen, vor allem im optimistischen Amerika, die Vorstellung, man könne den aufkommenden Übervölkerungsproblemen auf der Erde durch Massenauswanderung auf andere Gestirne begegnen, wie einst das bevölkerte Irland durch Emigration nach Amerika entlastet wurde. Mit solcher Illusionsfähigkeit erklären sich auch die euphorischen Heilsversprechungen der Protagonisten neuer Technologien.

Zur Aufrechterhaltung des Phänomens Leben bedarf es, wie wir sahen, schon auf der rein physiologischen Stufe des dauernden energetischen Ungleichgewichts, um die lebensnotwendige strömende Dynamik in Gang zu halten. Beim Menschen kommt nun wegen der angesprochenen Problematik seines leistungsfähigen ratiomorphen Apparates die Notwendigkeit eines weiteren Ungleichgewichtes hinzu: des Ungleichgewichtes auf der Waage zwischen Hoffnung und Befürchtung. Die konstruktionsbedingt unrealistisch stark gewichtete tiefliegende Hoffnungsschale gibt dem Waagbalken das nötige Gefälle, um die Handlungen in die besagte 'positive' Richtung rollen zu lassen. Wenn diese Waage dagegen im Gleichgewicht ist, befindet sich der Mensch nach allgemeinem Sprachgebrauch im Ungleichgewicht; er ist, wie gesagt, dann gewöhnlich depressiv. Seine Antriebsenergie fließt nicht mehr in die lebensfreundliche Richtung. Es kann sogar sein, daß sie auf destruktive Weise – das Selbst oder andere betreffend – Ausgleich für das gestörte Fließgleichgewicht sucht. „Realismus als Krankheit", möchte man mit Gruen (1987) sagen.

Oder, wie Taylor und Brown (1988) das ausdrücken, es helfen – bei aller Problematik – diese Illusionen dabei, die Welt eines jeden Individuums zu einem warmeren, aktivitats- und heilstrachtigeren Ort, an dem man leben kann, zu machen ("... a warmer and more active and beneficient place in which to live").

Edward Wilson (1980) weist auf den in diesem Zusammenhang

interessanten Mythos des Prometheus hin. In der Gestaltung des AISCHYLOS fragt der Chor den Beklagten:

> Und du bist nicht doch zu weit'rem fortgeschritten noch?
> P: Den Sterblichen nahm ich, vorzuwissen ihren Tod.
> Ch: Für solches Leiden, welch Heilmittel fandest du?
> P: Ich siedelte in ihnen blinde Hoffnung an.

Mythen greifen die tiefen Menschheitsrätsel auf, hier die zwiespältige Nutzung der Verbrennung – Prometheus hatte bekanntlich den Göttern zum Nutzen der Menschen das Feuer gestohlen – und, was weniger bekannt ist, er führte die Illusionsfähigkeit als psychische Wärmequelle für die Menschen ein.

Illusion, die Tugend der Führer

Das hier Dargestellte erwägend, erscheint es nun sehr wahrscheinlich, daß ein steter Selektionsdruck für eine *genetische Verankerung* der rosigen Zukunftsbrille gesorgt hat.

Das garantiert aber noch keineswegs, daß sie nicht gelegentlich krankhafte und für die Individuen, die Umgebung und die gesamte Umwelt katastrophale Formen annehmen kann. Das ist überhaupt der Grund, weshalb wir uns hier so ausführlich damit befassen. Die Neigung zur Illusion verführt nach der oben zitierten Studie zur simplifizierenden Wahrnehmung (wozu es, wie schon erwähnt, auch andere Gründe gibt), zur positiven Überschätzung der eigenen Gruppe, der eigenen Freunde, der eigenen Ansichten und Weltanschauung, somit nicht selten auch zu Grausamkeiten im Namen religiöser oder politischer Werte, was als edle und heilige Tat erlebt wird. Davon ist im Zusammenhang mit der Umweltzerstörung noch zu sprechen.

Besonders illusionsbegabte Menschen, die eine entsprechend hohe Meinung von sich selbst haben, glauben, daß auch andere Menschen diese Meinung teilen (Lit. bei TAYLOR/BROWN 1988), was ihnen ein Auftreten erlaubt, welches in vielen Fällen eine sich selbsterfüllende Prophetie (self fulfilling prophecy) in Gang setzt. Große Illusionsfähigkeit ist also eine gute Voraussetzung für eine erfolgreiche Karriere, besonders als Politiker oder Feldherr.

Aus einem Kolloquium im Max-Planck-Institut für Verhaltensphysiologie Ende der sechziger Jahre ist mir die Ausführung eines referierenden Historikers erinnerlich, derzufolge ein Jugendfreund HITLERS berichtet, dieser habe – lange bevor er beschlossen hatte, Politiker zu werden – ein einzelnes Mal ein Lotterielos gekauft und so fest mit einem Hauptgewinn gerechnet, daß er bis ins kleinste das künftige Leben mit dem großen Geld verplante, bis hin zu einem bestimmten Haus, das er kaufen wollte und zur Haushälterin, die er einstellen würde. Natürlich blieb, wie alle Wahrscheinlichkeitsüberlegungen erwarten ließen, der Gewinn aus. Und der Imaginationsbegabte war fassungslos.

Seine Illusionskraft hatte HITLER aber offensichtlich trotz dieser und anderer Enttäuschungen bis zum bitteren Ende behalten und mit ihrer Hilfe wahrhaft Ungeheures bewegt mit einem „unbändigen Willen", wie er von sich sagte. „Das ist das Wunder der Zeit, daß ihr mich gefunden habt ... unter so vielen Millionen! Und daß ich euch gefunden habe, das ist Deutschlands Glück!" (HITLER im September 1936 in Nürnberg, zit. n. REICHEL 1989) Die Vorsehung war immer im Spiel. Er selbst und die Massen folgten dieser Illusion. Erst wenn er sich noch als der Sohn Wotans gefühlt und ausgegeben hätte, das wäre für die Menschen des 20. Jahrhunderts zuviel gewesen – wahrscheinlich. Nun ist dieses Thema zu tiefgreifend und ernst, als daß es hier in einem kurzen Absatz abgehandelt sein könnte, aber es ist ein Beispiel dafür, welch katastrophale Folgen bestimmte evolutionär herausgebildete Eigenschaften in einem neuen zivilisatorisch geprägten Umfeld haben können.

Manches der damaligen Zeit, deren archetypischer Wahnsinn von ihren Zeitgenossen (vgl. z. B. Christel BEILMANN 1989) so wenig ermessen werden konnte, wie solcher unserer Tage von uns, wirkt heute noch nach, und zwar auch speziell auf dem Sektor der Umweltzerstörung. Zum Beispiel 'die Autobahnen des Führers', für die damals schon ausdrücklich 'keine Landschaft zu schade' war, sie werden weiter ausgebaut. Der ADAC teilt sein Reich weiter in 'Gaue' ein. Das Wort ist dabei kein Problem, aber vielleicht ein Symptom. Daß der 'deutsche Autofahrer' und die 'deutschen Autobahnen zu gut für ein Tempolimit' sind, wie in der öffentlichen Diskussion um 'Tempo 100' seit 1973 immer wieder argumentiert wurde, hat auch mit Illusion und Ethnozentrismus zu tun, muß aber in anderem Zusammenhang (Kap. 11) noch einmal auftauchen.

8. ABERGLAUBE ALS STRATEGIE

Man sollte glauben, daß in einer Zeit, in der wir die Naturgesetzlichkeiten bis in die Funktionsweise der Gene hinein kennen, für Aberglauben kein Platz mehr ist. Doch es scheint, daß in dem Maße, wie die Welt (gerade durch den technischen Fortschritt) immer komplizierter und die Zukunft immer riskanter wird, die Sehnsucht nach vereinfachenden irrationalen Ordnungsprinzipien wächst.

Wie die Illusion, so gehört auch der Aberglaube seit der Kulturfähigkeit des Menschen zu den Strategien, die die fühllose Welt für die Individuen etwas wärmer machen können. Wie die Illusion schützt aber auch er nicht vor Fehlgriffen und Katastrophen. Wie die Illusionsneigung könnte auch die Disposition zum Aberglauben selektiv gefördert sein.

Bei prähistorischen Funden gilt der Nachweis magischer Kulte als der sicherste Beweis, daß die Schwelle zum Menschen schon überschritten war. Religion gehört zu den wichtigsten Aktivitäten des Menschen überhaupt, eine unter anderen von TOYNBEE vertretene Ansicht, die sich beim Studium der großen Zivilisationen der Welt von selbst belegt. Ich hoffe den wohlmeinenden Leser nicht zu sehr zu schockieren, wenn das in diesem Zusammenhang festgestellt wird.

Jagdzauber, Regentänze und Orakel sind zweifellos Versuche, Einfluß auf das Geschehen zu nehmen oder wenigstens Handlungsdirektiven zu bekommen in einer undurchschaubaren Welt. Und diese Handlungsdirektiven waren sehr folgenreich, im Guten wie im Schlechten. Sie hielten Kulturgemeinschaften zusammen, sie stellten ganz entscheidende Weichen in der Geschichte: So endete zum Beispiel die für die Kultur- und Machtverhältnisse im Mittelmeerraum so bedeutsame Schlacht bei Salamis (480 v. Chr.) günstig für die Athener, weil sie in ihrer Strategie gegen die Perser einem Orakelspruch folgten. Oder das ihn im Traum verfolgende bislang staatsfeindliche Zeichen des Kreuzes garantierte dem römischen Kaiser CONSTANTIN seine militärischen Erfolge: *Hoc signo vinces* (Mit diesem Zeichen wirst du siegen). Diese wenigen Beispiele mögen genügen. Selbst in den heutigen Kriegen sind Religionen und ihr moderner Ersatz, die Ideologien, entscheidende Triebfedern.

Der Aberglaube vergangener Zeiten muß uns insofern beschäftigen, als er erstens noch heute fortlebt und er sich zweitens – und das scheint mir ungeheuer wichtig – in seiner historischen Universalität, ähnlich wie die Sprache, als eine menschliche Eigenschaft decouvriert, mit der wir auch heute und *künftig* zu rechnen haben werden. Zwar sind die Inhalte dieses Phänomens kulturabhängig, aber wie ein Schwamm werden sie aufgesogen und in unsere mentalen Strukturen eingebaut und können dann nur noch schwer durch andere verdrängt werden. Moderner Aberglaube ist oft so gut getarnt, daß er als solcher kaum erkannt werden kann, schon gar nicht von seinen Trägern. Natürlich sind wir eine aufgeklärte Gesellschaft und belächeln das Kind, das zu einem ländlichen Bittgottesdienst um Regen mit einem Schirm in der Hand erscheint, obgleich weit und breit kein Wölkchen in Sicht ist. Für den eigenen Aberglauben ist man naturgemäß blind.

Neuer Hexenwahn, Teufelskult, computerberechnete Horoskope sind der eine Aspekt, an den man beim modernen Aberglauben denkt, gewiß kein unwichtiger, wenn man berücksichtigt, welche Bedeutung diese Kulte in den Schulen haben und daß viele Konzerne ihre Hofastrologen halten und Spitzenpolitiker sich aus dieser Branche beraten lassen. Der amerikanische Präsident REAGAN äußerte sich widersprüchlich über seine Neigung zum Horoskop, eindeutig gläubig seine Frau Nancy. Der militärisch entmachtete panamaische Diktator NORIEGA soll Anhänger des Voodoo-Kults gewesen sein. Der Kultexperte (!) der amerikanischen Militärpolizei fand die Namen seiner (offenbar erfolglos) verhexten Gegner unter rituell aufgebauten stinkenden Fischen und Maisfladen (Der Spiegel 1 [1990]).

Was Wirtschaftsentscheidungen angeht, so legte mir ein Freund dar, könnte die Gepflogenheit, sich nach normierten Horoskopregeln zu richten, im Endeffekt zu einer wachsenden Rationalität und Berechenbarkeit führen, und auch den jeder Astrologie Abholden zwingen, ihr zu folgen, nämlich dann, wenn die Entscheidungsträger sich allgemein nach denselben astrologischen Vorschriften richten. Am Freitag, dem 13., läßt sich die Börsenruhe erfahrungsgemäß am leichtesten stören. Das ist ein weiteres Paradoxon des Lebens: *Rationalität auf der nicht abzuschüttelnden Basis der Irrationalität.* Astrologie für den Aufgeklärten ist eine Art von Metarationalität.

Das Jahrhundert des Aberglaubens

Unter dem Gesichtspunkt der Umweltzerstörung ist jedoch ein zweiter Aspekt des Aberglaubens vielleicht noch bedeutsamer: der Aberglaube im aufgeklärten Gewand. Der sehr weit denkende, jedoch Umweltproblematik und soziale Fragen weitgehend ignorierende Friedrich von HAYEK (1979, S. 48) definiert ein Zeitalter des Aberglaubens als eine Zeit, „in der die Menschen glauben, daß sie mehr wissen, als es in Wirklichkeit der Fall ist. In diesem Sinne war das zwanzigste Jahrhundert gewiß ein hervorragendes Jahrhundert des Aberglaubens, und der Grund dafür liegt in der Überschätzung dessen, was die Wissenschaft erreicht hat – nicht auf dem Feld der verhältnismäßig einfachen Phänomene, wo die Forschung in der Tat außerordentlich erfolgreich gewesen ist, sondern auf dem Gebiet komplexer Phänomene ..."

Wie recht v. HAYEK mit dieser naheliegenden Aussage hat, soll das Zitat eines anderen Wirtschaftswissenschaftlers zeigen, der zum Zeitpunkt der Veröffentlichung des angeführten Zitats immerhin auch Mitglied des Rates von Sachverständigen für Umweltfragen ist, Paul KLEMMER. Er geißelt die „These vom angeblichen Erreichen der ökologischen Tragfähigkeit" und das „Leugnen jeglichen weiteren Wachstumsspielraums" folgendermaßen: „Zeigt doch die wissenschaftliche Diskussion, daß die von den Alternativen als Kronzeugen benutzten Weltmodelle eher die Situation eines Autofahrers wiedergeben, der sich bei stark verschmutzter Frontscheibe vor allem mittels des Rückspiegels und seiner bisherigen Wegeerfahrung ein Bild von der vor ihm liegenden Fahrbahn machen muß. Jedermann weiß, daß man die im Rückspiegel erfaßte Wegestrecke nicht ohne weiteres fortschreiben darf, sondern sich auf Überraschungen (Innovationen) einstellen muß." (1984, S. 8)

Mit dem Hinweis auf die sogenannte 'wissenschaftliche Diskussion' wird in astrologenhafter Sicherheit gar nicht erst in Zweifel gezogen, daß es eine klare Frontscheibe der Zukunft überhaupt gibt. Gleichzeitig wird allerdings sehr richtig auf die Möglichkeit von Überraschungen hingewiesen, auf die man sich einzustellen habe. Dabei allerdings verfällt der auf seinem unbekannten Wege in Orientierungsschwierigkeiten befindliche Reisende aus den oben erörterten konstitutiven Gründen allzu gern den Vorspiegelungen der Fata Morgana, der faszinierenden Korallenfee der Illusionen. Denn die zu erwartenden Überraschungen werden vorsichtshalber ausdrücklich als 'Innovationen' erklärt. Dieses Wort hat seine Bedeutung im positiv getönten Bereich des Bewertungsspektrums. Angesichts der erquikkenden Fata Morgana vergißt der Reisende seine Erschöpfung und beschleunigt seinen Schritt. So erklärt sich auch ein Teil der bis zur Erschöpfung treibenden Hektik der bedenkenlosen Protagonisten des Fortschritts.

Wenn die Fata Morgana sich als heiße Luft erweist, dann *muß* es aufgrund des lebenserhaltenden konstitutiven Optimismus einen Ausweg geben. Im antiken Drama hatte der *Deus ex machina* diese Funktion. Er konnte alles, was aus dem Ruder gelaufen war, wieder zurechtrücken. Doch manchmal blieb er aus. Dann gestaltete sich das Stück zur Tragödie.

Solche eingreifende göttliche Hand wird heute bei uns gewöhnlich nur noch von naiven Laien bemüht, wenn man über Zukunftsfragen diskutiert. Der Gebildete, auch der Theologe, glaubt in diesem Zusammenhang inzwischen doch eher an die Technik. Nach einem Vortrag sah ein solcher weiterhin ausdrücklich *keinen* Anlaß, seinen persönlichen Energieverbrauch einzuschränken, da man in absehbarer Zeit infolge *noch zu erwartender* Erfindungen über Technologien verfügen werde, die Energie in beliebiger Menge umweltfreundlich zur Verfügung stellen würden. Man ist eben befähigt, alle Enttäuschungen auf diesem Sektor zu ignorieren, und greift zum Beispiel begeistert jede Meldung über die angeblich endlich gelungene Kernfusion im Wasserglas auf. Das ist der Aberglaube des Aufgeklärten, gepaart mit dem Hang zur Illusion.

Der unaufhaltsame wissenschaftliche Fortschritt sei nicht in Zweifel gestellt, an den MARX und ENGELS, Machtchristen, Aufklärer und Kapitalisten so unerschütterlich glaubten oder glauben. In Zweifel gezogen sei aber, daß dieser alle Probleme löst. Wenn man nicht aufpaßt, wird er noch mehr neue schaffen. Er hat es wahrscheinlich schon getan. Da bewies LAOTSE vor mehr als zweieinhalb Jahrtausenden die tiefere Weisheit, wenn er befürchtete, daß mit den Fortschritten des Handwerks, der Technik „Haus und Staat ins Verderben" geraten, „je mehr Künste gepflegt werden, desto mehr böse Zeichen".

Heute haben wir den *Deus ex machina*, den Maschinengott, abgelöst durch die *Innovation*, die auf jeden Fall noch rechtzeitig erfundene Geheimwaffe. Doch es könnte auch sie wie jener Gott der Antike einmal ausbleiben. Dann gestaltet sich die Geschichte der Zivilisation zur Katastrophe.

Zukunft und Kausalität

Eine Landkarte des Futurs steht dem auf der Spiegelfläche zwischen Vergangenheit und Zukunft im kontinuierlichen Strom der Zeit reisenden Menschen grundsätzlich nicht zur Verfügung. Den *Laplaceschen Dämon*, der aus der unendlich minutiösen Kenntnis jedes Winkels der Welt die determinierte Zukunft exaktest berechnen kann, hat es nie gegeben. Heute dürfen wir nicht einmal hoffen, daß es ihn je geben könnte. Nach der vielzitierten Heisenbergschen Unschärferelation lassen sich aus grundsätzlichen Erwägungen Ort *und* Zeit zugleich nicht exakt bestimmen. Offenbar haben Elementarteilchen darüber hinaus grundsätzlich nicht kausal beschreibbare Möglichkeiten der Zustandsänderung, und Synergetiker beweisen, was man schon lange vermuten konnte, daß minimale Ursachen, vielleicht ein einzelner Quantensprung, an bestimmten Weichenpunkten des Weltgeschehens ungeahnte Folgen haben können. Dadurch werden auch im Makrobereich, wo wir an sich doch ganz gute Prognosen machen können, zum Beispiel schon beim Wetter *grundsätzliche Grenzen der Voraussagbarkeit* sichtbar (Haken 1986).

Erst recht gilt das im Bereich der Evolution. Mutationen, die kreativen Momente in der Aufstiegsgeschichte des Lebens, sind *mikrophysikalische* Vorgänge und somit im Einzelfall nicht vorhersehbar (Kaplan 1989). Deshalb läßt sich die Evolution immer nur *retrospektiv* beschreiben, paradoxerweise retrospektivkausal. Obgleich als weiteres kreatives Moment das ‘zufallgenerierende’ (determinierte) Chaos (vgl. Kap. 4) eine Rolle spielen dürfte, erscheint die Ansicht des Biologen Bernhard Rensch (1968) nicht mehr haltbar, derzufolge „die gesamte Stammesgeschichte ... eine *prädestinierte* raumzeitliche Gestalt (hat), die sich entlang der Zeitkoordinate mit dem unablässig weitergleitenden Gegenwartspunkt sukzessive realisiert“ (S. 116, Hervorhebung B. V.).

Aus der Molekulargenetik wissen wir, daß der Einbau nur einer einzigen falschen Base im Genom eines Menschen zum Beispiel Blasenkrebs zur Folge hat, also doch dafür *ursächlich* ist. Für die gesamte Weltgeschichte dürfte es nicht unerheblich sein, ob sich ein solches molekulares (vielleicht auf einen akausalen Atomzerfall zurückgehendes Zufalls-)Ereignis bei einem jungen Alexander, Napoleon oder Hitler abgespielt hat, bevor er weltbewegende Ereignisse auslöste oder nicht. Analoge mikrophysikalische *akausale* Ereignisse von naturhistorischer Bedeutung sind in der Phylogenie der Organismen zu postulieren. Die Risiken der Gentechnologie sind zum Teil in diesem Zusammenhang zu sehen.

Wegen dieses vermutlich akausalen Ursprungs großer Kausalketten gleich das Kausalitätsprinzip zu verabschieden, wäre allerdings etwas voreilig. Zumindest stochastisch lassen sich im begrenzten Rahmen Ereignisse ganz exakt vorhersagen, wenn man die Zustände und Gesetzmäßigkeiten genügend genau beschreiben kann. Andernfalls würde keine Maschine funktionieren, und wir könnten uns nicht darauf verlassen, daß sich die Erde weiterdreht. Auch die Willensfreiheit des Menschen ist mit der Abdankung deterministischer Kausalität noch nicht bewiesen. Wer unberechenbar ist, ist sicher nicht besonders frei. Wohl aber spricht das für eine nur begrenzte Berechenbarkeit der Zukunft bei einer 'vernetzten, zirkulären' Kausalität (WUKETITS 1981).

Wenn überhaupt, kann man sich nur durch eine sinnvolle Verarbeitung von Informationen ein Bild über die Zukunft machen. Zum Erkennen der hier relevanten Gesetzmäßigkeiten braucht man *Erfahrungen* (in der Wissenschaft stellt man zu deren Erwerb systematische Beobachtungen und Experimente an). Alle Erfahrungen stammen aus der Vergangenheit. Insofern ist der „Rückspiegel der Vergangenheit" die einzig reale Frontscheibe der Zukunft, um noch einmal auf KLEMMERS (1984) Bild Bezug zu nehmen. Viele dieser zukunftsbedeutsamen Erfahrungen sind so alt wie das Leben unseres Planeten selbst, selektionsbewährt und somit im Erbgut verankert.

Alle Verhaltensprogramme (ebenso wie stoffwechsel- und entwicklungsphysiologische) sind darauf optimiert, jeweils im richtigen Moment diejenige Aktion bereitzustellen, die für die Erhaltung der Gene am besten ist. Aufgrund ihres gigantischen stammesgeschichtlich erworbenen Erfahrungsschatzes steuern diese Überlebenskünstler in teleonomer Weise ihr Umfeld. Sie veranlassen den Hamster, in weiser Voraussicht schon zu Zeiten des Nahrungsüberflusses sein Vorratslager zu füllen, sie treiben die Zugvögel *vor* dem Wintereinbruch in den warmen Süden und lassen die Narzissen erst aus den Zwiebeln treiben, *nachdem* der Winter durch eine angemessene Kälteperiode bewiesen hat, daß er vorbei ist (falls man ihnen das nicht durch eine Kühlschrankbehandlung vorgegaukelt hat, um die getriebenen Pflanzen als Weihnachtsblumen zu verkaufen). Dies alles gibt es, *nachdem* die entsprechenden genetischen Programme die Erfahrung gemacht haben, daß sie in der Welt zurechtkommen. Die zahlreichen anderen, die nicht zurechtkommen, gibt es nicht mehr, wie bereits in anderem Zusammenhang behandelt. *Jedes zukunftsgerichtete Ver-*

halten, jedes Wissen um die Zukunft beruht also letztlich immer auf Erfahrungen in der Vergangenheit (oder auf einem kreativen Akt von extrem glückhafter Seltenheit).

Dem Menschen erlaubt sein durch evolutive Erfahrung auf Welterkenntnis getrimmtes Gehirn eine begrenzte Einsicht in den Kausalzusammenhang, abgestützt durch große Lernfähigkeit und instinktverwandte Intuition (auch exakt rechnende Ingenieure entwerfen den entscheidenden Lösungsansatz zunächst einmal gewöhnlich weitab jeder Zahlenberechnung). Das alles mag die Illusion einer klaren Frontscheibe erzeugen, welche das angenehme Gefühl der Sicherheit verleiht. Das kann aber unter veränderten Bedingungen auch tödlich werden.

Aberglaube: Begleiter des kausalen Denkens

Aberglaube setzt ein, wo die Welt unheimlich und kompliziert wird, nicht mehr klar kausal durchschaubar. Für manche Leute ist das eben sehr früh, für umfassender ausgebildete und kritischere Naturen etwas später. Aberglaube erscheint als das genaue Gegenteil von kausalem Denken. Doch der Schein kann trügen. Wie die Illusion sich als überlebensfördernder Begleiter des Zukunftsbewußtseins erwies, so ist, das glaube ich zeigen zu können, der Aberglaube ein selektionsbewährter Begleiter des zukunftsorientierten kausalen Denkens.

„Jedem von uns wohnt ein Zwang inne, nach wiederholtem Eintreten eines bestimmten Ereignisses einen irgendwie gearteten, zunächst nicht näher definierten *Zusammenhang* zwischen den einzelnen Geschehnissen anzunehmen." (Lorenz 1973, S. 137) Normalerweise besteht dieser Zusammenhang ja auch tatsächlich, und zwar als Kausalzusammenhang. Man tut schon gut daran, wenn am Himmel die bekannten Vorzeichen eines Gewitters erscheinen, einen Unterstand aufzusuchen, egal ob man dahinter den hammerwerfenden Donar oder die noch immer nicht zufriedenstellend geklärten physikalischen Zusammenhänge sieht. Auch Tiere handeln in solchen Fällen sinngemäß.

Obgleich Lorenz diese Fakten nicht im Zusammenhang mit dem Phänomen Aberglauben behandelt, nennt er noch ein schönes Beispiel dafür, daß wir die Welt – auch ihre unbelebten Teile – mit einem Bewußtsein wie in längst überholt scheinenden animistischen Kulturen zu beseelen geneigt sind: Allgemein unterstellt man einem nichtpräparierten Glücksrad, daß, wenn es schon mehrmals dieselbe Farbe angezeigt hat, seine Neigung zu einer Wiederholung derselben 'Handlung' immer geringer wird, genau wie man von einem Würfel nach eine Serie von Einsen erwartet, daß er nun mit wachsender Wahrscheinlichkeit bald etwas Besseres herauswerfen müsse. Damit unterstellt man ihm aber unbewußt erstens ein Gedächtnis und zweitens eine eigene Motivation.

Ein unbelebter und auch noch von jedem leicht durchschaubarer Gegenstand, wie ein Rad oder ein Würfel, wird so von uns zweifellos subjektiv *animiert*, mit einem Geist versehen. Man freut oder ärgert sich darüber wie über eine Person, mancher wirft ihn vor Zorn gar an die Wand oder liebkost ihn, wenn dieser ihm 'wohlgesonnen' war. Hier täuscht uns unser naives Denkprogramm einmal wieder. Vermutlich ist es im Zusammenhang mit Verhaltensabschätzungen bei Lebewesen entwickelt worden; denn bei diesen gibt es tatsächlich diese abnehmende Neigung, ununterbrochen immer dasselbe Verhalten zu zeigen – ganz wie wir es dem Wüfel unterstellen.

Auch wenn wir weit davon entfernt sind, komplexe Verhaltensweisen kausal zu beschreiben, bezweifelt zum Beispiel kein Richter, daß ein irgendwie gearteter Zusammenhang besteht zwischen der Wahrnehmung einer Bedrohung und einer Notwehraktion. Auch Ethologen sind vom Walten komplexer Kausalbeziehungen zwischen Information und Handlung überzeugt, falls sich eine signifikante Korrelation nachweisen läßt.

Aber auch bei 'wirklich' durchschaubaren Problemen, zum Beispiel der Physiologie des Auges und des Sehens, zeigt jede kritische Verarbeitung didaktischer Erfahrungen und auch die kritische Selbstbeobachtung, daß es in aller Regel sehr lange dauert, bis Zusammenhänge tatsächlich verstanden sind (wobei noch ketzerisch zu fragen bleibt, ob das überhaupt je der Fall ist oder ob das Empfinden von vollständiger Einsicht nicht von Illusion und Aberglauben erzeugt wird).

Das betrifft auch die Folgen eigener Handlungen. Für das Eintreten *individuenrelevanter* künftiger Ereignisse sind gerade diese von besonderer Bedeutung. Vor allem kann man nur über solche Einfluß auf das Geschehen in der Welt nehmen.

Eine nähere Überprüfung läßt eine kausale Durchdringung der Zusammenhänge gewöhnlich vermissen. Trotz dieser mangelnden Verständnistiefe sind in der Praxis die Schwierigkeiten aber erstaunlich gering. (Fast) jeder lernt ein Gemüsebeet zu bestellen, Messer und Gabel (oder auch Stäbchen) zu benutzen, schriftlich zu multiplizieren und zu dividieren, Hebel anzuwenden, Auto zu fahren und DIN-Normen oder vergleichbare Vorschriften im Straßenbau oder bei der komplizierten Dachkonstruktion chinesischer Tempel anzuwenden.

Die Erklärung liegt in einem bewährten Lernprogramm. Eine Verhaltensweise, die zum *belohnenden Erfolg* geführt hat, wird festgehalten und im Bedarfsfalle wiederholt. Man nennt das *operante Konditionierung*. Auf diesem Prinzip basieren großenteils die Anpassungsfähigkeit des Verhaltens und auch die frappierenden Dressurerfolge der Behavioristen im Gefolge von SKINNER und der Tierlehrer aus der Praxis.

Wenn eine solchermaßen konditionierte Handlung mit statistischer Wahrscheinlichkeit von Erfolg gekrönt ist, besteht in der Tat natürlicherweise ein kausaler Zusammenhang. Auf Scharren hin findet ein Huhn Regenwürmer und auf Picken an einem bestimmten Farbknopf in der Skinner-Box hin gibt es eine Futterperle.

Aber gar nicht so selten wird das momentan im einzelnen undurchschaubare Räderwerk der Kausalität durch irgendwelche Kräfte gestört, der erwartete Erfolg bleibt aus. Zum Beispiel springt das Auto öfters mal nicht gleich an. Davon läßt man sich sein kausales Weltbild nicht gleich kaputtmachen. Je *weniger* man im entsprechenden Zusammenhang erfolgsverwöhnt ist, desto *hartnäckiger* wird man seine Versuche nach der bewährten Strategie (z. B. immer wieder Anlasser betätigen oder noch einmal die Zündkerzen putzen) fortsetzen. Diese besondere Hartnäckigkeit nach seltener Belohnung ist ein vielfältig bestätigtes pädagogisch angewandtes Ergebnis der Lernpsychologie. Soll eine Verhaltensweise zuverlässig 'sitzen', muß sie zunehmend seltener belohnt werden. Auch in der Natur kommt ja nicht bei jedem Kratzen ein Regenwurm. Je seltener die Erfolgsrate um so unverdrossener muß man es probieren, solange einem nichts Besseres einfällt. Die grundsätzliche Kausalbeziehung steht nicht in Frage. Das Programm ist also sinnvoll, enthält aber eine Falle.

Ein harmloses Beispiel soll das zeigen. Im heutigen Leningrad gibt es noch funktionsfähig gehaltene lustige Wasserspiele aus dem alten Petersburg. Vielleicht aus Gründen der Wasserersparnis, vielleicht um einen Gewöhnungseffekt zu vermeiden, ergießen sie nach einem für den Besucher undurchschaubaren Steuerungsmechanismus nur zeitweilig ihre flüssige Pracht über die Anlagen. Der aufgeschlossene Mensch aber möchte die Ursachen erkennen und vor allem Einfluß auf das Geschehen nehmen können. So kann man auch Kinder beobachten, die sich auf bestimmte Platten stellen, woraufhin tatsächlich bald der erwartete große Regen kommt. Immer wieder wird in solchen Fällen eine Kausalität bestätigt, die es gar nicht gibt.

Die magischen Kräfte

Tauben, die in irgendwelchen Zeitabständen ein Futterkorn aus einem Automaten bekommen, entdecken einen ähnlichen 'Zusammenhang' zwischen ihrem Verhalten und dem erwarteten Futter. Die eine tanzt im Kreise, die andere verrenkt den Hals, und weitere Tiere lassen sich noch andere Übungen einfallen. Alle bekommen ihr Futterkorn, womit das jeweilige Verhalten immer wieder verstärkt wird. Die Belohnung kommt aber nicht jedes Mal, sondern je intensiver das Tier sich müht, um so relativ seltener; dadurch wird die eingeübte Verhaltensweise – wie in einem ausgefeilten behavioristischen Erziehungsprogramm – besonders gefestigt. Schon allein unter diesem Aspekt (es gibt noch andere, Kap. 10) kann man sich gar nicht mehr wundern, wie unkorrigierbar fest oft die unsinnigsten Verhaltensweisen installiert sind.

Bartley Hoebel (1983) vergleicht das durch Skinner beschriebene und in Beziehung zum Aberglauben gesetzte Verhalten mit dem magisch religiösen Glauben urtümlicher Kulturen an übernatürliche Geister. Zufällige Ereignisabfolgen werden fälschlicherweise für eine Beziehung zwischen Ursache und Wirkung gehalten.

Das Deutsche Fernsehen machte ein interessantes Experiment zur Parapsychologie: Der Zuschauer sollte sich einen zufallsgesteuerten auf den Bildschirm projizierten Prozeß in eine bestimmte Richtung intensiv *wünschen*. Es sollte dabei getestet werden, ob eine große Zahl von Menschen, die das gleiche wollen, auch tatsächlich telekinetisch oder wie immer man das nennen will, Einfluß nehmen kann. Weshalb hier überhaupt davon berichtet wird und was das Ergebnis so interessant macht, ist folgendes: Es wurde auch abgefragt, ob die Leute, die sich an der telefonischen Kommunikation beteiligten, schon vorher glaubten, Einfluß nehmen zu können und ob sie sich durch den tatsächlichen Verlauf des Geschehens bestätigt fühlten.

Natürlich ließ sich nach rasch vollzogener Computerauswertung kein statistisch signifikanter Einfluß nachweisen, aber wer schon vorher überzeugt war, daß er die besondere Fähigkeit habe, Einfluß nehmen zu können, fühlte sich durch den Verlauf in aller Regel bestätigt. Dieses Ergebnis ist völlig konform mit dem, was wir unter Illusionen bereits besprochen haben, und es zeigt, daß die Welt in der Regel so wahrgenommen wird, wie man sie auch schon vorher betrachtet hat: Bestätigende Befunde werden beachtet und widersprechende ignoriert. Auch der kritische Wissenschaftler unterliegt dieser

Gefahr. Darwin, der dies wohl schon gespürt hat, teilt in seinen unter der Kellertreppe für seine Nachkommen deponierten Memoiren mit, daß er eine Zeitlang alles, was gegen seine Evolutionstheorie sprechen könnte, sorgfältig aufgeschrieben habe, das andere hätte er von selbst behalten (1982).

Die Azteken mußten Menschenherzen opfern – blutig, wörtlich zu verstehen –, damit die Götter die Kraft behielten, das Weltgeschehen in Gang zu halten. Täglich bewies sich die Notwendigkeit dieser Maßnahme. Die Welt lief weiter, allerdings nicht gut. Deshalb mußten noch mehr und immer mehr Opfer gebracht werden.

Von den historischen Greueln unseres eigenen Kulturkreises in diesem Zusammenhang zu reden, ist in Anbetracht des Wunsches, die wohlwollende Aufnahmebereitschaft des Lesers zu erhalten und nicht seine Abwehrreaktionen zu erwecken, untunlich. Nur minimal kurz sei erwähnt, daß man Pest, Krieg und Feuersbrunst durch Verfolgung von Hexen und Juden zu bekämpfen glaubte.

Bescheinigen wir aber lieber, daß erst unsere Zeit so recht aufgeklärt ist und voll auf die Rationalität der Technik setzt. Zwar weiß kein Mensch auf der ganzen Welt, wie ein Großrechner, ein Jumbojet oder ein Atomkraftwerk in allen Einzelkomponenten funktionieren, geschweige denn wie man deren Details herstellt, doch unbestreitbar ist, *daß* diese Anlagen (meistens) funktionieren, und zwar mit Hilfe unserer Fähigkeit zum kausalen Denken. Diejenigen, die diese Anlagen 'verantworten', die Politiker, Kaufleute und Juristen dürften im allgemeinen diesen kausalen Einblick in noch viel geringerem Maße haben als die Techniker und Wissenschaftler, welche sehr oft warnen. Warum die Unwissenden und Mehr-Wissenden gewöhnlich dennoch eifrig weitermachen, ist eines der noch zu besprechenden Rätsel.

Die Priesterschaft der Technik

Unbestreitbar sind auch noch drei andere Dinge, nämlich,

(1) daß man viele Effekte und Materialeigenschaften nutzt, die man (noch) nicht erklären kann (Praxis ist, wenn es funktioniert, aber man weiß nicht wie),

(2) daß es *nur funktioniert, wenn keine störenden Kräfte einwirken* und keine am Bau und an der Betriebsführung beteiligten Menschen Fehler gemacht haben (Waffenexperten befürchten zum Beispiel außer dem immer wieder herabstürzenden Damoklesschwert des menschlichen Versagens die unbeabsichtigte Auslö-

sung eines elektronisch gesteuerten militärischen Atomschlages durch elektromagnetische Wellen),

(3) daß *genau das gleiche* auch für die tragenden Aktionen und die bedeutsamen Riten *im magischen Weltbild gilt*.

STAUDINGER und BEHLER (1976) weisen darauf hin, daß man hier wie dort vom Walten innerer Zusammenhänge überzeugt ist und daß man hier wie dort Macht auf das Geschehen ausüben möchte, daß aber schließlich immer etwas dazwischen kommen kann. So erweise sich das magische Weltbild in sich als ebenso unwiderlegbar wie das wissenschaftlich-technische, zumal die magische Welt zuweilen nahtlos in die technische Weltbeherrschung übergehe. Ein Pfeil zum Beispiel, der die Flugfähigkeit und Treffsicherheit des Vogels aufweisen solle, erhalte nach bestimmten Regeln angebrachte Federn und bekomme in der Tat dadurch günstigere Flug- und Zieleigenschaften.

Al chemi war der schwarze Schlamm des Nil. Aus diesem keimte jährlich tausendfältiges Leben. Aus ihm ließ sich alles formen. Auch 'Adam' wurde aus solcher 'Erde', was dieser Name bedeutet, gemacht. Daß Chemie und Medizin, historisch gesehen, Kinder magischer Künste sind, ist allgemein anerkannt, weniger aber, daß auch unser grenzenloses Vertrauen in die Technik, mit deren magischer Herkunft zusammenhängen dürfte.

„Der Glaube an die Lenkbarkeit der Natur . . . ist wahrscheinlich ein instinktives *a priori* und die gemeinsame Wurzel der uralten Magie wie der modernen Naturwissenschaft und Technik", schreibt Arnold GEHLEN (1961, S. 96). Nach seiner Auffassung ist die rationale Technik so alt wie die Magie, und beide sind so alt wie der Mensch.

„Der Mensch der magischen Welt ist genau wie der Mensch der technischen Welt davon überzeugt, daß man im Grunde genommen alles zustandebringen kann, wenn es einem nur gelingt, die entsprechenden *Formeln* zu finden und richtig anzuwenden. In beiden Fällen wird ein Mißlingen von Vorhaben oder das Eintreten von unvorhergesehenen Ereignissen nicht auf Unzulänglichkeiten des herrschenden Weltbildes selbst zurückgeführt" (STAUDINGER et al. 1976, S. 13, Hervorhebung B. V.). Dieses wird so leicht nicht in Zweifel gezogen.

Tatsächlich vorhersehbar oder lenkbar ist die Natur ja nur, wenn wirkliche Zusammenhänge zwischen den angenommenen Fakten bestehen. Und diese bestehen bei regelmäßigen Wenn-dann-Beziehungen. Bei einer bestimmten Konstellation der Sterne kam das Nilwasser tatsächlich, und zwar sogar regelmäßig. Auch in unserer Zeit wird niemand bestreiten, daß die Regenzeit in Afrika *kausal* mit der *astronomischen* Position der Erde zusammenhängt. Wie kann man also noch an der Astrologie zweifeln? Wenn-dann-Denken ist die phylogenetische Grundlage zum Kausalitätsdenken, und dieses hat Überlebenswert. Schon gar nicht kann es wundern, daß das praxisbezogene Kausalitätsdenkprogramm der Konditionierbarkeit auch bei Tieren so allgemein verbreitet ist.

Wenn nun für den reflexions- und denkbegabten Menschen die Welt so kompliziert ist, daß die Zusammenhänge überhaupt nicht mehr durchschaubar sind, dann ist das ein erschreckendes weltbildzerstörendes Erlebnis, das im Rahmen des beängstigenden Zukunftsbewußtseins dringend einer Kompensierung bedarf, analog der Illusion als Ergänzung zum belastenden Wissen um den Tod. So erklärt es sich, daß in einer immer unüberschaubarer werdenden Welt neben allem kausalanalytischen Fortschritt sich der Aberglaube unbesiegbar hält oder gar ausbreitet, ja daß der wissenschaftlich-technische Totipotenzglaube ein besonders gefährlicher Fall davon ist.

Und da sich dies alles noch mit der Möglichkeit verbindet, tabuisierte Antriebe zu rationalisieren, tun sich neben den hervorgehobenen positiven Möglichkeiten auch grauenhafte Abgründe auf. In vielen alten Hochkulturen waren rituelle Menschenopfer üblich. Der kritische Historiker Toynbee fragt, wieso dies in einer Kultur solches Unverständnis hervorrufen kann, in der selbstverständlich über den Kriegsdienst Menschen – millionenweise – für den Staat geopfert werden. Ich möchte an die Verkehrsopfer erinnern, deren Zahl durch ein überwachtes Tempolimit zu verringern, unser Staat aufgrund des Drucks mächtiger Kreise nicht bereit ist. Eine exportorientierte Wachstumswirtschaft erfordere eben unbegrenzte Geschwindigkeiten. Daß das so nicht stimmen kann und auch noch andere Gründe dahinterstecken müssen, beweist das die Welt mit Autos überschwemmende Japan mit seiner strikten Geschwindigkeitsbegrenzung und seiner dadurch geringen Unfallziffer.

Für die entsetzlichen Menschenopfer der Azteken wird neben der offiziellen Version, daß diese den Göttern Kraft liefern müssen, um die Welt in Gang zu halten, noch ein anderer – mit Sicherheit damals nie ausgesprochener – Grund genannt. In diesem Gebiet soll ein gravierender Eiweißmangel bestanden haben. Die Opfer kamen als rituelles Mahl ausschließlich dem Adel und der diesen stützenden Priesterkaste zugute (Lit. bei Wilson 1980). Sicherlich ist dieser in seiner Zeit nicht erkennbare Partialnutzen auch nur ein Teilaspekt.

Daß Staatskirchen metaphysisch, wenn nicht magisch argumentieren, in Wirklichkeit aber in Symbiose mit dem jeweiligen Machtapparat leben, stößt bei uns heute kaum mehr auf Widerspruch. Es ist auch unbestreitbar, daß diese Konstruktion außerordentlich stabilisierend wirkt. Moderne Technik, insbesondere Atomtechnik braucht stabile Strukturen, und zwar über Zeiträume, für die die geschriebene Geschichte noch keine Beispiele liefern kann. Insofern ist nicht erstaunlich, daß der amerikanische Physiker und Befürworter der Atomwirtschaft Alvin WEINBERG mit dem Vorschlag einer *atomaren Priesterschaft* aufwartet. Deren technisch-rituelle Aufgabe würde darin bestehen, die strahlenden Überreste unserer Zeit über alle künftigen Generationen hinweg sicher zu behüten (GRUHL 1986). Deren Macht anzutasten, wäre tödlich für alle. Die Welt würde zusammenbrechen, wie das im Bewußtsein der Azteken auch der Fall war, wenn die Menschenopfer aufgehört hätten.

Solche Machtansprüche auf eine Hohepriesterschaft mag demnächst auch die gentechnologisch geprägte Biologie stellen. Ohne Illusion und Aberglauben kann offenbar keine Kultur auskommen. Nicht umsonst gehören diese Eigenschaften zum mühsam erworbenen kennzeichnenden Erbe des Menschen.

9. DAS ZERSTÖRUNGSPOTENTIAL GEHEILIGTER WERTE

Im Zusammenhang mit der Umweltproblematik wird seit langem heftig über Werte diskutiert. Wertewandel wird beklagt von den einen und gefordert von den anderen. Diskutiert wird meist ziemlich fruchtlos und emotional auf ideologischer oder religiöser Basis, ohne daß man bereit wäre, den eigenen gewohnten schützenden Gedankenkäfig auch nur einmal probeweise zu verlassen. Zu groß sind die Ängste, die einen dann befallen. Man möchte es nicht gerne verlieren, das Gefühl der Sicherheit, das sich im gewohnten Zwinger eingestellt hat.

Die babylonische Verwirrung

Schon die Begriffsbestimmung kann Probleme machen. Wir wollen im folgenden nicht über Werte im Sinne von Luft- und Trinkwasserbelastung, über Werte des Kapitalvermögens oder Valuta reden. Gemeint sind hier – zweifellos schwer beschreibbare und kaum quantifizierbare – ideelle Werte, die dem Menschen als Ziele oder Orientierungshilfen dienen können in einer letztlich rätselhaften Welt, in die er sich hineinentwickelt hat.

Es ist reizvoll, in diesem Zusammenhang die lexikalische Definition des Begriffs *Wertanalyse* einmal aufzugreifen und weiterzuentwickeln (nach Brockhaus [17]1974): „eine systematische Funktionsanalyse von Sachgütern und Diensten, um festzustellen, wie Materialeinsatz, Produkteigenschaften und Verfahren zu gestalten sind, damit das Erzeugnis bei niedrigsten Kosten die geforderten Funktionen erfüllt.“ Bei Kaugummi, Dosenbier oder Sportwagen, deren geforderte Funktionen unter betriebswirtschaftlichen Gesichtspunkten maximale Gewinnträchtigkeit sind, kommt man natürlich zu ganz anderen Analyseergebnissen, als wenn wir diesen Begriff in eine geforderte Globalfunktion integrieren, welche wir ‘bewohnbare Erde’ nennen wollen: *oikumene ge* im ursprünglichen Sinne. Eine solche Definition schließt aus wohlverstandenem Eigeninteresse die gesamte Biosphäre mit ein. Unter diesem holistischen Aspekt wird eine wahrhaft babylonische Verwirrung der Begriffe offenbar.

Heilslehren stellen gewöhnlich das verloren geglaubte Paradies wieder in Aussicht. Doch bis es so weit ist, müssen wir noch mit mancherlei Unbill leben. Lord KEYNES (1883–1946), der große Papst der Wirtschaftswissenschaften, der Wirtschaftskrisen mit einem Wechsel auf die Zukunft zu meistern empfahl (und damit auch Erfolge hatte), rechnet mit diesem mißlichen Zustand noch „mindestens weitere hundert Jahre". Solange „müssen wir uns und jedem anderen gegenüber sagen, daß schön häßlich und häßlich schön ist, denn häßlich ist nützlich und schön ist unnütz. Geiz, Wucher und Mißtrauen müssen noch über eine kleine Weile unsere Götter sein. Denn nur sie können uns aus dem Tunnel wirtschaftlicher Notwendigkeit zur Helligkeit führen" (zit. n. SCHUMACHER 1981, S. 21). *Per aspera ad astra* – über rauhe Pfade zu den Sternen – ein Gedanke, so alt (und als absolute Weisheit auch so falsch) wie die von der Realität gelöste Philosophie.

'Vernunft wird Unsinn, Wohltat Plage.' 'Fair is foul and foul is fair.' Es ist verrückt wie die Sprüche des Mephisto oder wie das Hexeneinmaleins im Macbeth. Begriffe oszillieren in Shakespearescher Ambivalenz zwischen programmatischen Erklärungen als seriös geltender Institutionen und visionären Autoritäten wie sie in ORWELLS ›1984‹ vorkommen. „Krieg bedeutet Frieden, Freiheit ist Sklaverei, Unwissenheit ist Stärke." Das sind die Kernsätze aus dem „Wahrheitsministerium" des Großen Bruders. Vor allem die letztere Aussage hat vor dem Hintergrund der Illusionsfähigkeit einen erschütternden Wahrheitsgehalt. Rückbau ist Fortschritt, Stillstand ist Rückgang, Wachstum ist Schwund, Bau ist Zerstörung.

Konservativ ist progressiv – bezüglich der Vernichtung der Lebensgrundlagen (vgl. EPPLER 1973). Progressiv ist konservativ – bezüglich ihrer Erhaltung. Mehr ist weniger – etwa bezüglich der Mobilität durch Autos. Weniger ist mehr. 'Small is beautiful' (E. F. SCHUMACHER 1981), obgleich man von Natur oder Erziehung her doch eher dem Großen und Erhabenen auch ästhetisch geneigter ist; aber bisweilen ist gerade dies so klein und so lächerlich.

Ordnung ist Chaos und Sauberkeit Schmutz – je nach Bezugssystem, wie im folgenden noch gezeigt werden soll. Ziel ist aber schließlich nicht, die Verwirrung perfekt zu machen, sondern nach ihrer Verdeutlichung eine realistische Orientierungsstruktur zu entwickeln. Allerdings, zuviel dürfen wir auch von diesem Versuch nicht erwarten. Empirisch zu ermittelnde Naturgesetze, die in Formeln von mathematischem Wahrheitsgehalt, von immaterieller Ästhetik ausgedrückt werden können, gibt es für die Werte des Menschen nicht – auch wenn Gegenteiliges immer wieder behauptet wird. Unser Wertesystem ist einem unentrinnbaren Wandel unterworfen. Das ist der Evolution immanent. Der Wandel ist deren Naturgesetz.

Da bei diesem Thema kritische und vehement verteidigte *Zonen unseres psychischen Orientierungssystems* berührt werden, muß ich den Leser vorwarnen. Niemand läßt sich gern aus seiner Heimat vertreiben, auch nicht der geistigen, es sei denn der dortige ideologische Druck sei für ihn bereits unerträglich geworden. Es ist aber erstaunlich, wie oft man sich selbst dann nicht hinaustraut.

Nach entsprechenden diesbezüglichen Erfahrungen mit Repräsentanten verschiedenster Ideologien fürchte ich, daß wegen des folgenden fast jeder irgendwo verärgert wird, sich und die Menschheit gar zutiefst gekränkt fühlt, vielleicht gerade, nachdem ihm der letzte Satz vorher noch Balsam für die Seele bedeutete. Aber es hilft nichts, in einem vor dem Einsturz knirschenden Haus unter der erfahrungsgemäß Sicherheit und Wärme bietenden Bettdecke Schutz zu suchen und diese immer fester zu ziehen. Die alten Strukturen lassen sich zwar lange, aber nicht beliebig lange erhalten in einer an Wissen und Macht erweiterten Welt. Wer zu spät kommt, den bestraft das Leben, hatte GORBATSCHOW im Zusammenhang mit den realitätsfernen Strukturen der DDR 1989 vor deren Zusammenbruch gesagt. Auf fremde zerbröckelnde Konstrukte genüßlich hinzuweisen, bewahrt uns eine Zeitlang davor, prinzipiell gleichartige Strukturen in uns selbst wahrzunehmen. Kriege entlasten bekanntlich von Schwierigkeiten im Innern.

Das Phänomen 'Werte' sei zunächst im allgemeinen, dann bezüglich der Auswirkungen auf die Umwelt in speziellen Fällen behandelt. Schließlich wird noch versucht, die biologische Ursache für die Etablierung eines doch recht stabilen und habituell konservativen Wertesystems vor dem Hintergrund der Evolution unter Einbeziehung psychologischer Theorien zu klären.

Kontrastverstärkung

Die Natur hat uns mit einem höchst zweckdienlichen Wahrnehmungssystem begabt, welches auch Kontraste, die objektiv nur sehr schwach sind, besonders hervorhebt. Ein schwarzer Strich, den man in einem nur leicht verdunkelten Raum mittels eines Projektors auf eine Leinwand wirft, ist objektiv gemessen noch mindestens genau so weiß wie die Wand es vorher schon an dieser Stelle war. Vor der zusätzlich aufgehellten Umgebung empfinden wir ihn aber als klares Schwarz.

Das ist uns so geläufig, daß es selbst bei Studenten gar nicht immer einfach ist, eine Sensibilität für dieses Problem zu erzeugen. Dieser sinnreiche Mechanismus befähigt uns, auch im Dunst verhüllte Felsen hinreichend deutlich und so hart zu erkennen wie sie es in der Realität auch sind. Er gestattet es uns auch, nur gering differenzierte Töne oder leichte Unebenheiten auf einer sonst glatten Fläche zu unterscheiden.

Ein solcher Mechanismus scheint auch auf höheren Ebenen zentralnervöser Verarbeitung zu bestehen, was sich auch hier in der Regel als sinnvoll erweist. Das kann uns jedoch zu folgenschweren Irrtümern verführen. Zum Beispiel haben darunter die leistungsschwächeren Schüler eines sonst hervorragenden Jahrgangs zu leiden. Sie erreichen möglicherweise das Klassenziel nicht, obgleich man in einer anderen Klasse mit der objektiv gleichen Leistung hinreichend zufrieden gewesen wäre.

Dieses diskriminierungs- und selektionsverschärfende Phänomen der subjektiven Kontrastierung gilt offenbar auch auf weltanschaulicher Ebene. Wir wollen es am Beispiel zweier besonders anhängerreicher Lager studieren, die sich bei der heutigen Wertediskussion gegenüberstehen; es läßt sich dabei nicht vermeiden, daß das von der jeweiligen Gruppe als äußerst provozierend empfunden wird. Die Unterscheidung ist von zweifelhafter systematischer Bedeutung, noch immer aber von erheblicher faktischer. Für die bei uns wahrscheinlich mächtigste Gruppe gibt es nicht einmal einen offiziellen Ausdruck. Sie ist wohl am besten charakterisiert als die der 'Wirtschafts-Konservativen'. Die anderen sind die Marxisten. (Damit ist natürlich nicht das gesamte Spektrum möglicher Positionen abgedeckt.) Die Haltung beider steht sich – das scheint bei Werthaltungen unvermeidbar zu sein – an innerer Widersprüchlichkeit nicht nach, obgleich diese natürlich jeweils nur beim ideologischen Konkurrenten gesehen wird. Die Stärke einer Überzeugung ist nach LICHTENBERG bekanntlich kein Beweis für ihre Richtigkeit.

Vertreter der ersten Richtung berufen sich auf die 'ewigen' Werte einer göttlichen Ordnung, gestützt auf eine sakrosankte Offenbarung, treten mit der in 'heiligen' Kriegen üblichen Entschlossenheit etwa zum Kampf gegen die Tötung ungeborenen Lebens an und versuchen mit ähnlichen Argumenten jeden Ansatz einer antizipatorischen Geburteneinschränkung in der Dritten Welt zu verhindern. Die (nur unter anderem) aus dieser Verhinderungshaltung resultierenden Elendsszenarien können nicht durch Spendenaufrufe beseitigt werden. Unbewußt fungiert die Not der anderen als 'narzistische Nahrung', als Hintergrund, der wohltuend zur eigenen Höherwertigkeit kontrastiert. Für die geistige Gesundheit des einzelnen ist es förderlich, wenn er sich das Gefühl bewahrt, daß der Bettler, der Arbeitslose und der Alkoholiker an seinem Elend selber schuld ist und daß es persönliches Verdienst ist, wenn es einem gut geht (dazu ein Überblick bei FILIPP/FREY 1988; STROEBE 1988).

Anderseits kämpfen die typischen Vertreter dieser Gruppe mit den psychologisch interessantesten 'rationalen' Argumenten für die bedrohte 'Freiheit' auf dem Weltmarkt, wenn es um den Absatz der eigenen Ware geht, oder um die 'Freiheit' auf deutschen Autobahnen, wo recht urtümliche Mechanismen wirksam werden, und *gegen* Tempo 30 in den Städten, wo die meisten der in anderem Zusammenhang mit heiliger Moral geschützten Kinder überfahren werden (das eigene Wohngebiet soll natürlich doch möglichst ganz für den Durchgangsverkehr gesperrt werden).

Sie halten alle Warnungen vor den genetischen Risiken ionisierender Strahlung und vor mutagenen und teratogenen Umweltchemikalien für Hysterie oder Panikmache von Leuten, die demokratisch zustande gekommene Beschlüsse torpedieren wollen, oder sie halten diese Folgen für den unvermeidbaren Tribut an Fortschritt, Wirtschaftswachstum und Vollbeschäftigung (die sonst in noch weitere Ferne rücke). Nach ihrer Ansicht brauchen wir aus ethischen Überlegungen gesteigerten Energieeinsatz und verstärktes Wirtschaftswachstum, um bei sich vergrößerndem Wohlstandsgefälle auf der Welt die Entwicklungshilfe ausweiten zu können, zumal da wegen des sich erschöpfenden Ölreichtums der Anteil der OPEC-Länder zurückgehen werde.

Eine Einschränkung riskanter Technologien halten sie in gläubiger Erwartung des Keynesianischen Paradieses für unverantwortbar. Die kostspielige und lebensfeindliche Gestaltung der Umgebung durch Asphalt, Beton, Biozide und andere Sauberkeitssynonyma unserer Kultur ist ihnen gar nicht bewußt. Schließlich haben wir nach ihrer Ansicht den biblischen Auftrag des *dominium terrae*, also uns die Erde untertan zu machen. Die säkularisierten Vertreter werden eher von einer humanitären Verpflichtung zur Minderung menschlichen Leidens reden.

Es ist erstaunlich und kann hier nur angedeutet werden, was an Widersprüchen in einen – nach gängigen Kriterien – kerngesunden Kopf hineinpaßt und als durchaus logisch und moralisch vereinbar erlebt wird. Der eigene Standpunkt ist synonym mit 'gut', Motivation durch Eigennutz oder eine ideologiebedingte Wahrnehmungsverengung werden gemäß unserer Illusionsfähigkeit nicht nur nicht erkannt, sondern virtuos verschleiert, auch mit wissenschaftlichen Methoden. Denn man hat gelernt, Egoismus ist die Ursünde schlechthin und muß deshalb anders – zum Beispiel als Spende – verbucht werden.

Als kontrastreicher Widerspruch, als dem Reich des Bösen angehörig, werden dagegen alle Andersdenkenden erlebt und meist nur als homogene Masse wahrgenommen (ähnlich wie alle schwarzhaarigen Ausländer). Vorurteile werden gewöhnlich sorgsam gepflegt, möglichst in einer Weise, die das Selbstwertgefühl steigert (Lit. bei STROEBE 1988). Hier erweist sich am Beispiel der verstärkten Kontrastwahrnehmung einmal mehr, daß evolutiv bewährte, zur Erhaltung des eigenen Genoms einst nützliche Mechanismen bisweilen verhängnisvoll sein können.

Nach leidvollen Diskussionserfahrungen muß ich annehmen, daß trotz allen bisherigen diesbezüglichen Äußerungen einige Leser jetzt unterstellen, der philosophische Marxismus solle nun als leuchtender Pfad gepriesen werden. Doch Marxisten kauern genauso ängstlich in ihrem ideologischen Schutzkäfig, wegen ihrer schlechten materiellen Situation vielleicht noch ängstlicher. Sie flattern genauso orientierungslos und aggressiv, wenn ihnen ihr festes Bezugssystem genommen wird. Daß dieses bei ihnen nicht jenseitig begründet wird, scheint hier unerheblich zu sein. Sie können zum Verwechseln ähnliche Lösungsvorschläge und humane Argumente für ihre Destruktivität haben wie ihre Gegner – mit ähnlich inhumanen Auswirkungen. Auf eine Wiederholung kann ich also verzichten. Der Glaube an den wissenschaftlich-technischen Fortschritt ist bei ihnen noch stärker ausgeprägt und hat, auch bei ihnen nicht gebremst durch eine traditionell naturwissenschaftsfeindliche Kirche, religiöse Dimensionen. Und dabei ist er nicht weniger dogmatisch; die einen haben ihren Fall GALILEI, die anderen ihren Irrtum LYSSENKO (dazu z. B. MOHR 1981).

Orthodoxen Kommunisten geht – wie allen totalitär eingestellten Geistern – nichts über menschlich verfügte Ordnung und Einheitlichkeit. Nach BAUER und PAUCKE (1984) kann „bewußte *Naturaneignung* (!?) nur das Werk der ganzen sich herausbildenden kommunistischen Formation sein ... So sind auf allen Ebenen“ ... (des Planungssystems usw., usw.) ... „Änderungen im Sinne einer *einheitlichen Regulation* ökologisch-ökonomischer Systeme erforderlich“ (S. 101, Hervorhebung und Klammereinfügung B. V.). Im Sinne dieser einheitlichen Regulation sollen ‘SO_2-resistente Bäume’ gezüchtet und angepflanzt werden, bis die Luft aufgrund des unaufhaltsamen sozialistischen technischen Fortschritts wieder besser geworden ist.

Umweltchemikalien und Risiken durch die Kernenergie – 'Seveso und Harrisburg' sind nach dieser Art von Orthodoxie nur in anderen Systemen ein Problem. Sie sind an die „Produktivkraftnutzung in ihren kapitalspezifischen Form- und Funktionsbestimmtheiten" gebunden (WESSOLLEK 1984). Wie diese Position 'nach Tschernobyl' (1986) aufrechterhalten werden soll, ist nicht bekannt.

Bekannt ist aber, daß für die westliche Atomlobby ein solches Unglück nur in einem kommunistischen System passieren konnte. (*Vor* bekannt gewordenen Unfällen war die Atomenergienutzung allerdings noch überall auf der Welt sicher, ausdrücklich auch der Unglücksreaktortyp.) Gleichbleibende Argumente verselbständigen sich bei Bedarf und bemächtigen sich der gegnerischen Vertreter und hüllen ihren oft hoch entwickelten Verstand in mildtätigen Nebel.

„Wer jedoch die ökologische Krisendiagnose, wie es beinahe durchgängig in der ‚ökologischen Philosophie' geschieht, auf den stofflich-materiellen Charakter des Arbeitsprozesses, der Natureingriffe, der hergestellten Produkte usw. reduziert, verkennt bereits im Ansatz die tatsächlichen Ursachen und Folgewirkungen der ökologischen Krise, die erst die Analyse der kapitalistischen Produktionsform, des Verwertungs- und Profitstrebens, der monopolistischen Akkumulationsformen und -prozesse, der warenförmigen Gebrauchswert-Gleichgültigkeit des Kapitals usw. erschließen kann." (WESSOLLEK 1984, S. 162) Dieses mag ohne Kommentierung reichen, zumal die ökologischen Enthüllungen nach Öffnung des Eisernen Vorhangs hinreichend schockierend auf uns wirken.

Man sieht, mit welch ausgeprägtem Wertgefühl im Sinne der einmal anerkannten Plausibilitätsstruktur operiert wird. An dieser Stelle soll noch nicht auf zweifellos bestehende Zusammenhänge zwischen Gesellschafts- bzw. Wirtschaftssystem und Umweltproblemen eingegangen werden. Die wenigen oben angeführten Beispiele bestätigen die im Kapitel über die Illusionen gemachten Aussagen, daß man dieselbe Welt sehr unterschiedlich wahrnehmen und stets von seiner eigenen moralischen Überlegenheit bzw. der des Wertesystems, in dem man (subjektiv) lebt, zutiefst überzeugt bleiben kann. Von lächerlichen Tatsachen läßt man sich – genau wie im magischen Weltbild – nicht beeindrucken. Weiterhin steht man für seine Werte ein, die man für unverrückbar hält – zumindest solange ein passendes Autoritätssystem dahinter steht – auch wenn die Welt darüber zugrunde geht.

Man interpretiert und ordnet die Wahrnehmung soweit um, bis sie in den neuronalen Kosmos paßt – zumindest solange das irgend möglich ist, und das scheint erstaunlich lange der Fall zu sein. Verachtet, mit allen Mitteln bekämpft und möglichst in *eine einzige Kategorie der Gegner* gesteckt werden, je nach Standpunkt, die Kapitalisten, die Glaubens- und Klassenfeinde beziehungsweise die (auf jeden Fall linken) Systemveränderer und neuerdings auch diejenigen, die aus ökologischen Erwägungen unser derzeitiges zivilisatorisches System in Frage stellen, kurzum alle, die nicht der eigenen Identifikationsgruppe angehören.

Die Welt in Freunde, denen man hilft, und Feinde, denen man schadet, einzuteilen, scheint eine der besonderen Lernbereitschaften des Menschen zu sein (WILSON 1980). Sie hat eine demgemäß alte Tradition. LLOYD-JONES (1987) weist darauf hin, daß sie im oft romantisch verklärten Altertum noch ausgeprägter als heute war. Diese erfreuliche Tendenz weg vom Schwarz-Weiß-Denken, unterstützt durch die dramatischen weltpolitischen Entwicklungen in jüngster Zeit, lassen hoffen, daß diese fatale Lernbereitschaft vielleicht doch kulturell überwunden werden kann. Weltweit verteilter saurer Regen bewirkt massive Auflösungserscheinungen auch im Beton der Köpfe – hoffentlich rechtzeitig.

Die Disposition des Menschen, an bestimmten Werthaltungen weitestgehend unbeirrbar festzuhalten, müssen wir aber weiterhin registrieren. Es ist eine interessante Frage, wie sie evolutiv zustande kommt, was daran genetisch einprogrammiert und was sozialisationsbedingt ist. Sie soll noch zurückgestellt werden; als Tatsache können wir aber schon festhalten, daß unsere zur Zeit allgemein etablierten Werthaltungen nahezu auf der ganzen Welt eine gewaltige Schubkraft in Richtung Umweltzerstörung entfalten. Einzelne wichtige Teilbereiche werden zunächst herausgegriffen.

Wachstum

Daß in einem begrenzten System unbegrenztes Wachstum nicht möglich ist, ist eine Binsenweisheit, die dennoch nicht allgemein begriffen wird. Oder man hat sehr wirksame Mechanismen, diese Erkenntnis zu verdrängen. In Ost und West und auch in der sogenannten Dritten Welt ist das offizielle Ziel: weiteres Wachstum der Wirtschaft – was immer dies sei. Dieses endlose Wachstum wurde in einer Atmosphäre vertreten, in welcher wachsender Energieeinsatz als notwendige Voraussetzung dafür galt ('Sowjetmacht plus Elektrifizierung' – 'Atomenergie ohne Wenn und Aber'). Zweifel waren ganz schlicht 'nicht erlaubt', wie eine entlarvend doktrinäre Redewendung lautet.

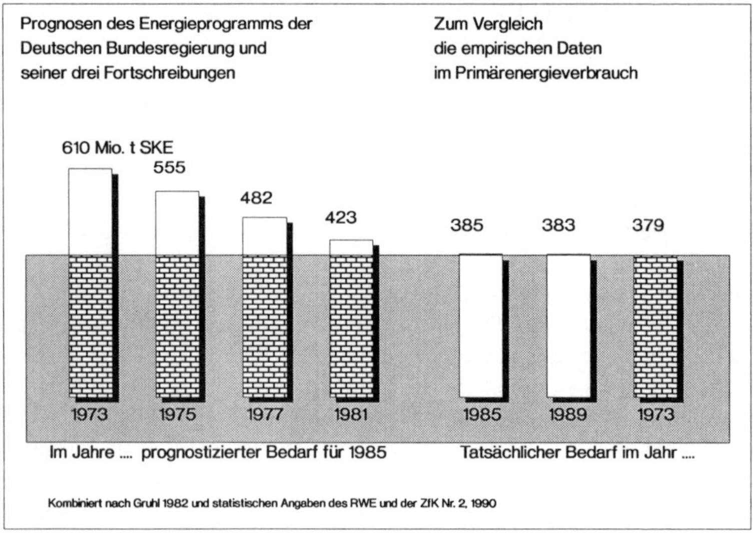

Abb. 6

Obgleich zum damaligen Zeitpunkt das Kopplungsdogma in wirtschaftspolitischen Kreisen noch unangefochten bestand, hatte man in der Bundesrepublik 1967 das Wirtschaftswachstum gesetzlich im Stabilitäts- und Wachstumsgesetz festgeschrieben und „damit unsere endliche Erde in einen unendlichen Planeten umwandeln“ wollen (Gruhl 1982). Entsprechend hatte man sich – wie in den ebenfalls wachstumsorientierten Planwirtschaften – auf die vorgesehenen Zuwächse im Energiesektor (planungstheoretisch) eingerichtet. Nach den Prognosen und Zielsetzungen von 1973 – dem Jahr der ersten Ölkrise – müßten wir in der Bundesrepublik inzwischen schon ungefähr den doppelten jährlichen Primärenergiebedarf haben, bei weiter steigender Tendenz, gedeckt mit viel mehr Kernenergie und *zusätzlich* mit noch mehr fossilen Brennstoffen mit allen Schadstoffen, CO_2-Emissionen und der ökologischen ‘Beschaffungskriminalität’ als da sind: ölbedeckte Meere und Küsten, Mondlandschaften von Gruben und Halden. Wie man sieht, ist es manchmal ein Segen, daß Illusionen bestimmter Branchen und Politiker von der Realität nicht erfüllt werden. Abbildung 6 zeigt, daß die Prognosen für 1985 immer bescheidener werden, je näher das Datum rückt – wie bei einem kleinen Prahlhans, wenn die Stunde der Wahrheit naht. Uns hatte man immer gesagt, mehr als geplant, könne man nicht sparen – der Markt hat aber trotzdem, obgleich man gar nicht ernsthaft wollte.

1972 schreckte der Club of Rome eine breite Öffentlichkeit mit dem Buch ›Die Grenzen des Wachstums‹ (MEADOWS et al.) auf. Um das Wesen von Wachstumsprozessen plausibel zu machen, wird dort auf einen französischen Kinderreim Bezug genommen, in dem vom Blatt einer Wasserpflanze die Rede ist, welches sich jeden Tag in der Fläche verdoppelt. Nach langer Zeit ist eines Tages ein Viertel der Fläche bedeckt, den Tag darauf die Hälfte – noch immer ist ja viel Platz auf dem großen Teich – und was passiert noch einen Tag, einen einzigen Tag später?

Bei jährlich 10% Wachstum haben wir eine Verdopplungszeit von 7 Jahren (gemäß der praktischen, hier nicht in ihrer Herleitung begründeten Faustformel: Verdopplungszeit = $\frac{70}{\text{Prozentsatz}}$). Wenn Sie es nicht auswendig wissen, haben Sie Gelegenheit zu einem kaum zeitaufwendigen Gedankenexperiment: Wie hoch schätzen Sie (nicht gleich rechnen!), wird ein Ausgangskapital von 1000 DM, das Sie festverzinslich zu den günstigen oben angegebenen 10% vielleicht für Ihr hoffnungsvolles Patenkind angelegt haben, damit es nach dem 70. Lebensjahr (10 Verdopplungszeiten) einen sorgenfreien Lebensabend hat?

Nun die Antwort: Das Glückskind ist dann satter Millionär [1000 DM $\times$ 2^{10} = 1024000 DM]. Dessen Enkel, falls der Wachstumsprozeß mathematisch weiter fortschreiten kann, würde im entsprechenden Lebensabschnitt gar Milliardär. Der Verfielfachungsfaktor beträgt nach jeweils 10 Verdopplungszeiten rund 1000 (genau 1024). Bescheidenere Prozentzahlen in den Wachstumsraten würden daran nichts ändern, nur der Zeithorizont würde dadurch (überraschend wenig) gedehnt.

Die Rechnung stimmt schon, man kann also sehr einfach Dynastien von Plutokraten gründen. Nur gibt es einige Schwierigkeiten mit der außermathematischen Realität, unter anderem dadurch, daß das Geld entweder vorher ausgegeben oder durch widrige Umstände, wie Inflationen usw., verzehrt wurde. Viel wichtiger ist aber, daß die besagte mathematische Gesetzmäßigkeit nicht nur für Geld, sondern auch für höchst unerfreuliche Dinge wie Müll, die Ansammlung von persistenten Giften in der Biosphäre und auch für den *Schwund* von Ressourcen gilt. Diese sind dann, soweit sie zunächst gleichbleibend erreichbar sind, ganz plötzlich nicht mehr da, wie die Wasserfläche in dem besagten französischen Gartenteich. Man kann sich das aufgrund mangelnder Gehirnausstattung ganz schlicht nicht recht vorstellen (vgl. Kap. 2). Vielleicht ist es zusätzlich noch die eingepflanzte unzerstörbare Hoffnung, das zweite Geschenk des Prometheus, die hier die Vorstellungskraft unterdrückt.

Diese *mathematische Art von Wachstumsgesetz* gilt natürlich auch für Vermehrungsvorgänge in der Natur. Und wie in unserer staatlichen Gesetzgebung ist es auch dort ergänzt durch ein *Stabilitätsgesetz,* nur im einzelnen ganz anders. Es ist erdgeschichtlich – und nicht nur nach Legislaturperioden – bewährt. In der Natur geht es ja auch nicht um Geldvermehrung und -wertstabilität, sondern um die unvermeidbare Selbstregulierung eines Systems, das zwar unbegrenzt entwicklungs- aber nicht unbegrenzt wachstumsfähig ist. Das Stabilitätsgesetz der Natur besteht in der harten Tatsache, daß die Ressourcen schlicht begrenzt sind und auf lange Sicht *jedem Wachstum ein gleich großer Abbau* an anderer Stelle entsprechen *muß*.

An dieser Tatsache kommt auch der Mensch mit seiner 'Naturaneignung', '-beherrschung' oder seinem 'Untertanmachen' nicht vorbei. Dagegen helfen weder Ideologien noch Mehrheitsbeschlüsse. Die Natur bleibt immer in ihren Gesetzlichkeiten unbeeindruckt von den Vorstellungen des Menschen und den Gesetzen, die er erläßt. So war es, wie bereits behandelt, die einzige Chance für unseren Erkenntnisapparat, sich darauf einzustellen – allgemein geschah das ja mit Erfolg. Wie kommt es nur, daß wir solche Probleme mit der Realitätswahrnehmung haben, wenn es um Wachstum geht?

Das ist nun gar nicht schwer zu verstehen, wenn wir uns vergegenwärtigen, daß sich unser Denkapparat nach den in der Umwelt unserer frühen Vorfahren üblicherweise bestehenden *praktischen Anforderungen* optimiert hat und nicht nach noch so unumstößlichen mathematischen Wahrheiten, wenn diese für die Lebewesen niemals materielle Bedeutung bekamen. Eine solche Anforderung war, Wachstum wie alle positiv bewerteten Dinge zu begrüßen und zu fördern, und nicht, ein Problem darin zu sehen. Wachstum als Wert, meint MOHR (1987), sei in uns genetisch verankert. 'Zahlreich wie der Sand am Meeresstrande' sollte der Nachwuchs alttestamentarischer Patriarchen sein. Das war in der alten Menschheitsgeschichte der biologische Fitnessimperativ. Er befindet sich jetzt auf dem Marsch durch die kulturellen Institutionen. Hohe Sterblichkeit, Widrigkeiten der Natur und Krankheiten sorgten schon dafür, daß diese Verheißung nicht zu wörtlich eintrat.

Wenn die genannten Mechanismen der Bevölkerungsregelung versagten, mag es auch aufgrund des Bevölkerungsdrucks zu Kriegen gekommen sein. Das ist innerhalb der Logik der Evolution zu erwarten. Zumindest die *Möglichkeit* dieses Verhaltens ist den meisten Menschen, wie die Wirklichkeit zeigt, angeboren. Gene, die dieses sogar zum Völkermord neigende Verhalten förderten, breiteten sich im Zweifel stärker aus als solche von weniger Nachwuchs- und Expansionsfreudigen (vgl. REYNOLDS et al. 1987).

Das schließt natürlich nicht aus, daß sich unter manchen Umständen kulturelle Begrenzungsmechanismen der Bevölkerungsregulation entwickelt haben, die evolutionär stabil waren, wie sie analog auf rein genetischer Basis auch bei manchen Tierarten nachweisbar sind. LACK wies als erster in umfangreichen Untersuchungen nach, daß zum Beispiel Kohlmeisen ihre Gelegegröße dem Ressourcenangebot im Verhältnis zur Populationsdichte anpassen (Lit. z.B. bei KREBS/DAVIES 1984). Aber auch hier läßt sich eine Maximierungstendenz für die Zahl der jeweils *eigenen* Nachkommen nachweisen. Bei zu großen Gelegen würde man nämlich überhaupt kein Junges aufziehen können. Dieses weise Programm ist der Erfolg eines *phylogenetischen Lernprozesses*. Wir wissen, wie ein solcher erfolgt: Unsagbar viele Jungtiere aus Gelegen, die in ihrer Mitgliederzahl nicht dem Ressourcenangebot angepaßt waren, sind elend verhungert. Das unflexibel auf Wachstum setzende Genom ihrer Eltern konnte sich so nicht vererben. Das Leiden ist der Preis des Lernens, befand AISCHYLOS. Hier zumindest trifft das mitleidlos zu.

Nicht immer wird das so bewußt formuliert worden sein, wie HAN FEI-TZU das schon vor zweieinhalb Jahrtausenden vorrechnete, was passiert, wenn „die Menschen meinen, fünf Söhne seien nicht zuviel ...". Bei dieser Rate ergeben sich schon 25 Enkelsöhne (die zusätzliche Zahl der Töchter taucht in dieser Rechnung gar nicht auf; dann wären es 50 Enkel). Es werden „immer mehr Menschen und der Reichtum schwindet dahin; sie arbeiten hart um geringen Lohn" (zit. n. MEADOWS 1972). Ein früher MALTHUS des fernen Ostens.

Von *Natur aus* ist mit dieser Weisheit beim Menschen nicht zu rechnen, und demgemäß fand ein später Landsmann des HAN, dessen Ansichten bei Milliarden Menschen in aller Welt gepriesen wurden, nämlich der Große Vorsitzende MAO TSE DONG, den Kinderreichtum Chinas zunächst eine großartige Sache, die eine machtvolle Zukunft garantierte. Das ist eine Haltung, die dem von den Genen nahegelegten Wertgefühl der Massen entspricht, besonders, wenn sie nationalistisch-religiöse Züge enthält ('Gott ist nichts anderes als das chinesische Volk'). Das alles dürfte der deutschen Volksgemeinschaft nicht ganz fremd klingen. Heute sieht man das Bevölkerungsproblem in China sehr viel realistischer, und es scheint, daß dort die in anderen nichtindustrialisierten Ländern bereits im Gang befindliche Überbevölkerungskatastrophe mit den Mitteln kultureller Einflußnahme vermieden werden kann.

Eine *biogenetische* Sicherung gegen Überbevölkerung, wie wir sie bei den Meisen kennen gelernt haben, war beim Menschen offenbar bislang nicht gefragt. Jedenfalls hat sein Genom diesen Lernprozeß noch nicht vollzogen. Allerdings gibt es auch bei sogenannten primitiven Kulturen *tradigenetische* Möglichkeiten, die durchaus dasselbe bewirken können. Buschmannfrauen in der Kalahari bekommen im Durchschnitt ihre Kinder im langen Abstand von vier Jahren. Dieser Verzicht auf eine hohe Geburtenzahl bedeutet aber letztlich, daß sie die Zahl ihrer langfristig überlebenden Nachkommen maximieren (VOGEL 1988; VOGEL/VOLAND 1988). Doch eine hinreichend rasche Selbstorganisation vergleichbarer kultureller Mechanismen in anderen Ländern ist nicht zu erhoffen. Sie würde sehr lange dauern und wird vor allem verhindert durch kulturelle Interferenzen, die aufkommende Traditionen im Reproduktionsverhalten schon *in statu nascendi* zerfallen lassen.

Wachstumsprozesse im Bereich des freibeutenden oder primitiv wirtschaftenden Menschen konnten in ihrer ungehemmten Konsequenz niemals wahrgenommen werden. Das Wild oder die Pflanzen, die im Laufe eines Vermehrungszyklus heranwuchsen, sie wurden währenddessen so weit dezimiert oder durch ökologische Regulationsmechanismen begrenzt, daß ihre Zahl langfristig konstant blieb. Insbesondere, wenn sie Ressourcen für den Menschen darstellten, war sogar stets zu befürchten, daß ihre Zahl abnahm, daß deren Wachstum also nicht ausreichte.

Infolge von Wachstum mit Ressourcenschwund zu rechnen, dafür gab es während der Anthropogenese keinerlei Veranlassung. Das wäre im allgemeinen einer der unsinnigsten Gedanken gewesen, auf die man verfallen konnte. Speziell *im Falle des Wirtschaftens durfte Wachstum nur als positiver Wert erlebt* werden. Sonst hätte eine Kultur ihre Fitness verloren.

Was der Erhaltung des Genoms dient, wird zweckmäßigerweise mit Trieben gesichert und deren Ausführung mit Lusterleben belohnt. Jedenfalls ist das so bei den alten Lebensnotwendigkeiten wie Nahrungsaufnahme, Sexualverhalten und Brutpflege. Ob sich die positive Wertung von Wachstumsprozessen auch im Genom niedergeschlagen hat, ist vorläufig schwer zu beweisen. Denkbar ist, daß hier im einzelnen eine große Variabilität besteht, eine balancierte Polymorphie innerhalb einer Population, wie sie im Kapitel über den Altruismus bereits postuliert wurde. Wahrscheinlich wird die erstaunliche

Bewertungsstabilität des Wachstums aber vorwiegend tradigenetisch gesichert.

Nicht spekulativ ist, daß kein Selektionsdruck zur intuitiven Erfassung der Folgen exponentiellen Wachstums bestand. Von seiten angeborener Wahrnehmungspräferenz bei positiv erlebten Dingen kann eine skeptische Bewertung von Wachstumsprozessen nicht erwartet werden. Ferner hat zumindest unsere Kultur insbesondere das Wirtschaftswachstum zu einem absoluten Wert stilisiert, dessen Hinterfragung ihren Urheber in vieler Leute Augen aus der Gemeinschaft der anständigen Menschen ausgrenzt.

Für den „zum Ökonometiker gewordenen Wirtschaftswissenschaftler" ist „die Vorstellung, daß es sich um krankhaftes Wachstum handeln könnte, um ungesundes, zerstörerisches oder schädliches Wachstum ... eine widernatürliche Vorstellung, der man nicht nachgehen darf", schreibt E. F. SCHUMACHER (1981, S. 43), selbst Ökonom und Manager. Er befürchtet, daß die Wirtschaftswissenschaft in ihrem doktrinären Festhalten am Wachstum einem ähnlichen Irrtum erliegt wie die mittelalterliche Theologie, die physikalische Fragen anhand von Bibelzitaten lösen wollte.

Freilich hatte schon die Weisheit des Altertums die Sage von König Midas erzeugt, dem alles zu Gold wurde, was er anpackte, zum endlos wachsenden Zahlungsmittel und Machtsymbol. Dieser sagenhafte König war wohl der erste, der erfuhr, daß man Geld nicht essen kann.

Ordnung und Sauberkeit

Das sind Tugenden, gegen die man zunächst einmal gar nichts haben kann. Sie standen im Katalog der Erziehungsziele stets ganz oben. Sie weisen ihren Träger als zivilisiert und beherrscht aus und heben ihn wohltuend ab vom 'Wilden' und vom im Schmutz wühlenden Tier, welches in seiner ungezügelten Gier die Suhle nur verläßt, um im akkuraten Garten sämtliche Kultur zu zerstören. Der garstige Struwwelpeter ist das abschreckende Beispiel zur Erzielung zivilisatorischer Wohlanständigkeit.

In der Tat, nun ernsthaft, die gesamte Evolution ist ein Prozeß sich steigernder Ordnung gegen die chaotische Beliebigkeit des Zufalls, wie schon im Kapitel über Gleichgewicht und Entropie deutlich geworden sein sollte. Je tiefer man in das Verständnis dieser Ordnung und der ordnenden Prinzipien eindringt, desto faszinierender werden die Details. Nun ist das eine Ordnung, die nur sehr mühsam und nur teilweise zu begreifen ist. Global und innerhalb der Ökosysteme ist das eine freiheitliche, sich selbst organisierende Ordnung, für welche unsere menschlichen Wertungs- und Moralbegriffe allerdings, wie erwähnt, völlig ungeeignet sind. Innerhalb der einzelnen Organismen, innerhalb ihrer Zellen bis hin zur Steuerung durch das kodierte Schriftband der DNA wird der Zufall thermischer Kinetik durch strengste Ordnung genau sortiert und hierarchisch gesteuert mit vielen Rückkopplungsschleifen. Nur so kommen Organismen zustande, die in diese Welt passen, sie gestalten, mit ihr fertig werden, die sogar, wie wir Menschen, einen Erkenntnisapparat entwickelt haben, mit dessen Hilfe sie die derzeitige Ordnung gefährlich beeinflussen, und zwar gefährlich auch für sich selbst. Schließlich ist die Evolution des belebten Kosmos im wissenschaftlichen Sinne eben doch ein 'chaotischer Prozeß' mit einem eigentümlichen unberechenbaren Entwicklungspotential.

Die *raison d'être* der Gene ist ihr eigenes Überleben. Da jede Zelle zunächst über ein vollständiges Genom des jeweiligen Organismus verfügt und genetische Veränderungen auch innerhalb des Körpers (somatische Mutationen) natürlich nicht ausgeschlossen sind, ist durchaus zu erwarten, daß einzelne Gene aus dieser rigiden Ordnung ausscheren und ihre 'persönliche' Vermehrung betreiben, ganz wie der offensichtlich ungerichtete Opportunismus der Evolution es erwarten läßt. Solche Zellen unterwerfen sich nicht mehr dem Gesamtprogramm, sondern fangen an, ungehemmt zu wachsen. Und innerhalb dieser – im Sinne des bisherigen Ordnungsgefüges entarteten – Zellpopulationen sind es wieder die mit der rücksichtslosesten Wachstumsfähigkeit, die den Charakter des neuen Gewebes bestimmen (Knippers 1976). Die im Sinne des Ganzen vernünftigen und bescheidenen haben in solcher Umgebung keine Chance mehr. Die lokalen Evolutionsbedingungen begünstigen selektiv den rücksichtslosen Expansionstyp. Man fühlt sich an Dawkins' Vergleich mit dem Gangstermilieu erinnert, in dem auch nicht gerade der mit viel Rücksichtnahme und Bescheidenheit Belastete sehr alt zu werden pflegt.

Doch jetzt ist die Rede von Körperzellen, die in Proliferationsfähigkeit wetteifern, das heißt: von *Krebs*. Beim Darmkrebs hat Vogelstein inzwischen eine ganze Kaskade solcher genetischer Änderungen in Richtung hemmungslosen Wachstums genau analysiert (FAZ Nr. 38, 1990). Wenn eine chirurgische, physikalische oder chemische Therapie nicht gelingt – und all diese Möglichkeiten hat es ja früher nicht gegeben –, dann bedeutet dies das Ende des Organismus und damit auch das Ende seiner gesunden wie seiner krebsentarteten

Gene, für die es, wie für alle Mutationen, keine Möglichkeit gab, das vorherzusehen. Diese mutieren ohne Ziel, reüssieren in ungeahnter Weise bei ungehemmtem Wachstum – aber nur für kurze Zeit. Dann stirbt der ganze Klon aus, mitsamt seinem Wirt. Das ist keine stabile Strategie.

Jedoch Organismen, die ein Genom besitzen, welches über die Anweisung verfügt, eine eigene Ordnungspolizei aufzubauen, die alle 'kriminellen' Elemente, die sich nicht ins Ordnungsgefüge eingliedern, schon *in statu nascendi* 'resozialisiert', soweit das noch möglich ist, oder entfernt, wenn das nicht mehr geht – ein solcher Organismus bzw. sein Genom hätte bessere Ausbreitungschancen.

In der Tat hat die Evolution derartiges hervorgebracht. Wir selbst verfügen ja, wie andere Arten auch, über einen solchen, bewährte Ordnung erhaltenden genetischen Reparaturmechanismus und über ein hochsensibles Immunsystem, welches als fremd erkanntes Gewebe eliminiert. Nur, wie alles auf der Welt, sind diese Systeme eben nicht perfekt. Sie können versagen oder unterlaufen werden. Und dort, wo eines dieser beiden konservativ Ordnung haltenden Systeme vorgeschädigt ist, bricht das Chaos der Entdifferenzierung des Lebens besonders leicht herein. Das heißt, das Krebsrisiko ist in diesen Fällen stark erhöht.

Es ist also unbestreitbar, daß Ordnung ein besonders hohes, vielleicht – hinreichend tief betrachtet – das höchste Gut ist, nämlich für Leben absolut unverzichtbar. Das gilt, solange wir differenziertes Leben als Wert bezeichnen (was zugegebenermaßen rational nicht näher begründbar ist). Nun wird das wieder alles in Frage gestellt von einigen universitären Ökologen, philosophierenden Schriftstellern und anderen, die man gerne als störende Außenseiter abstempelt, die behaupten, einer der wichtigsten Gründe für unsere Umweltprobleme liege im hochgehaltenen Tugendpaar von Ordnung und Sauberkeit. Und das, wo man täglich von der Schmutzbelastung der Gewässer hört und wo nach Kommentaren anspruchsvoller Zeitungen die erschreckende Zahl von Krankenhausinfektionen doch überdeutlich zu beweisen scheint, daß die jungen Mediziner und das Pflegepersonal durch dieses unverantwortliche Gerede offensichtlich nicht mehr das richtige Verhältnis zur deutschen Tugend der Sauberkeit haben.

In der Tat ist auch Sauberkeit eine wichtige Strategie, die funktionsfähige Ordnung eines Organismus aufrechtzuerhalten, sich zum Beispiel vor Vergiftungen und Infektionen durch Parasiten zu schützen. Große Teile des Verhaltensrepertoires vieler Tiere sind diesem Problemkreis zuzuordnen, vom Putzen der Katzen über die sorgsame

Gefiederpflege der Vögel, das Hinaustragen hautverpackter Kotbällchen bei Singvögeln und das pedantische Säubern der Bienenstöcke bis zur Aufgliederung des Geländes in Kot- und Weideplätze bei Huftieren oder Kaninchen. Schon bei Tieren können sich Verhaltensprogramme vom ursprünglichen Zweck der Hygiene lösen und ganz anderen Zielen dienen, zum Beispiel solchen der Gruppenbildung. Die gegenseitige Fellpflege der Affen ist dafür ein Beispiel, ein anderes ist das Gefiederputzen im Balzritual vieler Enten.

Hygiene und Krankheit

Auch in der Phylogenese des Menschen haben Hygieneprobleme mit Sicherheit immer eine große Rolle gespielt. Insbesondere bei zunehmender Verdichtung der Wohnformen in seßhaften Kulturen war eine rasche Anpassung des Hygieneverhaltens an die neuen ökologischen Gegebenheiten notwendig. Schimpansen wären für solches Leben völlig ungeeignet. Mit Sauberkeitsdressur hat bei ihnen noch niemand Erfolg gehabt.

Der Mensch aber ist zivilisierbar. Rituelle Waschungen oder bestimmte Siedlungsformen mögen sich oft bewährt haben, oft aber auch nicht. Sicherlich war es schon während der Steinzeit sinnvoll, auf Bergen zu siedeln, wenn in den sumpfigen Niederungen Malaria herrschte, wenngleich die Vorstellung, daß die sumpfgeschwängerte Luft krank machte (*mal aria* = schlechte Luft), an der eigentlichen Ursache, nämlich dem durch Mücken übertragenen Einzeller *Plasmodium*, vorbei geht. (Entscheidend ist aber letztlich, daß man das Richtige tut, nicht ob man es mit der richtigen oder der falschen Begründung tut.)

Daß man sich in anderen Fällen Infektionen über das Brunnenwasser, welches durch die benachbarte Latrinengrube verunreinigt wurde, zuzog, war den Menschen im Mittelalter ebenfalls nicht geläufig. In diesem Fall wirkte sich die sonst so erfolgreiche Miasma-Theorie, eben die Vorstellung, daß es die fäulnisverdorbene Luft war, die krank machte, verhängnisvoll aus. Innerhalb dieses Theoriegebäudes befangen, erkannte man keinen Grund zur Verhaltensänderung. Weiterhin legte man den Abtritt außerhalb des Hauses an, wodurch er nicht selten genau neben den Brunnen geriet.

Trotzdem war es auch in Mittel- und Nordeuropa irgendwie schon sinnvoll, die Nähe von Fäulnisprozessen durch Fäkalien, Tierkörper und Leichen zu meiden. Doch hätte man nicht, wie beispielsweise im mittelalterlichen Lübeck, zu diesem Zwecke die Schlachthausabfälle gerade oberhalb der Schöpfwerke für die städtische Wasserversorgung in die Wakenitz leiten dürfen. „Nicht Schlendrian und Gleichgültigkeit, sondern die bewußt eingesetzten Methoden zu einer effizienten Abfallbeseitigung ohne Beeinträchtigung des Wohnumfeldes schädigen Grundwasser und Oberflächenwasser, führen also zu dem anthropogenen Infektionskreislauf Mensch – Abfallentsorgung – Wasser – Mensch“, schreibt Dirlmeier (1987, S. 158) in diesem Zusammenhang. Der Gesundheitsstatus der Menschen, ihre Belastung durch Endoparasiten, muß damals niederschmetternd gewesen sein (dazu Herrmann 1987).

Die kausalen Zusammenhänge blieben allgemein unklar – bis weit in die Neuzeit. Und jetzt wissen wir fast alles und machen alles richtig – meinen viele, unserem Hang zur Illusion und zum Aberglauben folgend. Doch in Wirklichkeit hat sich die Situation bei allem unbestreitbaren Wissenszuwachs in den Dimensionen eher verschärft. Wir wissen nicht, wohin mit dem Atommüll, aus vermeintlich harmlosen Hausmülldeponien sickert Gift und entweicht Methan, das den Treibhauseffekt verstärkt. Aus manchen Sonderdeponien und wilden Kippen werden alle möglichen Ultragifte ausgewaschen, die Abgasfahnen der Verbrennungsanlagen erweisen sich als bedenklicher als man glaubte. Trotz dieser unvorhergesehenen Probleme erklären die Fachleute der partiellen Kompetenz gewöhnlich: „Es gibt keine unbekannten Risiken.“ Dies bekam ich zum Beispiel während eines Expertenhearings zum Thema Gentechnologie im Landtag von Nordrhein-Westfalen zu hören. Inwieweit bei solchen überzeugt vorgetragenen Positionen nur der Hang zum vereinfachten Denken und nicht auch die damit verknüpfte Unsumme Geld, Macht und Ansehen eine Rolle spielten, ist schwer abzuschätzen und mit Sicherheit auch den Akteuren nicht bewußt.

Für die allgemeine Hebung des Niveaus der Volksgesundheit ist die Anwendung der neuen epidemiologischen Erkenntnisse tatsächlich die wichtigste Ursache, weniger die Entdeckung der zahlreichen, teilweise auch hochwirksamen Pharmaka und medizinischen Techniken. Was Wunder, daß bei solchen Erfolgen der Erziehung zur Bazillenfurcht die Sauberkeit zum Selbstzweck wurde. Ihr eigentlicher biologischer Sinn blieb bald genausowenig bewußt wie es die Teleonomie von instinktgesteuerten Verhaltensweisen bei den Tieren ist. Und wenn er bewußt wird, ist infolge unserer stets nur begrenzten Welterkenntnis noch nicht gewährleistet, daß dieses auch immer *langfristig* teleonom, also zweckdienlich ist.

Überhygienisch aufgewachsene Kinder sind zum Beispiel nicht nur prädestiniert zu Neurotizismus, sondern auch besonders anfällig gegen Infektionskrankheiten, da das umweltplastische Immunsystem eines begrenzten Trainings bedarf, wie die Statik der Knochen, wie Muskeln, wie das Denken oder die optische Wahrnehmung, damit es auf den Ernstfall dieser Welt eingerichtet ist.

In den Krankenhäusern sind die Infektionen vor allem deshalb, trotz moderner Erkenntnisse und Möglichkeiten, ein solch gravierendes Problemm, weil die Erreger nach der äußerst großzügigen Anwendung antibiotischer Stoffe in der dadurch veränderten Krankenhausumwelt evolutiv *resistent* gegen die chemischen Abwehrmaßnahmen geworden sind. Penicillin, obgleich chemisch noch immer dasselbe Produkt, ist dadurch schon lange nicht mehr das, was es früher einmal war. Ein analoges Problem hat man mit den Schädlingen in der Landwirtschaft, bzw. mit den Mitteln dagegen.

Nun soll hier keineswegs der extreme Standpunkt vertreten werden, chemische Mittel, vielleicht auch gentechnologisch erzeugte, dürften unter gar keinen Umständen eingesetzt werden, vielmehr geht es gegen die irrationale Verselbständigung eines irgendwo vielleicht einmal bewährten Prinzips, ungeachtet der katastrophalen Folgen in einer veränderten (zum Teil dadurch veränderten) Welt. Diese bestehen unter anderem auch in der Verursachung oder Begünstigung von Allergien durch Reinigungsmittel, in der enormen Belastung der 'Vorfluter' und des Grundwassers durch solche Mittel, im Raubbau an den Ressourcen (z.B. Phosphat), in der bedenklichen Kontamination von Nahrungsmitteln und der Luft durch organische Reinigungschemikalien. *Gesundheit, Sauberkeit und Schutz des Lebens verkehren sich hier also in das glatte Gegenteil: in Krankheit, Schmutz und Tod.*

Utopie als Motivation

Ähnlich geht es mit der Ordnung als absolutem Wert. Im unbelebten *Kosmos* (griech. = Ordnung oder Schmuck) ist sie einfach als Voraussetzung wertfrei vorhanden. Ordnungsstrukturen, die darüber hinaus von der belebten Welt im Evolutionsprozeß angereichert werden, müssen die naturgesetzlichen Grundstrukturen (physikalische Gesetze) beinhalten und werden stets an der jeweiligen Realität auf ihre Tragfähigkeit hin überprüft und entwickeln darin ihren Sinn.

Seine Umwelt selbst zu gestalten, eine ihr gemäße Ordnung im oben genannten Sinne hineinzubringen, kann durchaus einer Species ins Verhalten einprogrammiert sein. Die Art, wie Pflanzen wachsen, die tagesperiodischen Bewegungen, die sie ausführen, wie sich ihre Blätter und Blüten nach dem Licht ausrichten, sogar, wie sie einen das Lokalklima günstig beeinflussenden Bestand bilden oder wie Bienen ihre Waben gestalten, wie sie den Brutraum exakt klimatisieren, sind Beispiele dafür.

Der Mensch verfügt aufgrund eines besonderen Reichtums an genetischen Voraussetzungen (LORENZ 1973), nicht etwa aufgrund eines Mangels daran, wie im Gefolge von GEHLEN öfters behauptet wird, über eine ungeheure Vielfalt an Eingriffsmöglichkeiten in die Natur. Insbesondere seit er Ackerbau treibt, wird die Überlebensfähigkeit einer Population entscheidend durch den Grad mitbestimmt, in dem er in seinem Sinne ordnend in die Ökosysteme eingreifen konnte und dieses auch tat.

Es spricht wenig dafür, daß je die Kausalzusammenhänge wirklich durchschaut wurden. Darin unterscheiden sich die primitiven Kulturen überhaupt nicht von den hochentwickelten. Bei der Nutzung oder Bewirtschaftung natürlicher Ressourcen dürften zunächst noch nicht einmal für die meisten Menschen Wenn-dann-Erfahrungen im Sinne einer Konditionierung das Entscheidende gewesen sein. Die lebenszyklischen Zeiträume in der uns umgebenden Natur sind dafür im allgemeinen viel zu weit gespannt. Vielmehr bekamen Kinder Verhaltensweisen von den Eltern oder anderen Vorbildern übermittelt, die einfach selbstverständlich internalisiert wurden. Die kulturelle Ordnung war schon immer zu kompliziert, als daß sie verstanden wurde, so sehen das etwa Anthropologen wie Christian VOGEL oder auch philosophierende Wirtschaftswissenschaftler wie Friedrich v. HAYEK (1979). Das gleiche gilt sogar schon allein für den Wissenschaftsbetrieb (MOHR 1981).

Zu den Dingen, die selbstverständlich und ohne viel Hinterfragen übernommen werden, gehört eben auch das Ordnungschaffen in dem Sinne, wie man es gelernt hat, wie immer dieses im einzelnen aussehen mag.

In einer Wirtschaftsform, in der die Kulturpflanzen immer wieder von irgendwelchen, sich sofort einstellenden opportunistischen, sprichwörtlich nicht vergehenden 'Un'-Kräutern überwuchert werden, ist es ausgesprochen adaptiv, also förderlich für die Gesamtfitness, Unkraut, wo immer man es trifft, zu vernichten. Bei einer Wirtschaftsform, wie man sie etwa in Teilen der Eifel betrieb, in der der karge Boden nach kurzer Nutzung wieder für längere Zeit sich selbst überlassen werden mußte, besiedelte sich dieser mit meist dornigem

Gestrüpp, bevor er nach erneuter Brandrodung wieder einer Ackernutzung zugeführt werden konnte. Wer einmal mit vorindustriellen Mitteln versucht hat, ein Stück solchen Landes wieder urbar zu machen, bekommt ein wenig Verständnis dafür, daß man in einer entsprechenden Tradition die Umwandlung derartigen 'Unlandes' mit den mächtigsten sozialen Verstärkern fördert. Zu diesen Mitteln mag auch der göttliche Auftrag gehören, als Strafe für die Sündhaftigkeit des Menschen im Schweiße seines Angesichtes die Dornen zu bekämpfen.

Das visionäre Ziel beliebig nutzbaren fruchtbaren Landes lag so weit weg wie das Schlaraffenland, welches, wenn erreicht, eine ähnliche Öde ausstrahlt wie eine ausgeräumte Agrarlandschaft. Im Falle *gesicherter Unerreichbarkeit* war das eine Fitness fördernde Utopie wie die Verheißung einer Nachkommenschaft, zahlreich wie der Sand am Meeresstrande. Kein Wunder also, daß man die Bulldozer begrüßte und daß man mit Gift sprühte, weil dies von der nie enden wollenden Plackerei befreite und ins Paradies zu führen versprach. Auf dem erhofften Weg dorthin *nennt* man nicht nur häßlich schön, wie Keynes meinte, offensichtlich *empfindet* man das auch so. Anders ist die kostspielige Gestaltung zubetonierter Höfe und Vorgärten schwer zu erklären.

Die tradigenetische Manipulierbarkeit dürfte ein selten erwähnter, aber äußerst wichtiger Faktor im Kanon der spezifisch menschlichen Fitnessquellen sein (die freilich in einer gewandelten Welt nicht unbedingt mehr Leben spenden).

In einer Kultur, in der man selbst bei Hofe Flohpelze trug (wo sich besagte Tiere, wie man hoffte, sammelten), in der man unmittelbar für seine Ernährung zu sorgen hatte, in der eine Vorratshaltung schwierig und nur begrenzt möglich war, entwickelte man eine verständliche Feindschaft gegen jedes 'Un'-Geziefer oder gegen den Fuchs, der die Hühner stahl, und den Wolf, der gar das Weidevieh riß. Und wenn wir uns vergegenwärtigen, daß man von seiner psychischen Grundstruktur her schon geneigt ist, einen Würfel wie einen Menschen zu beseelen, dann darf man sich schon gar nicht wundern, daß man jedes 'Raubzeug' mit den gleichen (ab-)wertenden Attributen wie den menschlichen Räuber belegte, daß man ein solches Tier nicht nur als 'Untier' bezeichnete, sondern es auch mit der entsprechenden moralischen Selbstgerechtigkeit, derselben Furcht und demselben Haß verfolgte.

Erst wenn das vermeintliche Paradies ohne Unkraut, ohne Ungeziefer und ohne Untiere fast erreicht ist und schließlich als Un-Paradies un-menschlicher Umwelt erlebt wird, erwacht allmählich der

Sinn für Ackerrandstreifenprogramme, die Wiedereinbürgerung des Uhus, internationale Programme zur Erhaltung des Tigers oder der Elefanten.

Law and Order

Obgleich die besten Fachleute immer wieder darauf hinweisen, daß die Zusammenhänge in der Natur zu kompliziert sind, als daß sich die Folgen menschlicher Eingriffe mit Sicherheit vorhersagen ließen, findet man auch heute noch wohlmeinende Leute, die unbedacht in den Naturhaushalt eingreifen und sich dabei ausdrücklich als 'Sachwalter Gottes' bezeichnen, ähnlich wie Michael Kohlhaas als Statthalter Michaels. In beiden Fällen vergleichbar verheerend sind meist Methoden und Resultat. Alles bekam die Hand des mächtigen Landpflegers zu spüren. Wolf, Bär und Luchs mußten ausgerottet werden. Das mag in einer dichtbesiedelten Landschaft unvermeidbar gewesen sein, aber nicht überall. Beim listigen Fuchs hat man es nicht geschafft. Um den angeblich zur Aufrechterhaltung der natürlichen Ordnung notwendigen Abschuß der Krähenvögel tobt zur Zeit fast ein Glaubenskrieg.

Oft ist der Effekt überraschend entgegengesetzt der Intention. Das prämiengestützte Dezimieren von Ringeltauben in England etwa brachte keineswegs den gewünschten Effekt. Die Plage vergrößerte sich eher, weil nach der Dezimierung durch die intensive Bejagung – im Endeffekt durch die dadurch verringerte Konkurrenz um die zeitweilig knappen Ressourcen – möglicherweise mehr Tauben über den Winter kamen, als dies ohne Bejagung der Fall gewesen wäre (Lit. bei Ch. Krebs 1988).

Nach gesundem Volksempfinden ist es einleuchtend, wofür Jäger und Angler sich allgemein halten und in der Öffentlichkeit mit einigem Werbeaufwand ausgeben: für einen unerläßlichen Ordnungsfaktor in der Natur. Ohne ihren Eifer, die 'Räuber' kurz zu halten, bräche das nackte Chaos aus, ist man zu glauben geneigt, genau, wie wenn die Polizei keine Verbrechensbekämpfung mehr betreiben würde. Tatsächlich wird aber gewöhnlich die Dichte der Beutegreifer durch das Angebot an Nahrung reguliert und selten umgekehrt (dazu z. B. F. Frank 1986). Daß nicht jede Tierart mit jeder Kulturlandschaft vereinbar ist und daß es auch menschliche Jagdleidenschaft war, die große Teile der Natur vor dem Zugriff durch andere, oft viel destruktivere Interessen geschützt hat, sei hier nicht verkannt, ebensowenig, daß in der äsungsreichen Kulturlandschaft die feindfrei sich vermehrenden Pflanzenfresser unbedingt zur Erhaltung eines für den Menschen günstigen Zustandes bejagt werden müssen (vor allem weil man die als Konkurrenz empfundenen 'Räuber' 'reguliert').

Tiefenpsychologen mögen als Ursache dieser irrationalen 'Leidenschaft' ödipale Konflikte oder einen 'Nimrod-Komplex' entdecken (Drewermann 1988, Bd. II), Ethologen neigen dazu, einen Jagd*instinkt* anzunehmen. Die offeneren, weniger moralisierenden unter den Jägern sehen das auch so und halten ihre 'Passion' für 'angewölft' (was eine besonders urige Form von 'angeboren' ist). Daß 'angewölftes' Streben nach Sozialprestige (Revier, privilegiertes Waffentragen, Trophäenkult usw.) bei dieser Passion auch eine Rolle spielen könnte, das wird man nur für einige (ungeliebte) Waidgenossen gelten lassen. Lieber findet man rationale und altruistische Gründe: Jagd ist angewandter Naturschutz. Wenn, wie beim Jagdtourismus, beim besten Willen nicht mehr mit Natur- und Artenschutz argumentiert werden kann, ist der Wirtschaftsfaktor für die notleidende Region oder die Pflege des sonst unwiederbringlich verlorengehenden Brauchtums ein vor sich selbst akzeptiertes Motiv.

Fleiß und Strebsamkeit

Eine nicht geringe Rolle spielt natürlich auch der den ökologischen und ökonomischen Bedingungen angepaßte (und diese beeinflussende) weltanschaulich-religiöse Hintergrund. Selbst und gerade die Prädestinationslehre Calvins wirkte sich nicht etwa in der Weise aus, daß man alles sich selbst überließ (in der Gewißheit: es ist ja doch alles vorbestimmt), vielmehr war sie Anlaß für ausdauernde Strebsamkeit nach Wohlstand. Aber auch schon ohne Betonung der Prädestination galten Nutzbarmachen des Landes, Roden von Wäldern, Trockenlegen von Sümpfen als heilige Taten. *Ora et labora,* bete und arbeite als Lebenszweck.

Vor diesem Kapitel über geheiligte Werte hatte ich ja schon eingangs gewarnt. Nach den folgenden Abschnitten ist zu befürchten, daß außer wohlmeinenden Ideologen jeder Couleur, außer ordnungsgemäßen Landwirten und Jägern, religiös motivierten Naturgestaltern schließlich auch naturliebende Literaturfreunde empört sein werden. An dieser Stelle halte ich es für angezeigt, zu betonen, daß das Aufzeigen von Denk- und Wahrnehmungsgewohnheiten, Wertungen und Motivationen ihren Träger nicht herabsetzen soll. Vielmehr soll uns dies lediglich Mechanismen bewußt machen, denen wir

– mit genetisch und biographisch bedingten Unterschieden – alle unterliegen. Vor allem soll es bei einer dringend notwendigen Umorientierung behilflich sein. Insbesondere geht es nicht um Zuweisung von 'Schuld'.

Im folgenden wird ausgerechnet der Naturmaler und Dichter Adalbert STIFTER, der auch ein engagierter Kultusbeamter war, als ungewolltes Beispiel für die Verherrlichung und Vertiefung einer naturzerstörenden Mentalität angeführt. Noch einmal, es geht dabei nicht darum, ihn für die Weltzerstörung *verantwortlich* zu machen. Anhand seiner Novelle ›Brigitta‹ sollen nur einige der sich *heute* so destruktiv auswirkenden kulturellen Wurzeln verdeutlicht werden. STIFTER *konnte* das noch nicht, aber wir *müssen* es im Interesse unserer Zukunft erkennen.

Ohne nur den Hauch eines Zweifels aufkommen zu lassen, wird dort in bewundernder Weise minutiös geschildert, wie dank der unermüdlichen Menschenführung des 'Majors', eines Reisefreundes des Erzählers, die ungarische Steppe nutzbar gemacht, mit Wegen durchzogen und, wo nötig, entwässert wird, wie die Menschen in ihrer kindlichen Mentalität endlich zu nützlichen, Gewinn und Ordnung bringenden Tätigkeiten motiviert werden, wie in Gewächshäusern die seltensten Pflanzen mit größtem Aufwand, unter anderem durch 'Abstauben und Reinigen', kultiviert werden. *„Die ganze Welt kömmt in ein Ringen, sich nutzbar zu machen, und wir müssen mit.“* (S. 27)

Die Heldin Brigitta, die „wie ein Mann“ die Geschicke ihres Gutes lenkt, verwandelt „einen wüsten Eichenwald“ in einen kultivierten Park. „Sie hatte durch unsägliche Ausdauer um den ungeheuren Umfang desselben eine hohe Mauer gegen die Wölfe ausführen lassen. Das Geld hierzu zog sie langsam aus ihrem Viehstande und aus den Maisfeldern, deren Pflege sie sehr emporgebracht hatte. Als die Einhegung fertig war, ging man in einem geschlossenen Jagen Schritt für Schritt durch jede Stelle des Parkes, um zu sehen, ob man nicht etwa einen Wolf zu künftiger Brut mit eingemauert habe ... Dann erst wurden Rehe in die Einhegung gesetzt ...“, die „mit dunklen, glänzenden Augen“ die Besucher anblickten (S. 51).

Die inneren Wölfe und die große Mauer

Für Psychoanalytiker hat dieser ganze Ordnungs- und Sauberkeitskomplex noch weiterreichende tiefenpsychologische Bedeutung. Nur kurz wollen wir uns auf diesem Pfad umsehen, ohne uns ausschließlich an diese Orientierungsschablonen binden zu wollen. Einiges spricht im oben angeführten Beispiel dafür, daß die „durch unsägliche Ausdauer“ hochgezogene Mauer um den Besitz die angsteinflößende Triebwelt ausgrenzen soll. In „einem geschlossenen Jagen“ sorgte man dafür, daß nicht etwa dort eingeschlossenes *Unkontrollierbares*, auf das man ein Leben lang Jagd gemacht hatte, seine gefürchtete ‘Brut’ wieder hochbringen könnte, die in dem selbst erbauten realitätsfremden Orientierungssystem mit einzig den schönen und friedvollen Kreaturen ein grausiges Blutbad anrichten würde.

Schwer zu sagen, ob STIFTER die tiefe Symbolik der Tatsache bewußt war, daß in dieser Novelle, in welcher die totale Triebbeherrschung, nimmermüde Strebsamkeit und menschengesetzte Ordnung als absolute Werte verherrlicht werden, letztlich aber nur das Hervorbrechen der unentrinnbaren Realität ein begrenztes Happy-End ermöglichte. Der unvorhergesehene Angriff ausgerechnet eines dieser gefürchteten, nicht ausrottbaren Wölfe brachte die glückliche Wendung, welche die eingefrorene Verklemmtheit der idealisierten Hauptakteure aufbrach. Das ‘Angewölfte’ wird man auch durch eine erbarmungslose lebenslange Treibjagd nicht los, der Versuch kann aber das Gleichgewicht gefährlich stören.

Aber die Welt ist kompliziert. Ohne diese alten Tugenden von Ordnung und Sauberkeit, Fleiß und Strebsamkeit läßt sie sich nicht erfolgreich im Sinne des ausführenden Menschen gestalten. Ihre traditionsreiche Pflege ist eine Voraussetzung für die hochentwickelte Kultur, die es uns heute so gut gehen läßt. Paul MÜNCH (1984) hat zu dieser Tradition eine aufschlußreiche historische Analyse und Quellensammlung erstellt.

Da wurde schon große erzieherische Vorarbeit geleistet, es wurden erfolgreich Ideale geschaffen, schon seit Jahrhunderten, wenn nicht seit Jahrtausenden. Die Burg von Troja war noch dem Gelände, den natürlichen Gegebenheiten angepaßt, genau wie etwa das auf sieben Hügeln gegründete ursprüngliche Rom. Die Stadtgründungen ALEXANDERS des Großen waren rechteckig, ein Muster, das sich mit der komplizierten, vielfach rückgekoppelten Ordnung der Natur nicht lange auseinandersetzt. Es entspricht ganz der Art des großen Machtmenschen, des (für gerade eineinhalb Jahrzehnte) erfolgreichen Vereinfachers und Illusionisten, der den kunstvollen gordischen Knoten mit dem Schwert durchschlägt.

Dieser mit Charisma und Gewalt seine persönliche Ordnung setzende Mensch, der sich als Sohn des Zeus erlebte, wurde damit aber der natürlichen Ordnung nicht gerecht; er endete, nach den Quellen

PLUTARCHS dem Aberglauben völlig verfallen, im Wahnsinn (DREWERMANN 1988, Bd. II). Übernommen hatte er das rettend klare rechtwinklige Raster übrigens von HIPPODAMOS. Nach dessen Ordnungsvorstellungen, die sich übrigens auch auf die sauber in Klassen und Wohnviertel eingeteilte Gesellschaft bezogen, war schon im 5. Jahrhundert Milet neu erbaut worden, nachdem die Perser es zerstört hatten (vgl. KOLB 1987).

QING SHI HUANG DI, der den in der Tat grausam zerstrittenen Reichen des alten China mit brutalster Gewalt Einheit und einen relativen Frieden brachte, sorgte auf ähnliche Art für Ordnung im Fernen Osten. Nichts galt der legalistischen Philosophie seiner Zeit in China höher als das 'Gesetz', das die grundsätzlich böse Natur des ansonsten wertlosen Menschen zu bändigen hatte. Dieser 'erste Kaiser' begann sein im Innern 'gesäubertes' Reich mit einer riesigen Mauer zu umgeben, deren militärischen Wert man angesichts der ungeheuren Menschenopfer, die der Bau forderte, angesichts auch der Unwegsamkeit einiger übermauerter Gebiete (und der faktischen historischen Entwicklung) bezweifeln darf. Die *Große Mauer* ist ein reales Symbol für die totale Kontrolle. HUANG DI war so sehr der rechtwinkligen Marschordnung verhaftet, daß er eine in dieser offenbar erfolgreichen Weise postierte Tonarmee aus überlebensgroßen Figuren mit in den Tod (auf die 'Mondseite' des Lebens) nahm – und auch deren Künstler und Handwerker. Ein makabres Beispiel für die tiefe Lebensfeindlichkeit totaler Ordnung.

Was bewegen wir uns im Altertum des Fernen Ostens? Die 1989 geschleifte Berliner Mauer zeigt nun auch dem letzten Zweifler, daß es besser ist, sich beizeiten mit der Realität auseinanderzusetzen, als zu versuchen, sie auszusperren.

Das Rechteck ist ein übersichtliches Muster, ganz der begrenzten Erkenntnisfähigkeit unseres Gehirns entsprechend. Das Zeitalter der Massenproduktion hob es zu fast metaphysischen Ehren empor, geweiht durch Stilrichtungen oder künstlerische Schulen, etwa den Kubismus, das Bauhaus oder den sogenannten Funktionalismus. Die Funktionalität besteht nur angeblich. Niemand geht zum Beispiel freiwillig in rechten Winkeln wie beim Exerzieren auf dem Kasernenhof, und ein Flachdach erfüllt in unserem Klima eine seiner wichtigsten Funktionen, nämlich Regenwasser abzuhalten, selbst bei den heutigen technischen Mitteln, aller Erfahrung nach nur vorübergehend.

In der belebten Natur kommt das Rechteck nirgendwo vor, weder bei Sitzmöbeln noch bei Türgriffen ist es funktional, allenfalls maschinengerecht (solange die Maschinen so primitiv sind, daß sie nichts

Besseres produzieren können). In unserem Zusammenhang aber entscheidend ist, daß trotz der gepriesenen Massenfertigung – die ganze Welt sollte mit solchen Einheitsstrukturen überzogen werden und wurde es schon – die Schonung der Umwelt in diesen Gedankengebäuden zu Architektur und Design überhaupt nicht vorkam (dazu z.B. Möller 1989; Sturm 1979). Das Irrationale verbirgt sich bekanntlich fast immer im Gewand der Rationalität (Kap. 13).

Natürlich hat menschliches ästhetisches Empfinden auch andere Formen hervorgebracht, etwa die pedantische Ordnung im Barockgarten mit allen möglichen raffiniert geschwungenen Bögen, nichts durfte sich gestalten wie es dem natürlichen Wuchs entspricht. Alles richtete sich ausschließlich nach dem Willen des Planers, zur größeren Ehre des Herrschers oder seiner Epigonen.

In zentralistisch organisierten Systemen scheint die Einheitsordnung ein bevorzugtes und im Sinne der Machtentfaltung auch sinnvolles Ziel: Das Stadt-'quartier', der Häuser-'block', exakt rechtwinklig gestutztes Spalierobst, nichts, was Eigenwilligkeit ausdrücken könnte, nichts ohne besondere Aufenthaltserlaubnis im Garten, kein Wildwuchs, lieber totes Nichts.

Vieles spricht dafür, daß solche Gestaltung nur zum Teil Selbstzweck ist. Sie dürfte auch als ein Mittel zur Erziehung funktionierender 'Untertanen' genutzt worden sein, in der Regel selbstverständlich nicht als solches erkannt, bisweilen aber auch bewußt eingesetzt (dazu Treiber/Steinert 1980). Interessant ist, daß das Wort Kader (über frz. *cadre*) mit dem Wort Quadrat zusammenhängt. Man preßt hier also die Menschen in übersichtliche rechtwinklige Rahmen, innerhalb derer sie zu funktionieren haben.

Unter dem Erziehungsgesichtspunkt ist Brigitte Wormbs (1983) den Ursprüngen der Kleingartenbewegung nachgegangen. Daniel Gottlieb Moritz Schreber, durch die nach ihm benannten Gärten allgemein bekannt, hat ein Buch über ›Kallipädie oder Erziehung zur Schönheit durch naturgetreue und gleichmäßige Förderung normaler Körperbildung, lebenstüchtiger Gesundheit und geistiger Veredelung und insbesondere durch mögliche Benutzung spezieller Erziehungsmittel‹ verfaßt. Wie alle leidenschaftlichen Pädagogen und Ärzte wollte er natürlich nur das Beste. Doch manche Therapie ist weniger gut als gut gemeint. Kinder beim Sitzen und Schlafen zur Erzwingung der angeblich einzig gesunden Lage anzubinden, gehört vermutlich in diese letztere Kategorie. Dagegen eine realistische Einschätzung ist sicherlich, daß der Jüngling seine Ideale „nach Maßgabe der gegebenen Verhältnisse der Wirklichkeit regeln, zügeln oder ordnen, mit diesen in vollen Einklang zu bringen suchen“ muß. Das weitere klingt aber mehr nach bedenklichem obrigkeitsstaatlichem Programm – obgleich das auf den Standpunkt ankommt –, daß nämlich diese auf praktische Wirksamkeit im Leben gerichteten Ideale ihn auch „mit *Achtung vor den bestehenden Verhältnissen des Staates* erfüllen, selbst wenn diese weit hinter seinen Idealen zurückständen“. Das war übrigens der Staat von 1858. „Die edlen Keime der menschlichen Natur sprossen in ihrer Reinheit fast von selbst hervor, wenn *die unedlen, das Unkraut*, rechtzeitig *verfolgt und ausgerottet* werden.“ (zit. n. WORMBS 1983, Hervorhebung B. V.)

Die Katastrophe der Ausrottung

Heute weiß man aus den Verhaltenswissenschaften, daß Triebe zwar lenkbar, insofern also auch einer Erziehung zugänglich (und beim Kulturwesen Mensch auch bedürftig) sind, daß sie aber bei totaler Unterdrückung, gar bei ‘Ausrottung’, wenn überhaupt keine Expressionsmöglichkeit gegeben ist, in oft gefährlich unberechenbar destruktiver Weise eine Entladung suchen, bisweilen persönlich oder für das ganze Gesellschaftssystem katastrophal (vgl. LORENZ 1963, HASSENSTEIN 1973).

Auf einer Tagung, die sich fächerübergreifend mit Umweltproblemen befaßte, berichtete eine Mutter tief betroffen, daß einer ihrer Söhne, vom Vater ausdrücklich und konsequent nach den Prinzipien des Dr. SCHREBER erzogen, sich schließlich das Leben genommen hatte. In einem leidvollen Prozeß habe sie erst nach dem Tod ihres Mannes diese Zusammenhänge erkannt. Jetzt engagierte sie sich, Freiheit gewinnend, in völlig entgegengesetzter Richtung. Sie propagierte individuelle Freiheit und naturnahen Wildwuchs.

Ein militaristisches oder inquisitorisches Regime funktioniert nicht ohne Triebunterdrückung. Diktaturen und ‘Gottesstaaten’ schweigen in diesem Punkt beredtes Zeugnis. Aus Gründen der – natürlich nicht bewußten – Sexualkonkurrenz ist es zunächst vor allem die Unterdrückung des Geschlechtstriebes, die solche Herrschaftssysteme auszeichnet (BISCHOF 1985), obgleich auch sie anderseits nicht ganz ohne die geduldeten Ventile auskommen, wie sie sich in den Schattenwinkeln einer Hugenottenbeleuchtung entwickeln.

Die ‘zuchtvolle’ Gestaltung der Umwelt, die als Symbol des Inneren erlebt wird, das Ausrotten aller als unerwünscht erklärten Keime, ist eine willkommene Möglichkeit, Triebunterdrückung sowohl zu demonstrieren, als auch symbolhaft einzustudieren – und *gleichzeitig ist es ein Ventil für die unterdrückten destruktiven Antriebe*: ein Kunstgriff von infamer Stabilität. Wie ein Rauschmittel ist permanente symbolhafte Triebunterdrückung gleichzeitig Ursache und Trost für den elenden Zustand. Aus der Giftspritze, aus dem Betonmixer und allwöchentlich aus dem Rasentrimmer quillt die gestaute Triebenergie und hinterläßt die als befriedigend erlebte sichtbare Leistung. Dazu muß gesagt werden, daß der Übergang zwischen krankhaften Exzessen und vitaler Notwendigkeit eine breite Zone ist, die nicht wie der Hiatus zwischen verschiedenen Zuständen von Elementarteilchen übersprungen wird. Die Grenze ist also nicht klar zu ziehen, was bedeutet, daß nicht jede gärtnerische Tätigkeit das Zeichen einer kranken Seele ist. Im Übergangsfeld wird man also beliebig streiten können.

Alexander Mitscherlich (1969) berichtet, daß ein NS-Täter ein KZ als eine Stätte der Ordnung mit gepflegten Rosenrabatten und geharkten Wegen erlebt hat. Tatsächlich wurde den Opfern in Dachau als 'Meilenstein' auf dem Weg in die Freiheit genannt: „Gehorsam, Nüchternheit, Wahrhaftigkeit, Opfersinn und Liebe zum Vaterlande" (Comité International de Dachau; zit. n. Münch 1984).

Nun soll nicht gesagt sein, daß jeder Einsatz von Bioziden (das Wort bedeutet Lebenstöter!) einer Nazimentalität entspricht, insbesondere nicht dort, wo es einen produktionstechnischen oder sonstigen funktionalen Sinn hat, obgleich man auch hier natürlich nach Alternativen suchen muß. In sehr vielen Fällen erfolgt der Einsatz aber rein aus 'ästhetischen' Gründen. Wo vorher Grün wuchs, liegt jetzt Braun, und es ist tot, möglichst bis in die Wurzel. Oft bleibt an solchen Stellen der vorher überwachsene weggeworfene Unrat weiter liegen. Er stört anscheinend weniger als lebende Pflanzen. (Wir werden in Kap. 11 noch einmal daran erinnert.)

Was mit den vor hundert und mehr Jahren zur Verfügung stehenden Methoden noch sinnvoll gewesen sein mochte: Wegebau so intensiv wie möglich, Unkrautvernichtung so radikal es geht, Bekämpfung von Nahrungskonkurrenten so erfolgreich man kann, Nutzung von 'Öd- und Unland' so weit man es schafft, Nahrungsmittelerzeugung so viel wie möglich, das senkt, ja gefährdet bei den heutigen Mitteln durch Tiefbaumaschinen und Chemie die langfristigen Überlebenschancen der Menschheit. *Was einst Erziehung für das Überleben war, ist heute Erziehung zum Tod.* Der genetische Reichtum schmilzt erschreckend dahin. Die Trockenwüsten weiten sich aus. In der Minute frißt sich nach Angaben der FAO die Fläche von 20 Fußballfeldern meist irreversibel in den Regenwald der Tropen (Wegener 1990). Jeden Tag schrumpft die unversiegelte Fläche unserer Republik um etwa 150 Hektar, die Fläche eines sehr großen Bauernhofes. Das Grundwasser – einst Inbegriff der Reinheit – enthält Biozide und Nitrat in bedenklichen Mengen, ausgerechnet aus Gründen der Abfallentsorgung wird die Nordsee vergiftet, die Sauberkeitssprays zerstören das Weltklima. Das alles geschieht unter anderem zu Ruhm und Ehre geheiligter Werte wie Ordnung, Sauberkeit, Fleiß und Wachstum, Hygiene, Wohlstand und Vorsorge für die Zukunft.

Sonst – diese ängstliche Vorstellung wurde erfolgreich erzeugt – gehen die Lichter aus, bricht die Große Mauer, bricht alles zusammen, preschen die alles zerreißenden Wölfe herein, das nicht beherrschbare Chaos. Nach Horst-Eberhard Richter (1980) schafft sich die angstneurotische Familie einen Schonraum, zu dem die Realität keinen Zutritt hat. Sie praktiziert das Modell 'Sanatorium' (S. 88). Jede Veränderung einer solchen künstlichen Welt weckt die mühsam beschwichtigten Vereinsamungs- und Vernichtungsängste. Eine solche Familie sehnt sich nach einer starken Führung. Sie ist die Kerngruppe der typischen Mitläufer, „immer auf der Seite von law and order", und ihr Herz schlägt „für den Konservativismus" (S. 75). Dieses Wort ist hier im verkrusteten, die Wirklichkeit aussperrenden Sinne gemeint.

Kein Wunder, daß eine solche Familie sowohl aus Gründen der Vereinsamungsangst als auch aus Angst vor der als chaotisch empfundenen Realität auch in ihrem persönlichen Umfeld, etwa im Garten, *law and order* demonstriert und sich als anständiges Mitglied der Gesellschaft zu erweisen trachtet, wenn sie sich in aufgebrachten Leserbriefen beschwert, daß das Gartenamt auf einem Parkplatz wilde Mäusegerste und andere schlimme Unkräuter wachsen läßt. Wo könnte das noch hinführen, wenn man diesen Wildwuchs erst einmal einreißen läßt?

Bei den begrenzten Möglichkeiten, die man früher hatte, war solche Einstellung nicht so gravierend, vielleicht sogar adaptiv. Erst heute entsteht die totale Einheitswelt in Beton, Asphalt und Plastik, eine Welt-Monokultur. Da nun das Paradies totaler Gestaltbarkeit greifbar nahe kommt, erweist es sich als Fata Morgana an der Pforte des Todes. Zunächst betrifft der Tod die begleitenden Mitgeschöpfe. Doch ohne sie wird der Mensch auf Dauer hilflos sein in der Wüste einer immer lebensfeindlicher werdenden Welt.

Wie aufgrund unseres doch weitestgehend besitzorientierten Wertesystems nicht anders zu erwarten, wollen wir auch das Orientierungssystem der Werte möglichst total sichern. Den meisten (hierzulande) ging es noch nie so gut. Sie haben etwas zu verlieren. Schon deshalb sehen sie allen Grund, Systemveränderer zu bekämpfen. Ferner war das Erziehungsprogramm zur 'Achtung vor den bestehenden Verhältnissen' sehr erfolgreich, obgleich paradoxerweise gerade dadurch die bestehenden Verhältnisse untergehen.

Wenn einzelne Familien nach dem Modell Sanatorium verfahren und die Realität ausklammern, sind die ökologischen Folgen erträglich. Wenn aber eine ganze Gesellschaft die Realität ignoriert, sich zu Tode asphaltiert und amüsiert, konsumiert und wächst, dann bricht in dieses unehrliche Kitschparadies die Realität herein, unaufhaltsam, wie nach einem Dammbruch. Die Welt verwandelt sich in einen einheitlichen öden Müll- und Giftplaneten.

Diese Situation konnte sogar den vielleicht konservativsten aller bekannten Biologen, Adolf PORTMANN (1973), von der Notwendigkeit 'subversiver Ökologie' sprechen lassen (s. auch ILLIES 1976, S. 256).

Wie der wohlverstandene Egoist zum Altruismus neigt, so drängt der wahre Konservative zu Innovationen: Damit überhaupt einiges beim alten bleibt, muß sich fast alles ändern.

10. KEIN ARCHIMEDISCHER PUNKT ZUR VERANKERUNG EINES WERTESYSTEMS

Daß unser Wertesystem den heutigen Problemen der Menschheit nicht nur nicht gerecht wird, sondern daß es sogar zu einem guten Teil deren Ursache ist, habe ich – obgleich noch nicht abschließend behandelt – soeben zu zeigen versucht. Unsere Zivilisation steht nun vor der schwierigen Aufgabe, diese obsolete Ordnung in einer angemessenen Weise und in einem äußerst eng bemessenen Zeitrahmen den heute brennenden Fragen anzupassen. Das stößt auf eine Reihe von Schwierigkeiten, welche neben dem vitalen Egoismus zwei Problemfeldern zuzuordnen sind.

(1) Wir finden *keine verbindliche Richtschnur*, die uns zeigt, wie das neue Wertesystem auszusehen hat. Sicher scheint nur, daß das alte versagt.

(2) *Ein einmal etabliertes Wertesystem wird mit* solcher *Hartnäckigkeit verteidigt*, daß man als Ethologe – vertraut mit angeborenen Verhaltensweisen bei Tieren – geneigt sein könnte, das gesamte Wertesystem als instinktverankert zu betrachten. Das ist allerdings eine Vereinfachung, die sich sofort als unhaltbar erweist, wenn man sich vor Augen hält, daß die verschiedenen vergangenen und gegenwärtigen Kulturen die unterschiedlichsten Wertesysteme hervorgebracht haben.

Welche Werte, welche Ziele?

Befassen wir uns zunächst mit dem ersten Punkt der Orientierungsproblematik. Dies ist deshalb das (vorläufig) rascher abzuhandelnde Problemfeld, weil es doch nicht befriedigend, für alle Zeiten verbindlich, zu lösen ist. Diese Fragen werden später noch in einem konkreten Versuch diskutiert.

Wenn die alten Werte heute eine destruktive Wirkung entfalten, könnte man versucht sein, sie einfach zu Unwerten zu erklären um den Leuten klar zu machen, daß künftig nicht Ordnung und Sauberkeit, sondern Chaos und Schmutz, nicht mehr Fleiß und Strebsamkeit, sondern Faulheit und Ziellosigkeit gefragt sind. Daß eine solch naive

Umkehrung den Realitäten nicht gerecht wird, ist zu offensichtlich, um weiterer Erklärung zu bedürfen.

Die Welt ist eben etwas komplizierter, als sie sich mit solchen Begriffen beschreiben läßt. Wie jeder Organismus auf ein genetisches und physiologisches Ordnungsgefüge von hinreichender Harmonie angewiesen ist, so ist auch eine Kultur ohne analoge Struktur nicht denkbar.

Das Problem, das sich hier für uns auftut, liegt, wie schon verschiedentlich angedeutet, zum Teil in der Sprache begründet. Die Begriffe einzelner Werte sind an der menschlichen Wahrnehmung entwickelt und auch durch unser Wertesystem geprägt. Nichts haben sie von naturgesetzlicher Notwendigkeit an sich. Die *totale 'Ordnung'* des 'Asphalt- und Herbizidgärtners' *ist eine Primitivordnung* gegen das vielfach vernetzte Gefüge eines wilden Biotops. Durch ihre Seiteneffekte vermag sie blankes Chaos im belebten Kosmos zu verursachen. Sie dreht die Evolution zurück in Richtung der Stunde Null des Lebens, der Zeit des Tohuwabohu.

Monod (1972) spricht von der „Idee der objektiven Erkenntnis". Diese wird wohl immer eine Idee bleiben, sie hat sich aber als unglaublich erfolgreich erwiesen. Nun, meint er, habe sie eine jahrhunderttausendjährige, ganz dem menschlichen Wesen assimilierte Tradition mit einem Schlage auslöschen wollen; „sie hob den alten animistischen Bund des Menschen mit der Natur auf und hinterließ anstelle dieser unersetzlichen Verbindung nur ängstliches Suchen in einer eisigen, verlorenen Welt". Diese Welt kann so natürlich emotional kaum akzeptiert werden, doch hat die zu diesem Weltbild führende Idee eine erstaunliche Leistungsfähigkeit gezeigt und dem Menschen zu unerhörter Macht verholfen.

„Die moderne Gesellschaft ist von der Wissenschaft durchwoben; sie lebt von deren Produkten und ist davon so abhängig geworden wie ein Süchtiger von der Droge. *Ihre materielle Stärke* verdankt sie jener Ethik, die die Erkenntnisse begründet, *ihre moralische Schwäche* jenen Wertsystemen, auf die sie sich noch immer zu berufen versucht und die durch die Erkenntnis selbst zerstört wurden. *Dieser Widerspruch ist tödlich*; er reißt jenen Abgrund auf, der sich unter unseren Füßen öffnet" (Monod 1972, S. 216, Hervorhebung B. V.). Die illusionslose Erkenntnis der Einsamkeit des „Zigeuner(s) am Rande des Universums, das für seine Musik taub ist und gleichgültig gegen seine Hoffnungen, Leiden oder Verbrechen" (S. 211) ist schwer zu ertragen, insbesondere wenn, wie Monod vermutet, die Menschheit nicht einmal genetisch, schon gar nicht kulturell, darauf eingerichtet ist.

Eine Lösung der Probleme des Menschen steht aus. „Nicht nur sein Los, auch seine Pflicht steht nirgendwo geschrieben“ (S. 219).

Wenn in einer solchen Situation großer Orientierungsnot ein Heilslehrer auftaucht, der nicht einen Schatten von Unsicherheit erkennen läßt, ist es kein Wunder, daß die ziellos gewordenen Pilger sich ihm scharenweise anschließen. Bisher ist die Menschheit zwar nicht gerade human, aber immerhin erfolgreich durch die Geschichte gezogen – jedenfalls lebt sie noch. Doch heute hilft es der ökologischen Harmonie nicht mehr, daß der Medizinmann heilige Bäume, in denen Götter oder die Geister der Ahnen wohnen, schützt, wenn die aufgeklärte Holzverwertungsgesellschaft mit guter PR-Abteilung den mächtigeren Führer hat und sie den Geistern ungestraft trotzen kann und den sogenannten Fortschritt ins Land und auf die ganze Erde bringt.

Es ist allerdings keine Perspektive dauerhafter Zukunft mehr, wenn die an kurzatmigen Zwecken orientierte Technik überall beweist, daß sie recht hat – und schließlich die Erde als intelligenzbegabten Planeten immer weiter an den Abgrund drängt. Nach Ulrich BECK (1986) entsteht eine Einheit von Täter und Opfer. Manche sind aber mehr Täter und andere mehr Opfer. Besonders begehrt und vorteilhaft ist die Rolle von Täter und Richter in Personalunion. Die Rolle des Opfers kann man dann noch lange anderen überlassen. Die zunächst am härtesten betroffenen Opfer, die sich überhaupt nicht wehren können, sind die Pflanzen und die Tiere. Dann folgen Menschen, die durch ihre bloße Existenz zum Opfer-Täter wurden: die Naturvölker und die in den meeresspiegelnahen Ebenen lebenden. Sie werden von den Folgen der Technik betroffen wie von einem Naturereignis, wie eine friedliche, wehrlose Bevölkerung von einem Krieg.

Besonders gefährlich wird es dadurch, daß sich die heutigen Schamanen des Fortschritts zur Durchsetzung ihrer Vorstellungen oder Machtansprüche der modernsten Möglichkeiten bedienen, der Verkehrs-, Kommunikations- und Waffentechnik. Die ihres Sinnzentrums Beraubten umscharen sie hilfesuchend und erweitern dadurch deren Macht lawinenartig.

Die kopflose Suche nach dem hirnlosen Führer

Elritzen sind kleine gesellige Fische, die ihre größte Sicherheit im Zentrum eines dichten Schwarmes finden. Ein Beutegreifer hat nur Chancen, einen abgesprengten Randfisch zu erhaschen. Wer es schafft, sich immer in der Mitte aufzuhalten, ist kaum einer Gefahr ausgesetzt. Es besteht also bei diesen Schwarmfischen ein massiver Selektionsdruck für eine solche ins Schwarmzentrum strebende Verhaltenstendenz. Jeder versucht, sich möglichst so zu plazieren, daß er von vielen Artgenossen umgeben ist. Das ist seine wichtigste Leitlinie.

Der Physiologe Erich von HOLST hat einem solchen Tier im Rahmen anderer Untersuchungen einen Teil des Gehirns entfernt (wodurch es durchaus weiter lebensfähig blieb). Auffälligste Verhaltensänderung war der Verlust des Schwarmtriebes. Bei einem solch massiven Eingriff ist anzunehmen, daß noch eine Reihe weiterer, vielleicht nicht so auffälliger Defekte aufgetreten sind. Man könnte nun glauben, daß dieses Tier, für seine Artgenossen folgenlos, fortan einsam durch die Wasserwelt irrte und nun ohne Schutz des Schwarmes seinem Nahrungserwerb nachging und im wirklichen Leben bald Opfer eines Raubfisches geworden wäre.

Der Verlauf war aber ganz anders: Der ganze Schwarm folgte genau diesem Tier, welches scheinbar eine sichere Eingebung hatte, wo es lang ging. LORENZ (1963) berichtet, daß dieser Versuch in einer Zeit gemacht wurde, in der man so etwas nicht publizieren durfte. Von HOLST muß aber auch ohne Publikation einigen Repressalien ausgesetzt gewesen sein. Er hatte nämlich im Anschluß an einen Vortrag auf die Frage nach dem Führerprinzip im Tierreich ausgerechnet dieses Beispiel genannt (BISCHOF 1985). Die Reaktion der Machthaber im Dritten Reich war wohl deshalb so gereizt, weil sie sehr wohl die in diesem Fall treffende Analogie zwischen Mensch und Fisch verspürten: Beide werden irrational gesteuert. Wenn man darüber reflektiert, könnte das gefährlich für den Machterhalt werden.

Eine Orientierung, die mit absoluter Sicherheit nicht hirnrissig ist, müßte man wohl außerhalb unseres Systems suchen. In dieser Erkenntnis bestreitet (allgemein wohl zu Recht) Reinhard FURRER z. B. in einem Fernsehauftritt (1989) die Kompetenz der involvierten Politiker bezüglich der geoökologischen Fragen, die Lösung müsse von außen kommen. Und da bietet er seine Kompetenz als aus dem Weltall heimgekehrter Astronaut an – und möchte die dementsprechende Technik auch weiter gefördert sehen. Das erinnert an den vielzitierten Satz des ARCHIMEDES, der die Welt aus den Angeln heben wollte, wenn man ihm nur einen fixen Punkt außerhalb ihrerselbst bieten würde. Der Philosoph ARCHIMEDES dürfte aber genau gewußt haben (wie der Physiker FURRER auch), daß es schon im rein physikalischen Sinne diesen fixen Punkt außerhalb der Erde nicht gibt. Ob man ihn im geistigen Sinne durch eine Reise um die Erde erwirbt?

Ein absolut sicheres Wertesystem wird mancher in der Religion sehen. Denn sie hat den außerweltlichen Bezugspunkt. In der Tat finden Menschen Orientierung in *ihrer* Religion. Die Tatsache, daß es die unterschiedlichsten, sich darüber hinaus oft noch fanatisch befehdenden Religionen gibt, dürfte ihre allgemeine Unfehlbarkeit – die eigene natürlich immer ausgenommen – sehr in Frage stellen. LESSINGS Ringparabel zeigt mit literarischen Mitteln, wie sinnvoll und wie erfolgreich eine Religion dennoch sein kann, aber auch wie sehr das Konkurrenzproblem, das Streben nach Macht und Wohlstand und das Bestreben, recht zu haben, auch in diesem Bereich immanent motivierend wirken. Die Verwirrung zwischen Holocaust, Dschihad und Fortschrittswahn zwingt uns in einer im doppelten Sinne vergifteten Atmosphäre zu einer Neuorientierung.

Es wird uns nichts anderes übrigbleiben, als diese Herausforderung moderner Erkenntnis anzunehmen und – nicht in menschlicher Arroganz, sondern in humaner Bescheidenheit – die notwendige Autonomie zu entwickeln, die uns befähigt, mit der harten Erkenntnis der unentrinnbaren menschlichen Verantwortung fertig zu werden. Sonst geraten wir nach NIETZSCHE (im übrigen nicht gerade ein Vorbild für humane Bescheidenheit) in die Situation der subjektiv gut behüteten Schafherde, die ihren Führer preist: Geh' uns nur immer voran, dann wird uns der Mut nicht verlassen, dir zu folgen; während für diesen gilt: Folgt ihr mir nur immer, dann werde ich stets den Mut haben, euch zu führen.

Die Therapieresistenz eines obsoleten Wertesystems

Bei aller Problematik einer Richtungsfindung – quer durch alle weltanschaulichen Gruppierungen – dürfte über ein Rahmenziel doch sofort Einigkeit zu gewinnen sein: Die Erhaltung des Menschengeschlechts als eine Art „anthropologisches Apriori der Wertlehre“, wie der Marxist Hans Heinz HOLZ (1975) das philosophisch formuliert. Der wissenschaftlich-materialistisch argumentierende Soziobiologe Edward WILSON (1980, S. 184) formuliert dasselbe biologisch. Er stellt an den Anfang seiner Überlegungen zu einer Biologie der Ethik den „kardinalen Wert des Überlebens der menschlichen Gene in Gestalt eines Generationen umfassenden gemeinsamen Pools“. Theologisch formulieren das die großen Kirchen. Sie führen den Schutz menschlichen Lebens immer wieder als eine ihrer vorrangigen Forderungen an.

Unter diesem kleinsten gemeinsamen Nenner könnten wir schon einige (später noch ausführlicher zu behandelnde) Werte von höchster Priorität ermitteln. Dazu würde vor allem die *Minimierung* (nicht wie bislang die Maximierung) des Verbrauchs nicht regenerierbarer Ressourcen, die *Erhaltung* (nicht wie bislang die Ausrottung) des genetischen Potentials im globalen Ökosystem und die Aufrechterhaltung der regionalen und globalen Naturkreisläufe in einer für den Menschen als Species lebensgünstigen Form gehören, nicht aber die rücksichts- und zukunftslose Steigerung des aktuellen destruktiven Luxus.

In der Tat beginnt sich dies auch bei den meisten Menschen herumzusprechen. Dem Druck durch den mündiger werdenden Bürger folgend, ist inzwischen jede Partei für eine saubere Umwelt, und viele Bier- und Zigarettenmarken werben mit einer solchen. Wir können uns darauf verlassen, daß die Werbeagenturen (die auch Industrie und Parteien beraten) wissen, was die Leute hören und sehen wollen. Selbst die Bildzeitung hat inzwischen (nach schmerzlichem Leserschwund) öffentlich beschlossen, künftig mehr Umweltthemen zu behandeln: „Wir haben keine Wahlen zu gewinnen, wir haben Leser zu gewinnen – sonst nichts!" ist die überraschend ehrliche Begründung des Chefredakteurs (Report, 18. 7. 1989).

Wie kommt es bei so günstigem Umweltklima dann, daß alle Probleme, die unser etabliertes Wertesystem aufwirft, noch fortbestehen? Großenteils, weil eben dieses Wertesystem selbst fortbesteht. Offensichtlich reicht es nicht, Kenntnisse zu vermitteln. Das bewirkt oft nur, daß die Leute ihre Herbizide im Kleingarten jetzt nicht mehr mit blank geputzter Messingspritze in gleißender Sonne, stolz wie ein Märchenkönig mit goldenem Schwert, ausbringen. „Heute steh'n sie dafür ganz früh auf", bedauert ein aufgeklärtes Vereinsgärtnervorstandsmitglied, aber sie spritzen weiter. Dem sozialen Druck zeitlich ausweichend, folgen sie ihren alten Prinzipien und nehmen dafür Unbequemlichkeit und Ächtung durch Personen, deren Kompetenz sie in diesen Fragen allerdings nicht anerkennen, in Kauf. Dieses Phänomen bedarf einer Erklärung.

Die Kulturfähigkeit und der eingebaute Schulmeister

Besinnen wir uns noch einmal auf den evolutionären Denkansatz. Die Gene optimieren ihren eigenen Reproduktionsapparat. Zunächst in einzelnen Zellen, dann in vielzelligen Organismen, die schließlich auch miteinander intra- und interspezifisch konkurrieren und kooperieren. Leben funktioniert, wenn entsprechende, das Überleben der Gene fördernde Aktivitäten den Organismen einprogrammiert sind. Bei Tieren sind das zunächst spontane Aktivitäten und Reflexe, aber auch kompliziertere Reaktionen, die auf Reize der Umwelt oder aufgrund spontaner Aktivität hin auftreten.

Mit aufsteigender Entwicklungshöhe des Nervensystems spielt der Einfluß von ontogenetischer Erfahrung eine zunehmende Rolle: also *Lernverhalten* im weitesten Sinne. Solches wird gewöhnlich als etwas grundsätzlich anderes dem angeborenen Verhalten gegenübergestellt. Zu bemerken ist jedoch, daß auch diese Emanzipation vom genetisch Fixierten selbst letztlich wieder ein Trick der Gene, also jener *Meister im Überleben* ist.

Wer oder was sagt den Tieren eigentlich immer, ob sie überhaupt das Richtige gelernt haben? Dafür besitzen sie ihren (natürlich wieder genetisch) „eingebauten Schulmeister" (LORENZ 1978), der ihnen durch ein Lusterlebnis auf die Schulter klopft oder in anderen Fällen schmerzhaft auf die Finger. Der Neurophysiologe Constantin von MONAKOW postulierte schon 1927 für jeden Menschen eine „Hüterin des allgemeinen Gedeihens des Säuglings ... die Gesamtinteressen des Geschöpfes nach Sachlage einheitlich optimal vertretend" (1950, S. 249f.). Er sprach in diesem Zusammenhang auf griechisch von der naturwissenschaftlich noch etwas diffusen 'Syneidesis' (Bewußtsein, Mitwissen, Gewissen). Erstaunlich konkret erkannte er die Bedeutung des endokrinologischen Systems für diese Steuerung. Von bestimmten Neuronen aktiviert, ist es ein wesentlicher Bestandteil des „eingebauten Schulmeisters".

Die Kommission, die darüber befindet, ob der Lehrmeister etwas taugt und seinen Adepten optimal auf den Ernst des Lebens vorbereitet hat oder ob er ohne Kompetenz durch die Welt irren muß, ist die Umwelt selbst, die Umwelt im weitesten Sinne. Es ist die Selektion, die in der bekannten Weise arbeitet: unbestechlich, mitleidlos, willkürlich im einzelnen, aber statistisch zuverlässig – haltlos abhängig von den jeweils herrschenden Verhältnissen, ohne eigene Meinung, und leider auch: ohne Moral.

Mit dem Skinnerschen Verfahren, Verstärkung durch Lohn oder Strafe, kommt besagter Schulmeister schon ziemlich weit, aber bei vielen, vielleicht den meisten Handlungen der Tiere taugt es nichts. Ein Vogel zum Beispiel käme nie zur Vollendung seines Nestes und erst recht nicht zu seiner erfolgreich aufgezogenen Brut, eine Spinne nie zu ihrem Netz, wenn bei jedem Individuum durch neue Selbstdressur entwickelt werden müßte, wie man die Baubewegungen ausführt, welche Stellen weitgehend sicher vor Unwettern und vor Raubfeinden sind usw. Hier helfen bekanntlich die Instinktprogramme. Nur an wenigen Stellen hat der eingebaute Schulmeister die Möglichkeit und die Pflicht, helfend einzugreifen, etwa, wenn es darum geht zu zeigen, mit welchem Material man in der jeweiligen Gegend am besten bauen kann.

Er ist aber nicht unfehlbar. Manchen Vögeln in Industriegebieten sagt er, daß man Nester sehr leicht aus wärmetechnisch recht ungeeignetem Draht bauen kann (Lit. bei v. Frisch 1974). Jede Einbaubewegung mit einem gut biegsamen Draht wird durch ihren Erfolg intensiv belohnt. Oder noch ein anderes Beispiel: dem Igel sagt der eingebaute Schulmeister: „Merke dir, welche Plätze abends noch warm sind und halte dich ruhig dort auf, das spart Energie. (Ich lohne es dir durch wohliges Empfinden.) Feinde können dir nichts anhaben." So ist er selbst (oder die DNA-Sequenz, die den Igel mitsamt seinem angeborenen Verhalten programmiert) in Jahrmillionen ausgebildet worden. Dieses einst bewährte Lehrprogramm ist in der heutigen Welt allerdings tödlich; hilflos sterben jährlich Hunderttausende seiner Opfer unter den Reifen rücksichtsloser Raser.

Angst wäre hier der bessere Ratgeber. In den meisten anderen Fällen weiß das der endogene Lehrer auch. Deshalb ist die *Disposition zur Angst* so allgemein ausgeprägt, ja oft kippt sie leicht in den gefährlichen Bereich der Phobie und Psychose.

Leider fehlt sie beim neuartigen Straßenverkehr. Auch der Mensch ist davon betroffen; jedes Jahrzehnt wird hierzulande eine Stadt ausgerottet und ein Bundesland verwundet, ohne daß das sonderlich beunruhigt (man muß sich das einmal 'wirklich' vorstellen). Die Nation gerät aber in Angst und Schrecken, manche fordern schon den Einsatz von Militär, wenn aus einem Gehege ein Wolf ausgebrochen ist. Die Disposition, davor Angst zu haben, ist eben 'angewölft'.

Was also, wenn in so kurzlebigen Zeiten wie der unseren der Lehrplan dauernd geändert werden muß, weil er auf die Umwelt nicht mehr paßt? Was, wenn nach dem alten Lehrplan Ausgebildete nicht lebensfähig sind, weil sie beispielsweise wegen der falschen Lernprogramme der Fuchs oder der Verkehr holt, den es bei der Erstellung des Lehrplans in ihrem Brutgebiet noch nicht gab? Nun, eine solche Art stirbt aus, mitsamt ihrem inneren Lehrpersonal. Oder die Tiere haben einen *Schulmeister von genialem Anpassungsvermögen*. Nur solche kann man brauchen in einer sich fortentwickelnden Kultur.

Genialität hängt nicht nur etymologisch mit 'Gen' zusammen. Kultur emanzipiert vom Instinkt, also von den Genen. Der 'geniale'

Lehrer, der dies ermöglicht, ist aber selbst durch die DNA organisiert. Honoriert wird ihm die große Leistung, unabhängiger von den Genen zu werden, durch gesteigerte Vermehrung seiner eigenen genetischen Sequenzen, die übliche Belohnung der Evolution. *Daß Gene unabhängiger von den Genen machen, ist ein Paradoxon*, das oft auf Verständnisschwierigkeiten stößt. Es hat einen ganz unsinnigen Stellungskrieg zwischen geistes- und naturwissenschaftlich orientierten Verhaltenswissenschaftlern ausgelöst. Die Repräsentanten, tief in ihre Position eingegraben, waren unfähig, sie zu ändern.

Bei der Kultur der Menschen wird nun die langsame biologische Evolution von einer Metaevolution, eben der kulturellen, überlagert. Das bringt ihren biogenetisch entstandenen Trägern – schlicht gesagt: den Menschen – einen ungeheuren Fitnessvorteil. Sie können sich veränderten Umweltbedingungen ungleich rascher anpassen, als dies im Rahmen der (bio)genetischen Evolution möglich wäre. Die Lernvorgänge einzelner, heute vielleicht gar nicht mehr lebender Individuen, können sich (tradigenetisch) vererben. Es passiert hier also das, was LAMARCK und nicht so ausdrücklich auch DARWIN irrtümlich für alle Merkmale annahmen: eine Art *Vererbung erworbener Eigenschaften*.

In dieser Metaevolution hat noch ein wichtiger innovativer Mechanismus, den wir auf der biogenetischen Stufe schon als fast wundertätig kennengelernt haben, eine enorme Erweiterung erfahren: die Rekombination. Ihre Möglichkeiten sind nun ins kaum Ermeßliche gesteigert. Aus aller Welt können die Elemente rekombiniert werden, fast grenzenlos, auch in der Geschwindigkeit – zumindest auf den ersten Blick (vgl. BECKER 1980). Wir werden aber noch sehen, daß die Grenzen doch enger gesteckt sind, als es zunächst den Anschein hat.

Die Kultur und die ewige Wahrheit

Wie bereits erwähnt ist eine Kultur viel zu kompliziert, als daß jeder einzelne jede Einzelheit durch Versuch und Irrtum erlernen könnte. Meist ist es in einer Generation ja auch gar nicht erfahrbar, ob eine kulturelle Eigentümlichkeit adaptiv ist oder nicht. Sie wird ganz schlicht übernommen, ohne Frage warum. Allein die Tatsache, daß ein Brauch alt und verbreitet ist, spricht dafür, daß er gut, zumindest für die Kultur nicht tödlich ist, was man von einer Neuerung noch lange nicht so sicher sagen kann (nehmen wir etwa die seinerzeit propagierte Gewohnheit, zum Einschlafen eine Contergan-Tablette zu schlucken). Solch konservatives Verhalten hat große Vorteile, jedenfalls in einer Welt, die sich nur sehr langsam ändert.

Ein mächtiger – selbstgesetzter – Selektionsdruck dürfte eine solche Disposition immer weiter verstärkt haben. Denn auch im friedlichen Wettbewerb um die Ressourcen ist eine Population, in der dieser *tradigenetische* Mechanismus gut funktioniert, einer solchen, die auf primär (bio-)genetische starre Programme oder stets in jeder Generation *wiederholungsbedürftige Erfahrungsprogramme* im Sinne einer Konditionierung angewiesen ist, hoch überlegen.

Innerhalb der eigenen Kultur ist man kaum in der Lage, sich vorzustellen, daß etwas auch vollkommen anders sein könnte. Es ist uns etwa heute völlig unverständlich, daß selbst Wächter über die christliche Nächstenliebe, wie der Apostel Paulus, im Prinzip nichts Anstößiges an der Sklaverei fanden. Ausdrücklich ist für ihn alle Obrigkeit von Gott. Das hatte damals auch für Sklaven zu gelten. Im Altertum war Sklaverei nichts Besonderes, die gab es immer schon. Natürlich hatte die Obrigkeit auch ihre humanitären Verpflichtungen.

Das Recht des Erstgeborenen, geeignet, den Besitz zusammenzuhalten und eine leicht verfolgbare genealogische Linie zu präsentieren, war in der Welt der Bibel so selbstverständlich und unumstößlich etabliert, daß es von Esau für ein Linsengericht verkauft und von Jakob sogar mit allem dazugehörigen genealogischen Erfolg über den Segen des Vaters erschlichen werden konnte. Bei uns empfindet man es heute nicht mehr ohne weiteres als gottgegeben, daß ausschließlich der Älteste (in manchen Regionen auch der Jüngste) das Hoferbe antritt, und die Geschwister im günstigeren Fall als Hagestolze ein Leben auf einer winzigen 'Hagestalt' zu fristen hatten. Freilich wären ständige Erbfolgekriege weder dem Fortbestand der Kultur, noch dem der Gene förderlich gewesen. Auch eine Kultur entwickelt sich nach Maßgabe des Erfolges und – wie die biologische Evolution – nicht nach Maßstäben von Gerechtigkeit und Moral. Diese werden in einem kaum durchschaubaren komplizierten Prozeß in der Kultur erst definiert, was unter anderen Christian VOGEL (1986, 1988) in überzeugender Weise darlegt.

Von der griechischen Insel Karpathos, wo der Besitz und die Macht in den Händen großbäuerlicher Familien gehalten werden, berichtet Bernard VERNIER (1986), daß die älteste Tochter, die den Besitz der Mutter erben wird (während der älteste Sohn den des Vaters erbt), von Geburt an auf diese Rolle vorbereitet wird. Sie wird verhätschelt und zu Festen mitgenommen oder stickt an ihrer Aussteuer, die Schwestern verrichten die schwere Feldarbeit. Bei einem Fehlverhalten wird sie, um ihre gesunde psychische Entwickung nicht zu gefährden, verständnisvoll ermahnt, bei einer Schwester setzt es im vergleichbaren Fall Ohrfeigen. Nach Übernahme der Wirtschaft durch die Älteste bleiben gewöhnlich auch die Geschwister auf dem Hof und werden dort als kostenlose Arbeitskräfte – nach unseren Maßstäben – ausgebeutet.

Anthropologisch besonders interessant und für uns von Interesse ist nun, daß diese für den Außenstehenden empörende Ungleichbehandlung von den Betroffenen und dem sozialen Umfeld allgemein widerspruchslos hingenommen und gar nicht als Unrecht erlebt wird. Bedeutsam erscheint noch folgendes Detail: Stirbt die Älteste in der Jugend, rückt nicht etwa die Zweitälteste in der Erbfolge nach. Vielmehr wird nach Möglichkeit die nach dem Tod Nächstgeborene wieder von der Wiege an als neue Erbprinzessin erzogen. Diese Gepflogenheit wird mit der magischen Bedeutung der Vornamen erklärt. Die Ältesten erhalten nämlich den Namen des Großvaters, bzw. der Großmutter, wodurch eine Art Seelen- und Besitzwanderung erwartet wird. Erst das nächstgeborene Kind kann diesen Namen nach dem Tod des Ältesten wieder bekommen. Wichtiger als diese (rational scheinende) Überlegung ist mir folgendes Faktum: Die Aschenputtelrolle der Zweitgeborenen muß auf diese Weise nicht aufgegeben werden, und das ginge vielleicht auch kaum. Die neue Rolle würde möglicherweise schlecht gespielt und vor allem von der Umgebung kaum akzeptiert, ein Gesichtspunkt, an den wir noch im Zusammenhang mit dem Autoritätsproblem (Kap. 11) erinnert werden.

Nach den oben dargestellten Überlegungen und Fakten können wir also erwarten, daß aufgrund einer genetischen Disposition eine *Kultur aufgesogen* wird, wie von einem Schwamm, in einem Prozeß unvermeidlichen Lernens, jenseits von SKINNERscher Konditionierung. Die Kultur hat ihren festen, phylogenetisch vorbereiteten Platz im Denk- und Verhaltenssystem. Schon DARWIN (1871) machte sich Gedanken, „wie so viele abgeschmackte Verhaltungsmaßregeln und religiöse Glaubensformen entstanden sind, ... wie sie sich in allen Teilen der Welt so tief in die Seelen der Menschen einprägen konnten". Er hält es „der Bemerkung wert, daß ein dem Gehirn in seiner aufnahmefähigsten Zeit eingeschärfter Glaube schließlich fast die Natur eines Instinkts anzunehmen scheint: das eigentliche Wesen des Instinkts besteht darin, daß er ohne Überlegung befolgt wird" (1923, S. 154).

Das ist genau das, was wir auch für unser obsoletes *Wertesystem* feststellen müssen: *Es besteht ohne Überlegung und fast unkorrigierbar wie ein Instinkt.* Doch diese Unkorrigierbarkeit bedarf noch einer mehrschichtigen Untersuchung.

Tradition und Lerndisposition

Tiere, die meist einfacher organisiert sind als der Mensch, deren Studium vor allem weniger weltanschauliche Abwehrreaktionen erzeugt, können interessante Modelle liefern. Bei einigen Arten gibt es eine bescheidene Tradition, aber doch allerhöchstens ansatzweise so etwas, was man bei äußerster Strapazierung des Begriffes 'Kultur' nennen könnte.

Am bekanntesten sind wohl in dieser Hinsicht die langjährigen Untersuchungen an Japanmakaken auf der Insel Koshima geworden (KAWAI 1965). Einige Individuen sind kreativer als andere. Von ihrer Kreativität kann die ganze Gemeinschaft profitieren; ihr Ergebnis wird über Generationen tradiert. In der besagten Affenpopulation war es ein junges Weibchen namens 'Imo', welches gleich mehrere bedeutsame Neuerungen eingeführt hatte. 1953 begann das damals eineinhalbjährige Tier, Süßkartoffeln sauberzuwaschen, später wurden sie in kleinen Portionen mit Meerwasser gewürzt. Ebenfalls von Imo, im Alter von 4 Jahren, ging eine Methode aus, Körner rasch und wirksam vom knirschenden Sand zu befreien. Es warf dazu das Körner-Sand-Gemisch, das sich aus den künstlichen Fütterungsbedingungen ergab, einfach ins Wasser und fischte anschließend die Körner von der Oberfläche wieder ab. Dabei werden die Arme nach dem gleichen Prinzip wie eine Ölsperre über die Wasseroberfläche bewegt.

In unserem Zusammenhang interessant ist, daß diese nützliche Verhaltensweise nicht vom alten Establishment zur Kenntnis genommen wurde, vor allem nicht von den alten Männchen, die aufgrund der Makakensoziologie auch wenig mit den Jungtieren in Interaktion treten. Wohl übernahmen Mütter und natürlich die Geschwister diese Verhaltensweisen von den Kindern. Allgemein aber bescheinigt Masao KAWAI den Adulten Schwierigkeiten bei der Übernahme solchen Verhaltens außer unter besonderen Bedingungen wie einer sehr engen Mutter-Kind-Beziehung oder einem 'excellent intellect'. Somit breitete sich dieses präkulturelle Verhalten nur sehr langsam innerhalb der Verwandtschaftsgruppen oder mit dem Generationenwechsel in der Population aus. Heute gehört es in Koshimas Affenpopulation zu den allgemeinen Kulturtechniken.

Es bleibe dahingestellt, ob die verzögerte Übernahme von Neuerungen in diesem Falle nur an mangelndem Intellekt der älteren Herrschaften liegt oder vielmehr an der bei Primaten – einschließlich des Menschen – verbreiteten Eigenschaft, vorzugsweise das Verhalten Ranghoher zu imitieren. Letzteres Programm entspricht durchaus der evolutionstheoretischen Erwartung; denn wer ranghoch und alt ist, war erwiesenermaßen im Leben erfolgreich, seine Methoden taugen offenbar etwas. „Wie er sich räuspert und wie er spuckt, haben sie treulich ihm abgeguckt“, verspottete man frei nach MOLIÈRE die Kleinfürsten in ihrem Bemühen, den großen Sonnenkönig zu imitieren. Dem Leser fallen sicherlich auch zahlreiche Beispiele der Gegenwart dazu ein, auch solche, die mit Umweltzerstörung zusammenhängen.

Noch einmal kurz zurück zu den japanischen Affen. Die besonderen Bedingungen machten sie kreativ auf allen Gebieten. Normalerweise ziehen diese Tiere keinen Vorteil aus der Arbeit von Artgenossen. Vor allem bestehlen und berauben sie einander nicht. Doch Gelegenheit macht Diebe. Das Weizenwaschen bietet denen, die sich das von ihrem Status her erlauben können, eine solche. Prompt gibt es einige, die das auch nutzen. Manche werfen selbst überhaupt kein Getreide mehr ins Wasser, sondern ernten die Früchte der Mühe anderer. „Sind Affen denn auch Menschen?“ läßt Wilhelm BUSCH den Bauernjungen fragen (im Gedicht ›Die Affen‹). Nicht nur die biogenetische Evolution ist schon von ihren Anfängen her ohne Moral, offenbar auch die Kultur.

Das Lernen hat viele Spielarten. Es läßt sich nicht über einen Leisten schlagen, obgleich Behavioristen das aufgrund ihrer einseitig angelegten Untersuchungen immer wieder bestätigt fanden. Wenn man nur unter der Laterne des lernpsychologischen Labors sucht, kann man Schlüssel, die woanders liegen, natürlich nicht finden. Es gibt Verhaltens- und Lerndisziplinen aller Schattierungen. Sie passen nicht in ein einfaches Black-box-Schema, das für alle Fälle, für alle Individuen oder gar alle Arten Gültigkeit hat. Naturerkenntnis und gute Ideen hängen auch von den Dispositionen ihrer Träger ab. Jenes geniale Makakenweibchen Imo zum Beispiel wurde mit seinem Trupp durch die Ethologen ans Meer gelockt und hatte vermutlich eine besondere Neigung, im Wasser zu spielen, zu experimentieren, könnte man auch sagen. Den Rest ihrer Erfindungen erklärt der Behaviorismus.

Lerndispositionen und das Kopernikanische Weltbild

Hühner lassen sich, wie andere Tiere auch, mit den üblichen Methoden, darunter leichten Strafreizen durch Stromschläge, dressieren. Wenn auf ein optisches Signal hin bei Weiterpicken ein Strafreiz über den Schnabel erfolgt, lernt das Huhn schnell, einen solchen zu vermeiden. Erfolgt aber dieser Strafreiz über die Beine, erweist sich ein Huhn in sonst identischer Situation als lernunfähig (zit. n. WILSON 1980). Das mag zunächst unsinnig erscheinen, ist aber ein durchaus vernünftiges Programm: Ein Huhn führt seine Schnabelbewegungen unter optischer Kontrolle durch. Ein gefährliches oder übel schmekkendes Insekt straft das Huhn schon seit Millionen Jahren über dessen *Schnabel*; es wird über den *Gesichtssinn* erkannt und nach übler Erfahrung gemieden; das Gehör nutzt da nicht viel. Dementsprechend haben die Gene neuronale Schaltungen ertüftelt, die diesen Lernprozeß besonders leicht machen. Dagegen, was beim Scharren freigelegt wird, kann ein Huhn nicht unmittelbar sehen, wohl aber ist der akustische Sinneskanal jetzt von Bedeutung. Dementsprechend ist zu erwarten, daß ein Huhn einen Strafreiz, der es über die *Beine* trifft, leicht mit einem bestimmten *Geräusch* verknüpft. So ist es auch in der Tat. Dafür läßt sich ein akustisches Signal nicht mit einem Strafreiz über den Schnabel assoziieren. Wozu auch? In der Phylogenie der Haushühner war das nie gefragt worden. Laborversuche sind im Repertoire des eingebauten Schulmeisters natürlich nicht vorgesehen.

Viele junge Säugetiere haben in der Jugend einen ausgeprägten Hang zu spielen. Man kennt das etwa von Katzen. Sie fangen einen Wollknäuel oder eine Fliege, klettern die Gardine hoch, wagen einen Blitzangriff auf ihren Pfleger (natürlich ohne Krallen) und flüchten in scheinbar panischer Angst, um sich gleich erneut anzuschleichen. Unterstützt von der Mutter, die das alles nicht nur geduldig mitmacht, sondern meist aktiv fördert, läßt der innere Antrieb sie lustvoll mit wachsendem Erfolg das lernen, was man später im Ernstfall braucht.

Aber auch bei Insekten, die man gemeinhin nicht für sonderlich bildungsfähig hält, kann das Lernen erstaunliche Bedeutung erlangen. Wie Martin LINDAUER (1975) gezeigt hat, können sogar recht komplizierte astronomische Zusammenhänge von gewöhnlichen Honigbienen rasch erlernt und im Experiment durch eingebaute Datenlücken sogar logisch ergänzt werden. Bienen bedienen sich bei der Orientierung und bei der Kommunikation über die Lage eines Ziels, etwa einer Futterquelle, der Sonne als Bezugspunkt. Dabei berücksichtigen sie die scheinbare Wanderung des Zentralgestirns mit Hilfe einer inneren Uhr. Bei einem instinktgebundenen Insekt ist es naheliegend, daß die Kenntnis der Sonnenwanderung angeboren ist.

Doch da gibt es ein Problem. Auf der Nordhalbkugel wandert die Sonne bekanntlich einen Rechtsbogen, auf der Südhalbkugel aber nach links. Mittags steht sie dort nämlich im Norden. Ein genetisches Programm, das die Wanderrichtung berücksichtigt, steht vor einer kaum lösbaren Aufgabe, wenn ein Genfluß innerhalb der Bienenpopulation zwischen beiden Hemisphären stattfindet. Dieser würde zu einem hoffnungslosen Chaos führen. Doch das Problem ist gelöst durch ein besonderes Programm mit einem kleinen, bestens vorbereiteten Lernanteil. Läßt man Sammelbienen drei Tage, jeweils *nur nachmittags* den Sonnenlauf verfolgen, dann verhalten sie sich so, als wäre die Sonne am Himmelsgewölbe fixiert; sie berücksichtigen also die Wanderung *nicht*. Haben sie aber noch zwei weitere Tage Gelegenheit, während der Nachmittagsstunden den Sonnenverlauf zu erfahren – sie haben bis dahin etwa 500 Sammelflüge ausgeführt –, dann haben sie die astronomische Situation begriffen. Zumindest verhalten sie sich so: Sie rechnen ab jetzt die Wanderbewegung ein, und sie können nun auch *'berechnen'*, wo vormittags die Sonne steht, die sie nie an dieser Stelle gesehen haben.

Bienen sind sogar in der Lage, wenn man in geeigneter Weise die Frage an sie richtet, zu beweisen, daß sie den von der Erdkugel verdeckten Sonnenstand während der Nacht kennen. Sie haben das Kopernikanische Weltbild als Lerndisposition genetisch eingebaut: Die Sonne ist der fixe Bezugspunkt, während die Erde, beziehungsweise die bei den wegbeschreibenden Symboltänzen vermittelte *mentale Landkarte* sich darunter in berechenbarer Weise dreht – ganz wie es nach unserer heutigen Kenntnis der astronomischen Wirklichkeit entspricht. Damit sich dieses – in unserer Kultur erst nach schweren geistigen Auseinandersetzungen etablierte – heliozentrische Weltbild im Nanokosmos des Bienengehirns aufbauen kann, muß das Insekt erstens beobachten, *daß* die Sonne scheinbar am Himmel wandert, und zweitens, *in welcher Richtung* dies geschieht.

Selektionsdruck hatte diese unglaubliche Lern- und Extrapolationsfähigkeit erzeugt. In der Phylogenese wurde dieser Lernprozeß schon so weit wie möglich vorweggenommen. Es müssen nun bloß noch die notwendigerweise ausgesparten geographischen Konstanten eingegeben werden. Insofern hat die angeblich voll instinktgebundene Sprache der Bienen mehr mit der angeblich voll erlernten Sprache der Menschen zu tun, als manchen ins Weltbild paßt. Dieses einmal Gelernte umzulernen, dürfte der Biene dann kaum mehr möglich sein. Es wäre auch nicht sinnvoll, ganz im Gegensatz zu Lerninhalten, die sich im Laufe des individuellen Lebens ständig ändern, zum Beispiel um welche Uhrzeit welche Pflanzenart Nektar spendet. Solches Wissen wird schnell aktualisiert, das heißt auch: bei Bedarf vergessen (näheres zum Lernen bei MENZEL 1983, 1987; GOULD/MARLER 1987).

Werteprägung: Das Modell 'Ente'

Etwas Weltbildartiges und Erlerntes hat auch unser kulturbedingtes Wertesystem an sich. Die Befähigung, Fertigkeiten zu erlernen, ist wohl eine notwendige, aber keine hinreichende Voraussetzung für die Kultur. Begnügen wir uns noch einen Augenblick mit dem Notwendigen, bevor wir versuchen zum Hinreichenden vorzustoßen.

Läßt sich auch bei Wirbeltieren, an denen es eher als beim Menschen verantwortbar ist, folgenreiche Experimente durchzuführen, Vergleichbares bezüglich der Lerndispositionen nachweisen, und könnte uns das beim Verständnis des in seine unterschiedlichen Kulturen eingespannten Menschen weiterhelfen? In der Tat wurde eine erstaunliche Breite solcher spezifischer Lernmöglichkeiten fernab jeder Konditionierung entdeckt, die auch wieder ihre plausible evolutionäre Deutung in der eingeplanten Anpassung an sich ändernde Umweltbedingungen finden. In einigen Fällen ist diese Anpassung irreversibel und nur innerhalb einer unter Umständen nur nach Stunden bemessenen Zeitspanne möglich.

Am bekanntesten sind LORENZ' geprägte Gänse und Enten geworden. Es hat sich in diesem Falle besonders deutlich gezeigt, daß unter unnatürlichen, das soll heißen, durch Eingriff des Menschen veränderten Bedingungen die sonst so gut ausgestatteten Tiere unglaublichen Unsinn lernen können. Sie halten zum Beispiel – in völliger Verkennung der Realität – einen Verhaltensforscher für ihre Mutter, oder eine Dohle sieht in einem Angehörigen der Gattung Mensch den einzig möglichen Ehepartner. Das zeigt wieder einmal deutlich, daß die Teleonomie biologischer Programme nur unter den Rahmenbedingungen gewährleistet ist, unter denen sie aus den angebotenen Varianten als die überlebensfähigsten ausgewählt wurden.

Weniger bekannt, aber in unserem Zusammenhang noch interessanter, sind die Versuche, von denen der Prägungsforscher Ekkehard HESS (1975) berichtet. Zum einen hat sich herausgestellt, daß prägsame Tiere doch nicht auf jedes beliebige Objekt geprägt werden können. Es gibt da durchaus *angeborene Präferenzen*. Unter naturnahen Bedingungen ist der Prägungsvorgang zu einem sehr frühen Zeitpunkt schon abgeschlossen. Auf die Stockentenmutter ist das Küken schon nach 20 Minuten irreversibel fixiert. Auf den Menschen geprägte Tiere lassen sich aber oft noch nach 20 Stunden mit Erfolg einer Entenmutter unterschieben. Zum andern machte man die interessante Beobachtung, daß Stockenten, die in einem Brutkasten geschlüpft waren, selbst gerne die angebotenen Nistkästen bezogen, die eben mit dem Brutkasten einige Ähnlichkeit haben, während Abkömmlinge einer Naturbrut auch in der nächsten Generation normalerweise frei brüteten. Auch bei einigen anderen Tieren ließ sich solche *Umweltprägung* bisher nachweisen.

Wie soll eine Ente wissen, wo in ihrem Biotop der beste Brutplatz ist? Es gibt wohl keinen besseren Algorithmus, als so zu brüten, wie es die Altvorderen schon immer getan haben. Wenn man selbst so aufgewachsen ist, muß die Methode ja erfolgreich gewesen sein. Wenn das Gelege vom Hochwasser oder vom Fuchs geholt wurde, stellt sich die Frage gar nicht mehr.

Eine nur geringe Bereitschaft zum Experimentieren garantiert der Population den Fortbestand für den Fall, daß die Umweltbedingungen sich ändern. Diese wichtige, lebenslang haftende Information über die typische Lage eines erfolgreichen Entengeleges haben sich die Tiere buchstäblich im Vorübergehen, nämlich beim Verlassen des Nestes eingeprägt, noch bevor sie die erste Nahrung zu sich nehmen konnten. Hier zeigt sich wieder besonders deutlich, wie ohne jede denkbare Rückkopplung durch behavioristische Verstärker in Minuten- oder Sekundenschnelle Entscheidendes für das ganze Leben gelernt wurde – aufgesogen wie das Wasser durch einen Schwamm, der es dann nicht mehr abgibt. Die lerntheoretische Rückkopplung erfolgt erst über Generationen: Belohnung und Bestrafung stellen sich dar als Erfolg oder Mißerfolg im Brutgeschäft, und das ist dann nicht mehr Lern-, sondern Evolutionstheorie.

Und nun der kritisch zu betrachtende Schritt zum Menschen. Hess stellt sehr enge definitorische Anforderungen an den Begriff Prägung, unter anderem gehört dazu die Begrenzung der prägsamen Phase auf eine sehr kurze Zeitspanne. Demnach, meint er, gibt es Prägung beim Menschen nicht. Nun ist das ein rein definitorisches Problem. Wie später noch deutlicher gezeigt werden soll, neigen wir – aus guten Gründen! – zum deutlichen Klassifizieren, Kategorisieren, Kontrastieren, also zum Ziehen klarer Grenzen, auch wo diese nach außermenschlicher (z. B. meßtechnischer) Objektivität rein willkürlich gesetzt sind. Wo etwa ist die klare Grenze zwischen groß und klein, viel und wenig? Zwischen Prägung, Lernen und genetisch bedingten Entwicklungsprozessen lassen sich zum Ärger systematischer Denker ebenfalls alle möglichen Übergänge und Verknüpfungen zeigen. Um uns an unfruchtbaren Definitionsstreitigkeiten nicht zu beteiligen, sollten wir beim Menschen von *prägungsartigen Vorgängen* sprechen.

Werteprägung: Das Modell 'Sprache'

Seine Kultur durchtränkt den Menschen wie eine Art zweiter Natur. Das Bild des Schwammes, der begierig jedes Wasser aufnimmt, sobald er dazu Gelegenheit hat (und solange er noch nicht vollgesogen ist), wird gerne auch von biologisch orientierten Sprachwissenschaftlern benutzt. Nun ist die Sprachfähigkeit nicht nur eine unabdingbare Voraussetzung für unsere Kultur, sondern das linguistische Verständigungssystem selbst ist, wie das jeweilige Wertesystem, ein Teil davon. Die Art seines Erwerbs und seine biologische Bedeutung könnte ein wertvolles Modell darstellen für den Erwerb und die Bedeutung eines Wertesystems. Beide Systeme haben eine Reihe von Eigenschaften gemein:

- Es liegt ihnen eine äußerst komplizierte, im einzelnen unterschiedliche, aber stets trotz aller Unzulänglichkeiten irgendwie funktionsfähige Strukturierung zugrunde.
- Beide Systeme sind kulturabhängig und durchlaufen eine tradigenetische Evolution.
- Sie können sich auf neue Gegebenheiten unvergleichlich viel schneller einstellen, als dies auf biogenetische Weise möglich wäre (wie wir das z.B. von den Ausdrucksmitteln der Hunde her kennen, die sich aus denen der Wölfe weiterentwickelt haben).
- Ihre inhaltlichen Möglichkeiten sind fast unbegrenzt.
- Beide Systeme werden 'spielend', das heißt ohne bewußte Anstrengung, erlernt.
- Strukturelle Fehleinprägungen, bedingt durch Hörfehler, ein sprachschwaches, bzw. ein ethisch aberrantes Milieu, sind spätestens nach der Pubertät nur schwer und dann meist unvollkommen zu korrigieren.
- Das 'spielende' Lernen erfolgt nur in einer begrenzten Lebensphase, zum Teil schon *bevor* entsprechende verstärkungsfähige Aktivitäten gezeigt werden können. Umweltbedingte Verzögerungen können innerhalb dieser Phase enorm schnell aufgeholt werden.

- Neue Sprachsysteme werden ebenso wie neue Wertesysteme von Erwachsenen nur sehr mühsam und in der Regel sehr unvollkommen erlernt.
- Der Versuch, verschiedene Systeme zu integrieren, wird in der Regel als Disharmonie erlebt, vor allem, wenn der grammatische oder metaphysische Bezugsrahmen betroffen ist. Hier zeigt sich eine noch zu begründende Hemmung bei der beliebigen Rekombinierbarkeit.

Der wissenschaftliche Zugang zu diesen beiden Systemen wird durch die teleonome und untrennbare Verquickung von Angeborenem und Umweltbedingtem, von *nature* und *nurture*, erschwert. Die besondere Problematik liegt zum großen Teil darin, daß Naturwissenschaftler diesen Bereich wegen des geisteswissenschaftlichen Aspektes meiden und Geisteswissenschaftler vielfach die biogenetischen Grundlagen als unverzichtbare Voraussetzung für menschliches Handeln und Erkennen völlig zu leugnen geneigt sind.

Von der genetischen Ausbildung besonderer Lerndispositionen war nun schon vielfach die Rede. Diese Strategie erlaubt hochspezifische Wahrnehmungs-, Reaktions- und Verhaltensmöglichkeiten, maßgeschneidert für die jeweilige Umwelt, ohne daß der genetische Kodierungsaufwand (in Form von DNA) ins Unermeßliche und Unmögliche ansteigen müßte. Im Informatikzeitalter ist man geneigt, sich solche Dispositionen als vorgefertigte, gut ausgetestete selektionsbewährte und fest installierte Programme vorzustellen, die in bestimmten ontogenetischen Phasen für den Benutzer individuell angepaßt werden können oder müssen. Wir werden starke Hinweise in diese Richtung finden.

Offenbar ist es so, daß im Individuum ein Überschuß von weitgehend mit der Realität harmonisierenden neuronalen Strukturen genetisch vorgegeben ist und daß dann in der Entwicklung nachgefeilt wird. Beibehalten werden schließlich nur die Neuronen und Verknüpfungen, die ein Korrelat finden in der realen Welt, wie sie sich dem individuellen Lebewesen subjektiv darstellt. So stellt sich das Nervensystem spezifisch ein auf das Hineingeborensein in eine bestimmte Welt. Bleiben wir noch im Tierreich, wo man Versuche machen kann. Zum Beispiel Füchse, die in reizarmer (und wohl vor allem gegenüber der natürlichen Umwelt veränderter) Gefangenschaft aufgezogen wurden, haben ein in der Regel deutlich verkleinertes Hirngewicht (HERRE/ROEHRS 1971). Eine Katze, die in einer streng definierten künstlichen Umwelt, die nur aus senkrechten Linien besteht, aufgezogen wird, kann später, nach dieser besagten Phase des Ausfeilens, keine anderen Linien wahrnehmen. Als kritsiche Phase für die Festlegung des Sehens bei Katzen ermittelten HUBEL und WIESEL (1979) den zweiten bis vierten Monat. Inzwischen erforscht man die chemischen Mechanismen dazu (Lit. bei AOKI/SIEKIEVITZ 1989; KALIL 1990).

Da Entsprechendes, natürlich auch auf einen größeren Zeitraum der ersten Kindheitsjahre ausgedehnt, auch für den Menschen gilt, ist es im Zusammenhang mit diesem Beispiel der visuellen Wahrnehmung wichtig, daß angeborene schwere optische Fehler schon in der frühen Kindheit behoben, etwa durch Sehhilfen ausgeglichen werden. Später ist das nicht mehr möglich, bzw. es nützt nichts mehr, da das Gehirn einen Entwicklungsweg genommen hat, der sich dann auf die neuen (die reale Welt tatsächlich besser abbildenden) optischen Daten nicht mehr einstellen kann, da es diese in der Welt seiner Jugend für das Gehirn nicht gab. Die kritische Phase ist dann unwiederbringlich verstrichen. Sie wartet zwar bei fehlendem Angebot eine Zeitlang, bevor die Neuronen festgelegt werden, aber nicht beliebig lange.

Nun ist die visuelle Wahrnehmung nicht ganz das, was uns hier im engeren Sinne interessiert. Untersuchungen bezüglich des Wertesystems gestalten sich ungleich schwieriger, da es nicht in Winkeln und Trennschärfe zu messen, nicht einmal zu beschreiben ist. Doch ist es zumindest denkbar, ja mir scheint es sehr wahrscheinlich, daß auch in diesem Zusammenhang auf neurophysiologischem Niveau vergleichbare ontogenetische Prozesse ablaufen. Zu deren Untersuchung ist mir allerdings bisher kein Ansatz bekannt.

Deshalb müssen wir uns weiter mit Modellen begnügen. Hier interessierende Ergebnisse hat man schon an geprägten Perlhühnern erzielt (SCHEICH 1987). Mit einer geeigneten Methodik ließ sich nachweisen, daß durch den Prägungsvorgang in einer bestimmten Hirnregion die Zahl der Ansätze für die *Synapsen (Spines)*, die die Neuronen vielfältig miteinander verknüpfen, *vermindert* wurde. Das Ausbilden *neuer* Synapsen scheint beim prägungsartigen Lernen – wenn überhaupt – der weniger bedeutsame Vorgang zu sein. Es ist offenbar in der Natur eine verbreitete Methode – wir kennen das schon vom Selektionsprinzip der Evolution –, daß aus der spontan entstehenden, noch wenig geordneten Fülle durch *Entfernen* des Ungeeigneten die leistungsfähigen Strukturen gemeißelt werden. Nach diesen Versuchen mit Vögeln vertieft sich die Theorie, daß ein redundantes Lerngerüst genetisch vorgegeben ist, das darauf wartet, daß Passendes angeboten wird, auf das hin es sich selektiv reduzieren kann: Konstruktion durch gezielte Zerstörung.

Nach sieben Tagen besaß ein *ungeprägtes* Perlhühnchen die meisten Abzweigungen im dendritischen Bereich der untersuchten Neurone; ein in aller Vielfalt der Reize *natürlich geprägtes* Tier hatte einen quantitativ nicht erheblichen Teil abgebaut; ein Küken, das nur auf einen *Minimalreiz*, einen monotonen Rhythmus bei gleichbleibender Frequenz, geprägt war, wies einen ganz enormen Schwund auf. Das bedeutet, daß unter diesen Laborbedingungen das natürliche Potential zum größten Teil verkümmert.

Mit dem Abbau der Synapsen nach vollzogener Prägung wird das „Zeitfenster geschlossen" (SCHEICH). Unterbleibt die Prägung ganz, wartet das Gehirn, allerdings nicht endlos lange. Die Verbindungen werden dann zufällig, sinnlos reduziert. Die sonst 'konstruktive Destruktion' nimmt dann recht grobe Formen an. Wenn die Feile keine saubere Führung bekommt, wird sie zur Axt. Mit einem solchen Kahlschlag ließe sich zum Beispiel das enorm weite, bis zur Hummel reichende Auslösespektrum bei Prachtfinken erklären, deren sexuelle Prägung man experimentell verhindert hat. Vielleicht erklärt dies auch die Orientierungslosigkeit und weltanschauliche Wehrlosigkeit bei in der Jugend vernachlässigten Menschen.

Bei allen ungeschmälerten Erfolgen des *Behaviorismus*, bezüglich des Sehens, der Nachfolgeprägung, der Gesangsprägung bei Vögeln und des Spracherwerbs hat er hoffnungslos versagt. Dieser Ansatz ist von solch genialer Einseitigkeit und derart wahrnehmungsverengt, daß das auch eigentlich niemanden wundern kann. In seinem verständlichen Überblick zum Spracherwerb geht Dieter E. ZIMMER (1988) kritisch auf die einzelnen Theorien ein und kommt zu einer ähnlichen Bewertung der behavioristischen Lerntheorie im Zusammenhang mit dem Spracherwerb.

Sprachliche Systeme sind sehr viel komplizierter als etwa das Periodensystem der Elemente, einschließlich des physikalischen Hintergrundes und praktischer anwendungstechnischer Konsequenzen. Schon dieses ist nur einer Minderheit von Menschen mit einiger Mühe zugänglich. Jede Sprache der Welt dagegen wird von jedem normal begabten Kind im entsprechenden Milieu ohne das Empfinden der Anstrengung erlernt. Notfalls werden von den Menschen die linguistischen Systeme selbst erstellt oder zusammengestellt, wie die sogenannten Kreolensprachen beweisen (BICKERTON 1983). Auch Zwillinge entwickeln unter Umständen ihre Privatsprache (LENNEBERG 1972). In Taubstummenfamilien gibt es sogar eine *averbale* Sprachkultur, die den Kindern ebenso ungezwungen weitergegeben wird wie die akustische. Sprachen erweisen sich als so kompliziert und variabel, daß trotz aller intensiven Forschung etwas dem Periodensystem Vergleichbares nicht geboten werden kann. Auch das haben sie gemeinsam mit Wertesystemen, weshalb uns dieser gut untersuchte Modellfall auch noch weiterhelfen kann.

Kategorisierung: Die permanente Schöpfung der Eindeutigkeit

Akzeptabler als die Hypothese der Lerntheoretiker ist die nativistische Sprachtheorie, mit der Noam CHOMSKY (1959) und Eric LENNEBERG (1972) das behavioristische Weltbild leck schlugen. Sie geht von einer angeborenen Grundstruktur, einer Art Tiefengrammatik, aus, obgleich sich diese in Anbetracht der sprachlichen Vielfalt der Welt bisher nicht befriedigend beschreiben läßt. Doch das ist ja, wenn man so komplizierte Wahrnehmungsmechanismen wie das Erkennen und Deuten von Gesichtern und Gesichtsausdrücken beim neurophysiologisch schon recht gut erforschten optischen Sinn – einschließlich der über diesen vermittelten Körpersprache – betrachtet, letztlich ganz ähnlich, ohne daß an dessen angeborener Grundlage ernsthafte Zweifel haltbar wären. Mit einiger Sicherheit dürfen wir also davon ausgehen, daß CHOMSKYS Postulat berechtigt ist, daß die Bewältigung eines solch komplexen Systems, wie es eine Sprache darstellt, nur einem Wesen möglich ist, das für die Form der Grammatik 'prädisponiert' (1970, S. 149) ist. Wie konnte man je an dieser Prädisposition zweifeln?

Die umfassende Darstellung von LENNEBERG weist diesbezüglich in die gleiche Richtung. Er hält Sprache für einen Aspekt eines grundlegenden, biologisch determinierten Prozesses. Wie weit solche Prädispositionen gehen, und wie früh und (im Normalfall) reibungslos und unbemerkt sich das Gehirn, in diesem Fall die Sprachzentren, harmonisch auf die Umwelt einstellen, zeigen in einem aufschlußreichen Teilbereich Untersuchungen an Säuglingen bezüglich der Entwicklung ihres phonemischen Horizontes. Eine Darstellung bietet EIMAS (1985).

Jede Sprache hat ihre eigene Lautwelt, die keineswegs so naturgesetzlich festgelegt ist, wie wir das empfinden. 'Die' Sprache wird nicht nur grammatisch, etwa in Wortklassen, und semantisch in Bedeutungsfelder, sondern auch phonemisch *kategorisiert*. Bei der Muttersprache haben wir da keinerlei Probleme. Bei unbekannten Fremdsprachen und manchmal sogar bei solchen, die in fortgeschrittenem Alter erfolgreich erlernt wurden, bestehen dagegen oft erhebliche Schwierigkeiten, wenn wir die einzelnen Phoneme motorisch und akustisch auseinanderhalten sollen. Uns ist es schwer verständlich, daß Chinesen und zufällig auch Japaner (zufällig, weil deren Sprachen nicht miteinander verwandt sind) Probleme bei der Unterscheidung der Konsonanten L und R haben. Wir selbst tun uns aber vielleicht noch schwerer bei einigen hier nicht beschreibbaren Nuancen etwa des Chinesischen oder des Thai. Bei späterem Erwerb einer Fremdsprache sind solche Schwächen oft nur mit intensivem Training und in einzelnen Fällen gar nicht zu beheben. Ich möchte dazu die Hypothese wagen, daß die entsprechenden Synapsen, die das leichte Erlernen der später unzugänglichen Phoneme erlaubten, nach der sprachlichen Prägungsphase abgebaut sind, wie SCHEICH (1987) das bei den Polhühnern zeigen konnte.

Die Bedeutung der durch Kategorisierung definierten Artikulationsbasis bzw. Phonemik einer Sprache für ihre Funktionsfähigkeit bedarf keiner besonderen Betonung, wohl aber muß im Hinblick auf das Verständnis des Folgenden darauf aufmerksam gemacht werden, wie weit diese von *naturgesetzlicher* Notwendigkeit entfernt ist. Zum Beispiel der Unterschied zwischen B und P, etwa bei 'BAH' und 'PAH' wird als qualitativer Sprung wahrgenommen, physikalisch ist er aber nur quantitativ zu beschreiben. Der Unterschied liegt bei diesem Beispiel im Zeitpunkt der Freigabe des Luftstromes über die Stimmbänder nach Beginn der Lautbildung. Die subjektiv klar erlebte Scheidelinie zwischen B und P liegt bei etwa 30 Millisekunden. Bei kürzerer Vorlaufzeit wird ein B, bei längerer ein P wahrgenommen. Unterschiede *innerhalb* dieser beiden eindeutigen Kategorien können (von uns) nicht wahrgenommen werden. Die Bedeutung solcher physikalischer Meßgrößen kann durch die Abhängigkeiten mehrerer Variabler untereinander sehr viel komplizierter sein. Zum Beispiel wird zusätzlich die Einsatzfrequenz zur Kategorisierung herangezogen (Näheres bei EIMAS 1985). Die Sprachen der Welt sind diesbezüglich noch keineswegs erschöpfend untersucht.

Diese Kategorisierungs*neigung*, die fließende Übergänge in diskrete Einheiten gliedert, erinnert sehr an den allgemeinen Hang zur Kontrastverstärkung und zur Konstanzwahrnehmung. Sie erinnert auch an die *typische Intensität*, wie sie bei ritualisierten Ausdrucksbewegungen vieler Tiere beobachtet wird (MORRIS 1957). Sie ist eine wichtige Voraussetzung für das Funktionieren linguistischer Verständigung. Hier sind *Trennmarken* gesetzt, die *als eine Art von Naturkonstanten erlebt* werden – ohne solche zu sein. Es ist auch funktionell vorteilhaft, Werte und Un-Werte als die deutlichsten Gegensätze zu empfinden, die es gibt.

Für den hier vorgenommenen Vergleich mit dem Wertesystem ist die Kenntnis darüber wichtig, wie sich solche 'subjektiven Naturkonstanten' ontogenetisch etablieren. Kleinkinder kann man nicht direkt befragen, was sie wahrnehmen und unterscheiden können. Deshalb glaubte die sogenannte Wissenschaft auch lange – im Gegensatz zu den Menschen, die direkten Kontakt zu den Kindern hatten –, sie könnten zunächst auch überhaupt nichts. Aber mit geeigneteren Methoden erfährt man doch, ob sie beispielsweise zwei Laute auseinanderhalten oder nicht. Man registriert dazu vor allem ihre Saugfrequenz an einem präparierten Schnuller oder ihren Herzschlag. Beides ändert sich, wenn sie einen neuen Laut vorgespielt bekommen, nachdem sie sich an einen anderen durch Wiederholung gewöhnt haben. Wenn sie das neue Phonem nicht von dem alten unterscheiden, bleibt natürlich auch der meßbare physiologische Effekt aus.

Das überraschende Ergebnis dieser Untersuchungen ist, daß der zunächst sehr weite phonemische Horizont des Säuglings, der vermutlich alle Sprachen der Welt – und wahrscheinlich noch etwas mehr – umfaßt, im Laufe des ersten Lebensjahres immer weiter eingeengt und spezialisiert wird auf die durch die Muttersprache gegebenen Notwendigkeiten (Eimas 1985). Fremde Sprachen werden schließlich nur noch als unverständliches Blabla oder, wie die alten Griechen ähnlich lautmalend und überheblich sagten, als 'barbarisch' wahrgenommen; darüber hinaus empfindet man sie noch als unaussprechlich, einer achtenswerten menschlichen Natur nicht würdig.

Markl (1986) weist im Zusammenhang mit der Aggression auf die gruppenabsondernde Bedeutung der Sprache hin, während normalerweise nur einseitig ihre verbindende betont wird. In einer Welt voller Gruppeninteressen und -bindungen ist die Abgrenzung die notwendige Kehrseite der Medaille.

Doch bleiben wir beim Thema: Wer das Unkraut im Garten nicht bekämpft, wer Herbstlaub liegen läßt, verstößt gegen die etablierten Werte von Ordnung und Sauberkeit. Er wird als Vertreter einer bedrohlichen barbarischen Welt wahrgenommen, von deren chaotischem Einfluß man sich um so pedantischer absetzen muß, je weniger man diese fremden Werte aufgrund ontogenetischer neuronaler Einengung verstehen kann.

Werteprägung: Das Modell ‘Grundgesetz’

Wenn wir in unserem heuristischen Annäherungsversuch einmal dem Wertesystem, welches noch schwieriger in eine einheitliche grammatikartige Struktur zu pressen sein dürfte, als dies bei der Sprache möglich ist, vergleichbare (nicht identische) biologische Grundlagen unterstellen – und ich finde, es spricht alles dafür –, dann darf es nicht verwundern, daß es auch ganz ohne erkennbaren oder empfundenen Zwang (bisweilen sogar äußerem Zwang zuwider), vorzugsweise während der Kindheit und Jugend, aufgenommen wird. „Es erben sich Gesetz und Rechte wie eine ew’ge Krankheit fort“, klärt Mephisto im Gewand des Hochschullehrers den verwirrten Schüler in seiner Studienberatung zur Juristerei auf. „Sie schleppen von Geschlecht sich zu Geschlechte und rücken sacht von Ort zu Ort.“

Einmal etabliert, erschwert diese merkwürdig vererbte ‘Krankheit’ die Wahrnehmung anderer Systeme und die Achtung davor, erst recht, wenn es sich um unvereinbare und somit notwendigerweise konkurrierende handelt. So ist zu erwarten, daß Diskussionen über Werte an Verständigungsschwierigkeiten kranken und darüber hinaus unter erheblichem inneren Aggressionsdruck stattfinden. Vor allem aber wird die Fähigkeit zum Umlernen sehr eingeschränkt sein. „Vernunft wird Unsinn, Wohltat Plage.“ Zusammen mit anderen menschlichen Eigenheiten führt dies nicht nur zur Zerstörung der Umwelt, sondern auch in der heutigen Zeit noch zu Pogromen und Völkermord, wobei noch die grausamsten Akteure von ihrer jeweiligen Gruppe als Helden gefeiert werden.

Was hier so negativ dargestellt wurde, hat seine adaptive Bedeutung. Ein Staat, in dem die Gesetze passend zu jeder Stimmung täglich geändert würden, verdiente auf keinen Fall das Prädikat ‘Rechtsstaat’. Die verfügbare juristisch nutzbare Information wäre minimal. Einer Kultur der Stimmungsjustiz könnte man keine lange Überlebensfähigkeit voraussagen. Aus diesem Grunde war schon der einfache Dekalog in Stein gemeißelt, aus den unendlich vielen möglichen Formen von Steinen heraus eindeutig und unauslöschlich ‘geprägt’.

Es sieht also so aus, um ein für Mitglieder alphabetisierter Kulturen plausibles, wenngleich sehr unvollkommenes Bild zu benutzen, als hätte die Evolution beim Menschen bezüglich der Sprache und dessen, was man sonst noch als Kultur bezeichnet, einschließlich des schicksalhaften Wertesystems, ein vielfältig vorstrukturiertes Buch, eine Art Rahmengesetz, vorbereitet, das seine Sinnhaftigkeit erst erlangt, wenn es aus der Umwelt an entscheidenden Stellen während bestimmter Entwicklungsphasen mit passenden Informationen aufgefüllt wird, dann aber nur noch schwer Gesetzesänderungen zuläßt. Diese schon fast instinkthafte Schwerfälligkeit des fertigen Werkes ist nicht nur beobachtbar, sondern eigentlich auch theoretisch zu erwarten.

Das könnte dennoch zunächst sehr widersprüchlich erscheinen. Wie immer wieder betont, liegt doch der immense Vorteil des linguistischen Verständigungssystems und der Kultur gegenüber den angeborenen Verhaltenssystemen in ihrer raschen Anpassungsfähigkeit; er liegt darin, daß sie auf beliebige neue Probleme eine beliebig angepaßte Antwort entwickeln zu können scheinen.

Nur darf es mit der Beliebigkeit und der Anpassungsfähigkeit nicht zu weit getrieben werden. Wenn jeder sein Leben lang mit der lallenden Kreativität des Säuglings, offen für alle Phoneme und denkbaren Satzkonstruktionen der Welt, reden würde, die babylonische Verwirrung wäre gewiß. Erst wo differenziert und definiert wird, da wird ein Verständigungssystem leistungsfähig. Insofern ist das bekannte Problem aus dem Mythos von Babylon auch der Beweis und der Preis für die Fähigkeit zur kulturellen Höherentwicklung, die in der Menschheit stattgefunden hat. Tiere derselben Art haben bei ihrer Verständigung solche Probleme nicht – mit Ausnahme vielleicht der Bienen aus Nord und Süd (siehe S. 143).

Wenn die kulturellen Wertvorstellungen bei jedem Wetterumschlag durch neue ersetzt würden, eine solche Kultur hätte bezüglich des anreicherbaren Informationsgutes sehr enge Grenzen, die erreichbare kulturelle Höhe wäre gering, ganz analog den allerersten Lebewesen (oder Beinahe-Lebewesen) auf der jungen Erde. Diese verfügten bekanntlich nur über wenig exakte Replikationsmöglichkeiten und konnten aus diesem Grunde nur eine sehr geringe Komplexität erreichen. Zu allen Zeiten der Geschichte hätte ein schlimmes Wertechaos geherrscht, falls es überhaupt je zu einem Wertbegriff hätte kommen können. Eine gewisse *Wandlungsträgheit ist für komplexe Strukturen der unvermeidbare Preis des Fortbestandes*, dazu gehören auch Sprache und Kultur.

Einmal internalisierte ideelle Werte, wie auch die Sprachen, selbst wenn es große persönliche Nachteile mit sich bringt, werden mit Idealismus, Emotionen und allzu oft auch mit Sprengstoff und Geiselnahmen verteidigt. Märtyrer werden geopfert. Beides, Sprache und Ideale werden durchgesetzt oder unterdrückt – je nach Standpunkt: das Deutsche in Südtirol, das Baskische in Spanien, das Türkische in der Bundesrepublik, das Kurdische in allen beteiligten Staaten, die schiitischen Grundsätze im größten Teil der Welt und auch die Wachstums-, Atom- oder Verkehrspolitik am Biertisch und in den Machtzentralen. Ihre Situation in den Gehirnen scheint sehr stabil zu sein.

Andererseits bedeutet Leben aber immer Ungleichgewicht. LENNEBERG (1972, S. 258 ff.) stellt die biologische Reifung als ein Durchlaufen besonders instabiler Stadien vor, die immer wieder Neuordnungen hervorrufen, die ihrerseits zu neuen Ungleichgewichten führen. Sprachlernbereitschaft sieht er als ein solches zeitlich begrenztes Stadium von Ungleichgewicht, „in dessen Verlauf ein Platz geschaffen wird, in den die Bausteine der Sprache sich einfügen lassen". Nach der Pubertät „ist offensichtlich ein *konstanter Zustand* erreicht; die kognitiven Prozesse sind *fest strukturiert* und *zerebrale Reorganisation ist nicht mehr möglich*". Bis in erstaunliche Einzelheiten läßt sich eine Analogie zu averbalen Bräuchen und Wertesystemen verfolgen. „Die realisierte Struktur ... der Sprache (oder des Wertesystems [B. V.]), die das wachsende Kind umgibt, ist gleichsam eine Matrize, die die Form der realisierten Struktur des Kindes *prägt*." Andererseits ist alles im Fluß, „in einem Zustand der Veränderlichkeit (von relativ hoher Viskosität)" (Hervorhebung B. V.).

Der *biologisch gesicherte Prägungscharakter bei der Werteaufnahme* durch die Individuen trägt dem Zwang zur Trägheit ebenso Rechnung wie das durch Zweidrittelmehrheiten gesicherte Grundgesetz. Nun mögen wir diese Zähigkeit beklagen, weil heute die Zivilisation der konservativen Kultur der Werte davonrennt und dies zu wachsender Disharmonie – und hoffentlich nicht zu einer Katastrophe – führt. Aber es gibt keine Alternative dazu.

Natürlich ist mit all diesen vereinfachten Modellen nicht die ganze Welt zu erklären (das ist vom Wesen eines Modells her, das ja überschaubar machen soll, auch gar nicht möglich). Aber immerhin finden die hier dargestellten Aspekte eine eindrucksvolle Unterstützung auch durch die Ergebnisse der empirischen Sozialforschung.

Werteinstellungen werden demnach selbstverständlich auch vom sozioökonomischen Status beeinflußt. Je geringer die unmittelbare Not und je höher der Bildungsstand, desto eher neigen – statistisch – die Menschen *post*materiellen Werten zu (darunter auch der Schutz der Umwelt). Zur Überraschung der Untersucher war in den meisten Ländern, auf die sich die Untersuchung erstreckte, der *Status des Vaters* im Hinblick auf die Werthaltungen noch aussagekräftiger als der Status des Befragten selbst (INGLEHART 1979). Diese Werthaltungen waren also vor Jahrzehnten in der prägsamen Phase festgeklopft und weniger durch die *aktuellen* Verhältnisse geändert worden.

Dieses Ergebnis können wir wohl als Bestätigung der bisher dargelegten Theorie betrachten. Das stimmt uns allerdings weniger froh als betrüblich. Denn das bedeutet, daß wir mit dem dringend notwendigen raschen Wandel der Einstellung gegenüber materialistischen Werten bei der Bevölkerungsmasse vorläufig kaum rechnen können. Berechtigte Hoffnung gründet sich eher auf die Generation von Kindern der 'Gnade der späten Geburt'.

Das Über-Ich und die Umweltzerstörung

Wenn man schon disponiert ist, die Natur zu animieren, also mit Geistern zu bevölkern, das Meer und den Wind zu personifizieren, wenn man Justitia blind und die Freiheit mit lodernder Fackel in Marmor oder Bronze entstehen läßt, dann haben die Komponenten der menschlichen Psyche erst recht Anspruch auf die Übernahme in den Kreis der Allegorien. Vor allem kommt eine solche Darstellung unserer Sprache als Kommunikationsmedium sehr entgegen, die ja zur personalen Verständigung, nicht zum Zwecke der Analyse unseres eigenen Geistes entwickelt wurde.

Siegmund FREUD läßt gegenüber dem chaotisch triebhaft brodelnden *Es* des Säuglings ein *Ich* entstehen, das ihm zur Personalität verhilft. Ein jeder Mensch ist aber notwendigerweise mehr oder weniger in eine kulturelle Schicksalsgemeinschaft eingebunden, welche interpersonell daran interessiert sein muß, auch in jedem einzelnen ihren 'Agenten' unterzubringen, der dafür sorgt, daß das *Ich* sich in ihrem Sinne verhält und sie nicht zum Beispiel aus Egoismus verrät. Umgekehrt bezieht ja auch jede einzelne Person einen großen Teil ihrer Lebensmöglichkeiten aus einer starken Gemeinschaft, weshalb vom soziobiologisch beeinflußten, evolutionären Betrachtungspunkt her gesehen auch die Gene einen gebührenden Platz für diesen Agenten reservieren sollten.

Ist seine Position nämlich zu schwach, wird sein Träger in der Kultur als asozial unangenehm auffallen, und die Reproduktionschancen solcher Gene dürften im allgemeinen geschmälert gewesen und ihre Träger deshalb selten geworden sein. Ist seine Position zu stark, dann ist sein Träger ein hoffnungsloses Opfer des (theoretischen) Moralsystems seiner Gesellschaft. Er läßt sich bis zur Lebensunfähigkeit ausbeuten, und die zum Überleben seiner Gene förderliche Stufe wird damit in entgegengesetzter Richtung überschritten. Wo das Optimum liegt, bestimmen die jeweiligen Verhältnisse analog dem Problem des begrenzten Altruismus aufgrund des Egoismus der Gene (S. 61).

Einen ganz ähnlichen (vermutlich denselben) überpersönlichen Agenten sieht v. MONAKOW (1950, S. 250) in der bereits erwähnten 'Syneidesis'. Diese ist „in ihrer Urform *unpersönlich* und mit einer beträchtlichen Komponente bereits auf die Zukunftsinteressen des Individuums und des Geschlechtes (unbegrenzt) eingestellt. Zum persönlichen, i. e. menschlichen Gewissen wird sie erst unter Einfluß der Erlebnisse ...". Heute würde er vielleicht sagen: durch Prägung. Nach MONAKOWS (optimistischer) Meinung greift sie „im Sinne eines naturrichterlichen, die Zukunft optimal inaugurierenden Entscheides in die innervatorischen Leistungen ein". Statistisch gesehen mag das zutreffen. Im einzelnen kann der eingebaute Schulmeister aber bekanntlich sehr wohl irren.

Diese in jeder menschlichen Psyche evolutionstheoretisch zu postulierende genetisch eingebaute Kontrollinstanz nennt FREUD von seiner Induktionsbasis her *Über-Ich*. In einer patriarchalischen Kultur wird dieses vor allem durch den Vater während der Ontogenese verkörpert.

Das sich entwickelnde *Ich* ordnet sich dem bewunderten, als allmächtig empfundenen *Über-Ich* unter, welches es nicht nur als Schutz und Leben spendend liebt, wie den alttestamentarischen Gott, sondern welches es eben auch wie diesen wegen seiner alles kontrollierenden Allwissenheit und seiner willkürlichen, keine Berufungsinstanz zulassenden Allmacht fürchtet.

Eine verbreitete Strategie gegen Ängste ist die *Identifikation mit dem Aggressor.* Kinder, die vor Räubern und Gespenstern Angst haben, tragen gerne furchterregende Masken oder schneiden gefährliche Grimassen. Karneval treten sie gerne als pistolenschwingender Cowboy oder Seeräuber auf, eine Strategie, die an die eindrucksvollen Maskentänze animistischer Kulturen erinnert. Von langdauernden terroristischen Geiselnahmen ist bekannt, daß sich Opfer zeitweilig mit den vorher und nachher zutiefst verabscheuten Zielen der Terroristen – nicht nur verbal – identifizierten. Das brachte sie natürlich in einen tiefen Konflikt mit dem Imperativ ihres eigenen Über-Ich. Einige mußten noch Jahre danach vor allem wegen der dadurch entstandenen Schuldgefühle psychiatrisch betreut werden.

Wo solche Konflikte mit den in der eigenen Psyche installierten Wertvorstellungen nicht gegeben sind, ist diese Identifikationsneigung mit dem Aggressor eine, wenngleich nicht die einzige, plausible

Erklärung für die zunächst so rätselhafte Gefolgschaftstreue den grausamsten Führern und anonymen Autoritäten gegenüber, wie sie sich etwa so katastrophal im Dritten Reich manifestierte und wie sie mehr und mehr auch unsere Umwelt zu spüren bekommt.

Wer sich in eine Autoritätsstruktur eingebunden fühlt, versucht sich selbst dann mit dem Machthaber zu verbünden, wenn dieser seine Vernichtung beschlossen hat. Bruno BETTELHEIM liefert einen bedrükkenden Bericht über diesbezügliches Verhalten von KZ-Opfern. Im Gegensatz zu den politischen Gefangenen, die das Regime von vornherein vollkommen ablehnten und deshalb wenigstens mit dem Gefängnisschock besser fertig wurden, wagten Angehörige aus der Gruppe des unpolitischen Mittelstandes es nicht einmal, nachdem sie ungerechterweise inhaftiert worden waren, „auch nur in Gedanken, sich gegen ihre Unterdrücker aufzulehnen, obwohl ihnen das die Selbstachtung verliehen hätte, die sie so dringend brauchten ... Da für sie Gesetz und Polizei unanfechtbar waren, nahmen sie alles, was die Gestapo tat, als gerecht hin. Sie wandten sich lediglich dagegen, daß ausgerechnet sie selbst Opfer einer Verfolgung geworden waren, die sie an sich als *gerecht* betrachteten, da sie ja *von der Obrigkeit veranlaßt* war.“ (Zit. aus FROMM 1974, S. 57f., Hervorhebung B. V.)

So ist man geneigt, die unglaublichsten Dinge hinzunehmen, wenn nur die Obrigkeit sie anordnet. Dieses Problem der Autoritätshörigkeit im Zusammenhang mit der Umweltzerstörung müssen wir weiter unten, nach der Diskussion der Macht, noch einmal aufgreifen (Kap. 11). Dabei spielen die experimentellen Befunde und theoretischen Überlegungen von Stanley MILGRAM eine grundlegende Rolle. Dort wird noch eine weitere wichtige Ursache für Gefolgschaftstreue bis in den Tod (vor allem den der anderen) offenbar.

Die Evolution der Identifikationstendenz

Im Rahmen der Evolutionsbiologie sucht man natürlich auch für diese Disposition zur Identifikation mit der Macht einen plausiblen Grund.

Er dürfte ganz einfach in der erdhistorischen Erfahrung des Lebens liegen, die zeigt, daß es vorteilhaft ist, in die Fußstapfen des Erfolgreichen zu treten und im Zweifel auf der Seite des Mächtigen zu stehen. Außerdem dürfte die lange Lebenserfahrung der Gene gelehrt haben, daß es sich aber nicht auszahlt, diesen Mächtigen und somit die eigene Gruppe während einer schwierigen Situation allzu schnell zu verlassen – außer vielleicht in äußerster Lebensgefahr wie bei Geiselnahmen. Denn konkurrierende Gruppen, bei denen man theoretisch Zuflucht suchen könnte, neigen natürlich – wie die eigene – zu Ausstoßungsreaktionen. Dafür hält nämlich die kompetitive Welt auch wieder einen Selektionsbonus bereit. Um einer solchen Ausgrenzung zu entgehen, sollte konformistisches Verhalten nützlich und somit zu erwarten sein.

Wie groß tatsächlich die Neigung zur konformistischen Angleichung ist, hat ASCH (1956, zit. n. MILGRAM 1974) in einem bekanntgewordenen Experiment gezeigt. Eine Versuchsperson sollte dabei unter drei Linien diejenige heraussuchen, die mit einer weiteren vorgegebenen die gleiche Länge hatte. Wenn andere – eingeweihte – Personen eine Linie von abweichender Länge als gleichlang diskutierten, schlossen sich die Versuchspersonen entgegen der Realität und entgegen jedem Augenschein sehr oft dieser unsinnigen Meinung an und hielten dies übrigens noch ausdrücklich für ihre *eigene* Entscheidung. Zu ganz ähnlichen Ergebnissen kam SHERIF (1935, zit. n. LINSENMAIR/MIKULA 1988). Er ließ im völlig dunklen Raum die (nur subjektiven) Bewegungen eines Lichtpunktes schätzen. Gruppenweise „einigte" man sich auf eine bestimmte Amplitude.

Neuere Befunde legen nahe, daß sozial akzeptiertes Verhalten durch eine Endorphinausschüttung belohnt wird. Endorphine sind eine Art körpereigenen Morphiums. Was sich subjektiv als sozial akzeptiert festigt, das dürfte großenteils prägungsartig in der Phase der reifenden Persönlichkeit festgelegt werden.

EYSENCK (1960) stellt zur Entstehung des Gewissens – weitgehend ein anderer Ausdruck für 'Über-Ich' – einen interessanten lerntheoretischen Ansatz zur Diskussion. Demnach verursacht Strafe oder Tadel bei den meisten Menschen meßbare somatische Reaktionen, welche dann mit der entsprechenden Handlung assoziiert werden. Subjektiv erlebt das Individuum diese Reaktionen natürlich nicht als angenehm. Es ist nicht unwahrscheinlich, daß sie durch Antagonisten der Endorphine, durch eine Art Strafhormone ausgelöst werden. Bei einigen Menschen sind – gemäß zu erwartender genetischer Variabilität – solche Reaktionen besonders stark ausgeprägt. Sie haben Aussichten, sich zum Neurotiker zu entwickeln. Bei anderen sind sie besonders schwach. Solche Menschen sind natürlich viel weniger von der Last des Über-Ich gedrückt. Eine Redensart besagt: Der Erfolgreiche hat kein Gewissen. Aber nicht immer ist mangelnde Sozialisierbarkeit eine Fitnessteigerung, nicht jeder Gewissenlose hat Erfolg. Und es hängt wesentlich von der sozialen Umwelt ab, ob jeder Erfolgreiche gewissenlos sein muß. Darauf müssen wir im Zusammenhang mit der Umweltzerstörung in Kapitel 13 und 14 zurückkommen.

Vieles spricht dafür, daß ein solches mit neurologisch wirksamen Belohnungs- und Strafsubstanzen arbeitendes Lernprogramm, welches ja eine hervorragende Voraussetzung für ein Kulturwesen darstellt, in bestimmten Entwicklungsphasen in besonderer Weise aktiv ist und prägungsartig unter Einschmelzung zunächst angelegter Synapsen die Persönlichkeit festschreibt.

Voller Ironie dringt nun durch die Hintertür der Behaviorismus offenbar doch wieder in Bereiche ein, aus denen Ethologen ihn endgültig verbannt zu haben glaubten – und wo seine Anhänger sich überhaupt nicht wohl fühlen, nämlich in den Bereich der artspezifischen Lerndispositionen. Denn möglicherweise arbeiten LORENZ' eingebauter Schulmeister und sein Hilfspersonal, die Instinkte, ganz nach dem Rezept ihres größten Feindes, nämlich nach B. F. SKINNER: einen Endorphinstoß für die gute Tat, die sein genetischer Mechanismus als solche anerkennt, und einen Strafstoß für die böse Tat.

Kompliziert wird das nun beim *kulturabhängigen* Wertesystem. Dazu, so scheint mir plausibel, erhält der geniale Schulmeister in der sensiblen Phase seines Zöglings einen Schnellkurs durch seine Kultur, eine Prägung durch ihre Matrize. Nach den dort erhaltenen Richtlinien waltet er dann – kaum korrigierbar – mit der Härte einer 'naturrichterlichen' Instanz im Sinne der vermeintlichen Zukunftsinteressen seines Anvertrauten, wie v. MONAKOW das im Prinzip schon sah. Erst recht die Forschungen des Physiopsychologen Bartley HOEBEL (1983) legen diese Sichtweise nahe. Für ihn ist die endokrinologisch belohnte *Übereinstimmung mit dem Modell* das 'Gesetz der Gesetze'.

Wenn nun der Behaviorismus in etwas modifizierter Form in die Instinktwelt der Ethologen eingedrungen ist, dann ist andererseits das Angeborene, nämlich die begierig auf Lernen oder Prägung lauernde Neuronenschaltung, in die Lernwelt der Behavioristen eingebrochen. Das mag von wohlgeprägten, *ihrer* Schule treuen Leuten als chaotisch empfunden werden. Ich empfinde das als einen Schritt in den Zustand begrenzter wissenschaftlicher Harmonie.

Nun kommen wir nach diesem Exkurs in die Schulgeschichte der Evolution wieder zurück auf das *Ich*, welches das *Über-Ich* als Aggressor erlebt und sich deshalb, zur Entlastung vom Feinddruck, mit ihm identifiziert. Harold LINCKE (1970) sieht darin für das Ich der reifenden Persönlichkeit zwei in unserem Zusammenhang einschneidende Konsequenzen:

- Erstens verleihe die Verbindung mit dem *Über-Ich* dem *Ich* „eine Stärke und Härte, die es im Kampf mit den Trieben unnachgiebig, unangreifbar und *für künftige Revisionen und Anpassungsleistungen unzugänglich*“ mache.
- Zweitens verhalte sich das mit dem *Über-Ich* identifizierte *Ich „der Umwelt gegenüber genauso grausam und selbstherrlich wie das Über-Ich ursprünglich gegenüber dem Ich“.*

„Diese beiden Konsequenzen vereinigen sich zu einer machtvollen Resultante, einem *zwanghaften und rücksichtslosen Drang, die Umwelt den eigenen Forderungen anzupassen.*“ (Lincke 1970, S. 383, Hervorhebung B. V.)

Man kann sehr wohl Verständnis dafür haben, daß wissenschaftliche Psychologen und naturwissenschaftlich orientierte Verhaltensforscher die Schule der Psychoanalyse fast kommentarlos und schlicht als Humbug ablehnen, sie lese sich stellenweise wie ein ‘sizilianischer Räuberroman’. Man kann aber auch in dieser pauschalen gedanklichen Aufnahmesperre vor allem ein Sprachproblem sehen, wobei das Inhaltliche nicht so tief liegt, wie es zunächst scheint. Denn auch der Naturwissenschaftler ist genötigt, mit Symbolen und Begriffen zu arbeiten, die nicht immer so trennscharf sind, wie unser Gehirn uns aus pragmatischen Gründen suggeriert (vgl. Kategorisierung, S. 150f.).

Wenn man die oben zitierte Darstellung der Beziehungen zwischen den Persönlichkeitskomponenten als didaktisch geschickte Anlehnung an die literarische Form des kreativen Seelenforschers Freud, der seinerzeit eine *terra incognita* betrat, akzeptiert, vergleichbar dem Bohrschen Atommodell, das ja auch nur eine Krücke für den Weg zum Realitätsverständnis der Materie ist, dann läßt sich zumindest dieser Teil doch ganz gut in die Sprache der Verhaltensforschung übersetzen: Das *Über-Ich* ist die prägungsartige Internalisation der Werte, und es kann sich nach Lincke als „gefährliche Krankheit“ erweisen.

Schutzsuche an der Gefahrenquelle

Folgender Aspekt aus der Prägungsforschung ist in diesem Zusammenhang noch interessant: Eine Stockente, die nicht in der dem Führen von Küken entsprechenden physiologischen Phase ist, beißt das untergeschobene frisch geschlüpfte Junge weg. Dieses aggressive Zufügen von Schmerz verhindert nun nicht etwa eine Prägung auf diese ‘Rabenmutter’, sondern intensiviert sie sogar noch. Auch dies paßt ins Gebäude der evolutionären Theorie. Denn, wenn einem

Küken Schädliches widerfährt, dann flüchtet es sich zur Mutter, gemäß der selektionsbewährten Anweisung seines eingebauten Ratgebers: Wenn dir jemand etwas Böses tut, dann flüchte zu deiner Mutter! Wo könnte es auch sonst Schutz finden? Der sophistische Fall, daß die Mutter selbst die Ursache des Übels ist, weil sie noch nicht die üblichen 24 Tage auf den Eiern gesessen hat (und deshalb auch gar nicht die Mutter sein kann), kam in der Phylogenese so selten (oder nie) vor, daß dieser Fall im Ethogramm auch nicht vorgesehen ist. Und außerdem: Es gibt keine Alternative für das Küken.

Und was soll ein von seiner Familie oder einer inhumanen Kultur mit ihrem inhumanen Wertesystem mißhandeltes Menschenkind tun? Es hat auch keine andere Möglichkeit, als sich widerspruchslos zu arrangieren und *Schutz innerhalb dieser Kultur* zu suchen oder, anders ausgedrückt, sich mit dem Aggressor zu identifizieren, seine Marschrichtung zu übernehmen und sie programmgemäß später auf die nächste Generation zu übertragen (anders als die Ente, die ja keine Kultur weiterzuvermitteln hat). Weil solche streng geregelten Gesellschaften wegen ihrer Intoleranz und Militarisierbarkeit am erfolgreichsten mit anderen konkurrieren, dürfte es auch keinen gegensinnigen Selektionsdruck – weder kultureller noch biologischer Art – gegeben haben. Erst wenn die biologische Überlebensfähigkeit der Kinder gefährdet ist, wenn die unzureichende psychische Umwelt nicht mehr durch verstärkte Hygiene und verbesserte Medizin ausgeglichen werden kann, gibt es Gegendruck, und zwar ganz massiven. Den gibt es auch, wenn vor lauter Medizin gar keine Kinder mehr geboren werden – ebenso wie beim Gegenteil, der Massenverelendung durch Übervölkerung.

Wenn die Umwelt erst in ferner Zukunft gefährdet ist, kommt solcher Gegendruck zu spät. Hier auf die steuernden Naturkäfte zu vertrauen, wäre maßlose Dummheit. Was kann eine Generation nun tun, die auf Zerstörung ihrer Welt geprägt ist? Nachdenken! Und außerdem, es war ja auch meist nur von *prägungsartigen* Vorgängen die Rede, sie müssen nicht ganz irreversibel sein, wie man es der klassischen Prägung nachsagt. Sogar letztere kann im geeigneten Umfeld oft überlernt werden. Dennoch gilt weiter: das größte Hindernis vor einem zukunftsträchtigen Wertesystem ist: unser Wertesystem (VERBEEK 1987).

11. DIE MACHT, DER MÜLL UND DER TOD

Ein Skandal darf nie bekannt werden

Wenn wir uns auch damit abfinden müssen, daß wir nirgendwo einen sicheren Ankergrund finden, von welchem aus wir das Wertesystem werden vermessen können, so dürfen oder müssen wir andererseits doch von etlichen Naturgegebenheiten ausgehen, mit denen wir stets zu rechnen haben.

Die *objektive Erkenntnis* ist und bleibt wohl eine Idee, aber unser selektionsbewährter Erkenntnisapparat befähigt uns sehr wohl, einen *Teil* objektiver Wirklichkeit (die es ohne Zweifel auch unabhängig von unserer Existenz und Erkenntnis gibt) zu rekonstruieren. Das geschieht freilich auf neuronaler Basis, weshalb man in Analogie zu den Elektronengehirnen auch von einer *Simulation* sprechen könnte. Diese Simulation wurde in einem langen Evolutionsprozeß auf ihre Übereinstimmung mit der objektiven Realität hin optimiert. Daß wir uns die ganze Welt einbilden, daß beispielsweise „unsere Erfahrung einer Welt farbiger Objekte buchstäblich unabhängig (ist) von der Zusammensetzung der Wellenlänge des Lichtes, das von den von uns beobachteten Objekten ausgeht", wie MATURANA und VARELA (1987, S. 26) dies glauben machen wollen, geht in dieser Form etwas zu weit.

Unser Erkenntnisapparat ist schließlich in trefflicher Abstimmung auf die reale Welt entstanden, und zwar auf den Teil, der überlebensrelevant ist. Wir verfügen sogar über Korrekturmechanismen, die uns im Wiedererkennen der Oberfläche eines bestimmten Körpers weitgehend *unabhängig* machen *von Schwankungen* in der spektralen Zusammensetzung der Beleuchtung, wie sie natürlicherweise im Tagesverlauf vorkommen. Zufälligkeiten der Randbedingungen werden herausgerechnet zugunsten des biologisch Wesentlichen. Täuschungen sind dabei freilich nicht ganz zu vermeiden.

Als *absolut invariante* Naturgegebenheiten haben sich nach bisheriger Erfahrung die Naturgesetze erwiesen; nicht unser diesbezüglicher Erkenntnisstand. Dieser ist (und bleibt vermutlich) einem dramatischen Wandel unterworfen.

Relativ invariante Naturgegebenheiten sind durch die Evolution des

Lebens entstanden und unterliegen einem Wandel, dessen Tempo aber so gemächlich bemessen ist, daß er vom Individuum nicht unmittelbar erlebt werden kann. Um deren Erkenntnis ist es vielleicht noch viel schlechter bestellt als bei den absolut invarianten Gegebenheiten, weil das Individuum von ihrer Kenntnis kaum profitiert, ja geschädigt werden kann. Man denke etwa an die Fitnessteigerung durch die Illusionsfähigkeit. GEYER (1954) hält sogar die Dummheit für einen Überlebensvorteil.

Diese relativen Invarianten menschlichen Verhaltens sind es, die unsere derzeitige zivilisatorische Höhe ermöglicht haben, die uns aber auch vor dem dadurch erzeugten Abgrund der ökologischen Zukunft erschauern lassen. Wir tun gut daran, sie ehrlich zur Kenntnis zu nehmen. Doch nur weniges ist schwerer als dies. Wir neigen dazu, schon entsprechende Forschungen erbittert zu bekämpfen, sobald unsere als gesichert betrachtete hohe Meinung von uns selbst dadurch gefährdet werden könnte. Entsprechend wird in grandioser Geschichtsverfälschung bei allen Völkern der Erde die eigene Vergangenheit idealisiert und alles, was man bei sich nicht wünscht, in andere projiziert – auch bei uns! Ich sehe vor dem inneren Auge schon – fast als Bestätigung dieser Behauptung – eine ganze Reihe geschätzter Zeitgenossen zu empörter Replik Luft holen.

Neben kritischen Historikern erfahren diese Neigung zur Vergöttlichung des bisherigen Orientierungssystems mutige Psychologen und Sozialwissenschaftler, Humanethologen und neuerdings insbesondere Soziobiologen. Interessant, daß, wer selbst solchen Angriffen ausgesetzt ist, sich bei der nächsten Gruppe gern entlastet. So unterstellen solcherart gebeutelte Psychologen gern den Ethologen, sie programmierten durch ihre These von einer angeborenen Aggressionstendenz den nächsten Krieg. Und Ethologen, selbst so prominente wie EIBL-EIBESFELDT (1988, S. 25), behaupten von einer „Gruppe von Biologen, die sich Soziobiologen nennen", sie vertrete die Ansicht, daß Individuen nur dann richtig handeln, wenn sie die Verbreitung der eigenen Gene maximierten. „Rücksicht sollten sie bestenfalls auf Blutsverwandte nehmen ... Gegenüber Nicht-Blutsverwandten könne Rücksichtslosigkeit durchaus die richtige Strategie sein." Zwar kann ich mir denken, daß es auch unter Soziobiologen Förderer des Rassismus und des Nepotismus gibt. Die gibt es aber auch in allen möglichen anderen Gruppen. Unter den Brandschutzexperten gibt es auch Pyromanen.

Benjamin FRANKLIN, der Erfinder des Blitzableiters, kann froh sein, daß er in einer bezüglich physikalischer Fragen bereits aufgeklärten Zeit lebte und nicht für die Blitzeinschläge verantwortlich gemacht wurde, weil er sich für das Phänomen Gewitter interessierte. Was unser Selbstverständnis angeht, sind wir auch heute noch nicht in einem solchen Stadium toleranter Aufklärung. Die Forschungen der Milgram-Studie wurden und werden noch immer heftig bekämpft, wie H. E. RICHTER (1980) in ähnlichem Zusammenhang zu Recht beklagt. Sie sind geeignet, Illusionen menschlichen – persönlichen – Selbstverständnisses zu zerstören.

Anstatt die neuen Erkenntnisse vorbeugend zu nutzen, verfährt man wie eine Regierung oder Verwaltung nach dem Bekanntwerden eines abgrundtiefen Skandals: Wie konnte das *bekannt* werden?! So war das auch schon im vorigen Jahrhundert. „Wenn es wirklich stimmt, daß der Mensch vom Affen abstammt", soll eine herausragend naiv gutartige Dame gehobener Kreise geäußert haben, „dann laßt uns beten, daß das nicht bekannt wird". Sicher gehört eine solche Haltung auch zu den genetisch disponierten relativen Invarianten menschlichen Verhaltens.

Das Folgende, fürchte ich, wird dem Leser ganz besonders wenig gefallen, und ich muß sagen, mir gefällt es auch nicht! Doch bei aller Sympathie für die Illusion und aller Anerkenntnis ihrer Unverzichtbarkeit in einer unwirtlichen Welt – wir wollen versuchen, uns näher an die Wahrheit heranzuarbeiten. Das sollten wir vor allem deshalb mit Mut und Begeisterung tun, da dadurch die Chance besteht, daß dies dem anthropologischen Apriori, der Erhaltung des Menschengeschlechts dienlich ist. Nicht einmal der kleinhirnige Strauß ist so dumm, wie der ungenau beobachtende Mensch ihm nachsagt. Auch wir sollten nicht den Kopf in den Sand stecken.

Wissen ist Macht, und Macht ist mißbrauchbar! Aber die Mißbrauchbarkeit läßt nach, je mehr Menschen das Gefahrenpotential kennen.

Der Zwang zur Macht

Im vorhergehenden Kapitel sollte deutlich geworden sein, daß mit steigender Entwicklungshöhe die Verhaltensprogramme sich immer paßgenauer und flexibler in die aktuelle Umwelt einfügen können, also die unterschiedlichsten Situationen be*herrschen*. Dies setzt aber ein um so leistungsfähigeres Gehirn und damit um so aufwendigere genetische Information voraus. Das Gehirn und die Gene leben in „echter Symbiose", wie John Tylor BONNER (1983) das etwas gewagter als sonst formuliert. Es ist ein unentrinnbarer, neue Höhen erschließender Hyperzyklus, wie man das in Anlehnung an EIGEN auch nennen könnte.

Beide, Gehirn und Genom sind vollkommen voneinander abhängig. Je erfolgreicher das Gehirn in der Lebensbe*wältigung*, desto besser für die Gene. Die Freiheit des Verhaltens von starren Programmen kann sehr groß sein, solange es den Genen nützt, ähnlich wie eine Firma ihren Mitarbeitern unter der analogen Bedingung, daß es der Firma nützt, bisweilen erstaunliche Freiheiten einräumt. Die auf Dauer das Regime führenden Gene würden ja buchstäblich Selbstmord begehen, wenn sie eventuelle Vorteile der Konkurrenz überließen. (Diejenigen Gene, die das taten, haben den Selbstmord bereits vollzogen, weshalb wir nicht damit rechnen können, viele ihrer Träger zu finden.)

Sobald aber essentielle und kompetitive Bereiche gefährdet sind, werden sie dagegen die mögliche Freiheit des Verhaltens von vornherein gering halten oder notfalls nachträglich durch hinreichend zuverlässige neue Vorschriften einschränken. Das wird ermöglicht durch die evolutiv entstandene genetische Programmierbarkeit von Antrieben. Beispiele dafür sind der Nahrungstrieb und der Fortpflanzungstrieb, die beide in zahlreiche Komponenten aufgespalten werden könnten. Die Nahrungsaufnahme kann von einem Lebewesen nur begrenzt zurückgestellt werden. Eine Verweigerung wäre auf Dauer tödlich.

Mit der Fortpflanzung ist das etwas komplizierter. Ein Teil der Individuen kann's auch lassen, und trotzdem besteht die Spezies fort. Dem Imperativ der Gesamtfitness der Gene kann auch durch die Förderung genetisch ähnlicher Verwandter genügt werden, wie die Soziobiologen nicht müde werden zu betonen. Der Insektenstaat, in dem selbstlose Tanten die Brut einer oder weniger Königinnen aufziehen, ist ein eindrucksvolles Beispiel. Für den Menschen gibt es vergleichbare mit dem 'Interesse' der Gene vereinbare Möglichkeiten.

Auf die Fortpflanzung kann zugunsten der Verwandtschaft oder unter dem Diktat eines Über-Ich durchaus verzichtet werden, was der Gesamtfitness ausgesprochen nützlich sein *kann*. Die positive Bedeutung von Klöstern liegt nicht nur in der Erhaltung und Förderung kultureller Werte, sondern auch (vermutlich unbewußt) in der Entlastung vom Bevölkerungsdruck, der auch im Mittelalter bestand und sich außer durch diese kulturelle Institution sehr leidvoll durch Hunger, Pest und Kriege regulierte. Wäre man aber im Predigen der Keuschheit für die gesamte Gesellschaft total erfolgreich gewesen, dann hätte sich diese Institution nicht mehr als fitnessfördernd, sondern als Tor zum Untergang erwiesen. Aber das ist ja bekanntlich nicht eingetreten.

Grundsätzlich müssen oder dürfen wir aber im zeugungsfähigen Alter mit dem Vorhandensein eines ausgeprägten Geschlechtstriebes rechnen. Andernfalls brauchte ein solcher ja nicht so massiv geleugnet, bekämpft und tabuisiert zu werden. Randy und Nancy THORNHILL (1987) wagen sogar die These, daß selbst Vergewaltigung beim Menschen gewissermaßen als *ultima ratio* der Gene zum Normalverhalten gehöre, und sie versuchen das unter anderem durch die soziologische Analyse des (sich gewöhnlich in der unteren Rangskala ohne andere Erfolgsaussichten bewegenden) Täterspektrums zu belegen.

Wie dem auch sei, in unserem Zusammenhang ist ein anderer Verhaltensbereich bedeutsam, der allerdings, wie letztlich alles in der biologischen Evolution auch mit der Fortpflanzung zusammenhängt: das Machtstreben. Die Macht versetzt ihren Inhaber in die Lage, über die vorhandenen Ressourcen zu verfügen, wodurch er im Reproduktionsspiel einen immensen Vorteil gegenüber allen von der Macht ausgeschlossenen Konkurrenten hat.

Auf erreichbare Macht zu verzichten, hieße, auf einen Vorteil zu verzichten, und käme in einer kompetitiven Welt der Inkaufnahme des Aussterbens gleich. So sehr eine Gemeinschaft von solcher Verzichtbereitschaft der Individuen profitieren mag, so hoch diese deshalb auch in der öffentlichen Moral gepriesen wird, die Gene können eine solche Entwicklung nicht zu weit gehen lassen. Oder sie sterben aus; deshalb sind die idealen Altruisten auch so selten.

Beim Postulat des genetischen Imperativs der Macht gibt es allerdings eine gewichtige Einschränkung. Diese besteht darin, daß die Kosten für den Machtzuwachs so hoch klettern können, daß sie beginnen, die Gesamtfitness zu beeinträchtigen. Ein Tier, das vor lauter Machterwerb gar nicht mehr zum Fressen oder zur Zeugung kommt oder keine Nachkommen am Leben läßt, weil diese seine Macht gefährden könnten, dessen Gene haben natürlich keine große Zukunft. Darüber hinaus werden sich auch Abwehrmechanismen bei den Artgenossen gegen die Machtansprüche der anderen entwickeln, was die Kosten des Machtzuwachses in die Höhe treibt, ganz analog den Rechnungen von MAYNARD SMITH und PRICE (1973) zur Verteilung der Kampfstrategien in einer hypothetischen Population.

Es muß also auch von den Genen *zugelassene* Möglichkeiten zum akzeptierten Verzicht geben, wenn die Kosten des Machterwerbs zu hoch werden – der Not gehorchend, nicht dem eigenen Trieb. Man könnte auch sagen, der während der Phylogenese immer wieder auftretende Zwang zum Machtverzicht ließ ein dem rechnungtragendes Verhaltensprogramm entstehen. In einem Wolfsrudel toben zwar bisweilen Rangkämpfe, aber die meiste Zeit finden sich die Mitglieder mit der ihnen zwangsläufig zukommenden Rolle ab (ZIMEN 1980). Diese Fähigkeit, im züchterischen Domestikationsprozeß weiterentwickelt, machte den Haushund zum treuesten und als dressierte Bestie auch sehr gefährlichen Gefährten des Menschen. Auf diese Unterwerfungsfähigkeit – auch bei uns – müssen wir wegen ihrer immensen destruktiven Bedeutung unter besonderen Umständen noch später in diesem Kapitel zurückkommen.

Zunächst werden wir in jedem normalen Individuum mit dem Streben nach Macht zu rechnen haben, im vorkulturellen Bereich ohnehin; aber auch in entwickelteren Kulturen, insbesondere in polygynen, wovon ja die unsere *de facto* nicht ganz weit entfernt ist und vor allem auch nicht war. Denken wir etwa an das *ius pridie noctis*, das – verbunden mit den harten Strafen bei Kindestötung (und mit der natürlichen Elternliebe) – jedem Landpotentaten eine riesige Nachkommenschaft ermöglichte. *Die Gene von Machtträgern waren generell die erfolgreichsten.* Was Wunder, daß sie sich überall finden.

Wenn NIETZSCHE alles, was den Willen zur Macht fördert, als 'gut' definiert, dann können wir dem zwar nicht folgen, aber er verbalisiert damit unbewußt treffend die 'Interessen' der Gene, die keineswegs mit den Interessen einer nach Humanität strebenden Menschheit übereinstimmen. „Zuvörderst wird also angenommen, daß die Menschen ihr ganzes Leben hindurch beständig und unausgesetzt eine Macht nach der anderen sich zu verschaffen bemüht sind", zitiert MARKL (1986, S. 240) den englischen Philosophen HOBBES.

Macht, Magie und Geld

Eigentlich war in diesem Buch unausgesprochen schon häufig von Macht die Rede, nicht nur bei der Diskussion des Konkurrenzproblems, sondern auch zum Beispiel im Zusammenhang mit dem Drang, die Umwelt den eigenen Zwecken nutzbar zu machen. Der große Physiker, Arzt und Sinnesphysiologe Hermann von HELMHOLTZ (n. BICK et al. 1984) fand es genau wie der schon zuvor erwähnte Naturfreund Adalbert STIFTER ganz selbstverständlich, daß man die vernunftlosen Mächte der Natur den sittlichen Zwecken des Menschen zu unterwerfen und dienstbar zu machen habe. Diese Einstellung entspricht auch heute noch der der meisten materialistischen Praktiker und moralistischen Prediger.

Die Gestalt des Faust bezieht ihre imponierende Größe ebenfalls aus dieser Quelle. Der rastlose Forscher erstrebt die totale Macht über die Natur und bedient sich dabei der Mittel seiner Wissenschaft, zum Beispiel systemfremder Energie, wie es seit Eröffnung des pyrotechnischen Zeitalters in größtem Maßstab in unserer Zivilisationsmaschine geschieht, wo der forcierte Abwärtsstrom der Entropievergrößerung uns ja einen großen Teil der Umweltprobleme beschert:

> Wo die Flämmchen nächtig schwärmten,
> Stand ein Damm am andern Tag (...)
> Meerab flossen Feuergluten,
> Morgens war es ein Kanal.

Die Wissenschaft hat ihren Ursprung in der Magie und diese im Bestreben, Macht über eine als übermächtig empfundene Natur zu erlangen. In ›Geld und Magie‹, einer modernen Interpretation von GOETHES Faust, welche auch auf das obige Zitat aufmerksam macht, vertritt der Nationalökonom Hans Christoph BINSWANGER (1985) darüber hinaus auf recht überzeugende Weise die Ansicht, daß auch die moderne Wirtschaft ihre Wurzeln in der Magie hat. Sie ist demnach die Fortsetzung der Alchemie mit anderen Mitteln. Die Endlichkeit des Planeten wird scheinbar überwunden, Werte werden scheinbar aus dem Nichts geschaffen. Der Mensch wird zum (Geld-)Schöpfer.

Als 1715 der französische Regent, der Herzog von Orleans, wegen seines grenzenlosen Geldbedarfs den Schotten John LAW zur Gründung einer Notenbank nach Paris holte, wo also nun, in Europa erstmalig, das Machtmittel Geld aus Papier hergestellt werden sollte, entließ er bezeichnenderweise alle Alchemisten, die er bis dahin beschäftigt hatte. Diese waren in der schöpferischen Kunst des Goldmachens doch nicht erfolgreich gewesen. Er hatte nun endlich einen erfolgversprechenderen Magier zur Stütze seiner Macht. Die Geldschöpfung konnte beginnen. Faust hatte mit dem Kaiser ein ähnliches Abkommen wie John LAW mit dem Regenten. GOETHE nutzte dieses historische Vorbild (BINSWANGER 1985).

Früher befragten die Potentaten ihre Astrologen oder anderweitig wirkenden Magier wie es um ihren Stern steht. Es scheint mehr als Selbstironie zu sein, daß man heute den 'Rat der Weisen' befragt, wie sich die Konjunktur weiterentwickelt und die Sprüche – einem Orakel gleich – der Öffentlichkeit verkündet.

Geld dient der Machterweiterung (und Macht der Geldvermehrung). Da Macht außerdem generell den Fortpflanzungserfolg fördert, ist von seiten der Gene auch kein Einwand gegen die Maximierung der Geldvermehrung zu erwarten. Das könnte sich erst – ohne daß deshalb sehr schnell spürbare Auswirkungen zu erwarten wären – im Zeitalter der kinderlosen doppelverdienenden Paare ändern.

Im ›Neuen Organon der Wissenschaften‹ präsentiert Francis Bacon, auf den der berühmte Satz „*Wissen ist Macht*" zurückgeht, folgende Hierarchie des Machtstrebens (zit. n. Meyer-Abich 1984):
1. *Im eigenen Lande an die Macht zu kommen,*
2. *die Macht des Vaterlandes unter den Nationen zu mehren* und als Krönung schließlich
3. *Die Macht des Menschen über die Natur zu erweitern,*

was „bei weitem naturgemäßer und edler ist als beide vorhergehenden Arten".

In den beiden ersten Stufen des Machterwerbs hatte Bacon selbst es als Staatsmann ziemlich weit gebracht, und gemäß der Illusionskraft erfolgreicher Politiker sah er auch am Machterwerb über die Natur ausschließlich positive Seiten. „Erfindungen ... verbreiten Glück und Heil, ohne jemand zu beeinträchtigen oder zu betrüben. Auch ist ja Erfinden gleichsam ein neues Schaffen und eine Nachahmung der göttlichen Urkraft."

Die Macht des Menschen über die Natur auszubauen, ist allgemein auch heute noch wichtiger Bestandteil und bedeutsame Triebkraft naturwissenschaftlichen Arbeitsethos. Das hat die Naturwissenschaft gemein mit Magie und Wirtschaft. Darüber hinaus dient der Machterwerb über die Natur selbstverständlich auch dem des eigenen Staates und auch dem persönlichen Machtzuwachs – ein Nobelpreisträger steigt, auch wenn er das (vielleicht) nicht will, in eine neue Seinsstufe auf.

Welche Bedeutung maß man nicht schon den Künsten des Archimedes bei, und wie entscheidend für die weltpolitische Machtverteilung waren die Atomphysiker! Meyer-Abich weist zu Recht darauf hin, daß bei der Verteilung von Forschungsmitteln vorrangig nach der Nützlichkeit gefragt wird, und darunter versteht man offensichtlich die Nützlichkeit für die Macht oder ihr Mittel, das Geld. Traditionell werden demgemäß großzügig Kriegstechnik, Atomtechnik, Gentechnologie, Luftfahrt- und Hochgeschwindigkeitstechnologie und ganz allgemein Forschungen zur Erweiterung des wirtschaftlichen Potentials gefördert, nur mit vergleichsweise lächerlichen Beträgen dagegen die Risikoforschung oder Forschungen zum ganz normalen Personennahverkehr.

Daß genau in dieser Macht – soweit sie realer als die magische ist – die wesentliche Ursache der globalen ökologischen Gefahren liegt, ja geradezu die Machtlosigkeit unserer Zivilisation gründet, ist heute allerdings keine ganz neue Erkenntnis mehr (z. B. JONAS 1984). Diese Macht der Technik kann nicht mehr zurückgeholt werden, und wenn, dann würde auch dies zur Katastrophe führen.

Macht ist nur dann ein Problem, wenn sie mißbraucht wird. Aber sie *wird* mißbraucht, wenn sie nicht kontrolliert wird, wenn sich ihr unbegrenzte Möglichkeiten bieten. Sie entfaltet sich maßlos wie eine neu eingeschleppte potente Spezies, wie eine Population von Krebszellen. Diese Art von Wachstum liegt in der Natur des Evolutionsprozesses (nur, daß man als zur Emotionslosigkeit verpflichteter Naturforscher nicht das moralisch wertende Wort 'Mißbrauch' verwenden sollte).

Weder in der Politik noch im Zusammenhang mit der Umwelt darf man sich dieser Erkenntnis gegenüber verschließen.

Kindliche Träume von Macht und Gleichheit

Kommen wir zunächst wieder mehr auf den ethologischen Bereich zurück. Die Neigung, einen möglichst hohen Rang anzustreben, kennen wir in mehr oder weniger ausgeprägter Weise bei allen in individualisierten Verbänden lebenden Wirbeltieren, insbesondere den Primaten. Die einmal etablierte Hierarchie behält dann eine relative Stabilität, die aber unter veränderten Verhältnissen revolutioniert werden kann.

Vor allem die Rivalität ganzer Gruppen, das Eindringen Fremder und das Heranwachsen der Jugendlichen verursachen solche Unruhen. Oft müssen die Adoleszenten die Gruppe verlassen, wie etwa die jungen männlichen Löwen. Es ist hier nicht nötig, die vielfältigen Sozialformen tierischer Gemeinschaften zu schildern. In diesem Zusammenhang sei zum Beispiel verwiesen auf BONNER (1983), auf WILSON (1980) und auf die literarisch originelle Darstellung von Norbert BISCHOF (1985), für den der Sturz des Erzengels Luzifer sich bei den Pinseläffchen von Generation zu Generation wiederholt, wenn ein heranwachsender Knabe aufbegehrt und despotische Allüren entwickelt und schließlich gar die Autorität des alten Affenvaters herausfordert. Die ganze treue Gefolgschaft verweist den verworfenen Abtrünnigen dann unter Einsatz brachialer Gewalt aus dem Familienhimmel und stürtzt ihn hinab in die Tiefe. Sie anerkennt also fraglos die unumschränkte Autorität des alten Oberhauptes.

Anders als die hochsozialisierten Insekten, bei denen die Kastenzugehörigkeit gewöhnlich meist schon während der Entwicklung über chemische Substanzen (Pheromone) festgelegt und aufrechterhalten wird, bei denen die Individuen funktionieren wie unselbständige Organe, bleiben Säugetiere, auch die sozialen Formen, stets *wirkliche Individuen* (mit Ausnahme vielleicht des etwas ausgefallenen und erst neuerdings diesbezüglich untersuchten Blindmulls). Das ist der 'Säugerimperativ', wie WILSON (1980) das nennt.

Insbesondere nehmen wir in unserer eigenen Species das *Recht des Individuums* in Anspruch. Heute billigt man es als grundlegendes Menschenrecht im allgemeinen allen Menschen zu. Durch einen entsprechenden kulturellen Überbau, wie er als relativ mildes Beispiel bei den Karpathosbauern geschildert wurde, kann allerdings auch beim Menschen eine erstaunliche Stabilität sozialer Differenzierung erreicht werden. Offensichtlich läßt dies das auf Flexibilität spezialisierte genetische Programm des Menschen zu, da dies aus schon genannten Gründen der Maximierung seiner *inclusive fitness* dient. Der von Entomologen gern benutzte Ausdruck 'Kaste' wurde schließlich zunächst zur Beschreibung einer real existierenden menschlichen Kultur gebraucht.

Das ändert alles nichts daran, daß die Gruppen untereinander, innerhalb der Gruppen die Familien und innerhalb dieser die Individuen im Rahmen des biologisch und kulturell Möglichen konkurrieren (müssen), daß also zumindest prinzipiell – alle Individuen und übergeordneten Einheiten maximale Machtentfaltungsmöglichkeiten anstreben. Auch das ist ein Stück Säuger – das ist ein Stück nicht wegzudiskutierender Humanimperativ. Die noch zu behandelnde Unterwerfungsfähigkeit ist die Kehrseite dieser selben Medaille. Sie widerspricht dem Machtstreben nur vordergründig, nämlich solange man nicht sieht, wie den Unterdrückten – je strenger das hierarchische System um so mehr – wieder Macht in der Hierarchie nach unten oder nach außen oder spätestens im Jenseits angeboten wird. An den Bezug dieses Problems zum Über-Ich sei nur erinnert.

Bei Tieren ist die Ranghöhe hauptsächlich von der Körperstärke und von angeborenen Rangkennzeichen abhängig. Diese werden zum Teil durch die erreichte Ranghöhe verstärkt, was eine relativ stabile Gruppenstruktur gewährleistet. Beispiele dafür wären ein gut durchbluteter Hahnenkamm oder die gelassene Körperfülle eines Alphapavians oder der würdige Silberrücken des reifen Gorillamannes.

Bei Kindern ist die Macht naturgemäß zunächst einmal sehr beschränkt. Wohl kommt es auch bei Tieren vor, daß der Status ihrer

Eltern respektiert wird. Sehr oft genießen sie einen von den Adulten gewährten Freiraum, sind völlig von deren Wohlwollen abhängig. Der natürliche Lebenszyklus beinhaltet aber die Notwendigkeit, erwachsen und *kompetent* (lat. *competere* = zur Ehre begehren) zu werden. Von der sinnvollen genetischen Disposition, sich nicht davor zu drücken, sondern dies vielmehr aktiv anzustreben, war schon die Rede. In menschlichen Kulturen werden die kindlichen Macht- oder Allmachtphantasien als großer Jäger, Doktor, Zauberer, Fußballstar, als Pipi Langstrumpf, Karl-May-Held oder General meist bewußt als pädagogisches Mittel (oder unerfüllter Elterntraum) gefördert.

Alfred ADLER (1919) sieht die Probleme des 'nervösen Charakters' in einer konstitutiven Minderwertigkeit des Kindes wurzeln und betont, daß keiner der beobachteten Züge nicht auch beim Normalen von Bedeutung wäre. Dieser Hinweis ist unter anderem deshalb wichtig, weil 'Nervosität' – in Maßen – eine Unabdingbarkeit für tierisches und menschliches Leben ist. Infolge seiner Unsicherheit klammert sich der Neurotiker an Leitlinien, „um sich in der Welt mittels seines *Glaubens und Aberglaubens* zu orientieren, um seinem Gefühl der Minderwertigkeit zu entkommen, um sein Persönlichkeitsgefühl zu retten, um einen *Vorwand* zu haben, einer befürchteten Erniedrigung auszuweichen. Nie ist ihm dies alles so gelungen, wie in der Kindheit. Seine leitende Fiktion, so zu handeln, als ob er allen überlegen sein müsste, kann deshalb auch die Form annehmen, *als ob er ein Kind wäre*." (Hervorhebung bei ADLER 1919, S. 15f.) Es wird betont – wir haben das gleiche an anderer Stelle (Kap. 7) auch schon gesehen –, daß auch der Gesunde auf solche Fiktionen nicht verzichten kann, nur sind seine der Realität besser angepaßt.

Die Unbeholfenheit des Kindes erzwingt ein Abtasten der Möglichkeiten und ein Sammeln von Erfahrungen, „damit die Brücke in die Zukunft geschlagen werden könne, wo *Grösse, Macht, Befriedigung aller Art* wohnen". Dieser zur späteren Orientierung unerläßliche Brückenschlag ist das „erste Stadium der erwachenden subjektiven Welt, der Ichbildung ... das Leitbild des Kindes muß so beschaffen sein, als ob es dem Kinde *grössere Sicherheit*, Orientierung bringen könnte, indem es die Richtung seines Wollens beeinflusst. Sicherheit aber kann es nur gewinnen, wenn es *auf einen fixen Punkt hinarbeitet, an dem es sich grösser, stärker, von den Mängeln früher Kindlichkeit befreit sieht*". So sucht sich natürlich das Kind die *starken* Vorbilder – der kindlich Gebliebene auch! „Die Kleinheit und Dürftigkeit des Kindes wird stets nach *Erweiterung seiner Grenzen* streben und diese *nach dem Muster des Stärksten* abstecken." (ADLER, S. 32, Hervorhebung B. V.)

Die zukünftige gesicherte eigene Persönlichkeit wäre nach ADLER die fiktive Richtlinie, „der wirksame Punkt außerhalb der körperlichen Sphäre“, gewissermaßen der freischwebende Ersatz für den nichtexistenten Archimedischen Punkt, nach dem sich die Psyche im Chaos des Lebens ausrichten kann. Die Verbindungen zur Außenwelt werden nach ihrer Tauglichkeit unter dem Gesichtspunkt der *„Erhöhung des Persönlichkeitsgefühls“* ausgewählt. Weitere Beispiele – auch experimentelle – zu diesem Problemfeld bei FILIPP/FREY (1988). Das hat natürlich einschneidende, katastrophale Konsequenzen auch für die Umwelt im ökologischen Sinne.

Menschen, bei denen die oben dargelegten Mechanismen besonders ausgeprägt sind, definiert ADLER als neurotische Charaktere, und sie werden besonders intensiv und oft auch erfolgreich Machtpositionen anstreben. Deshalb haben wir allen Grund, der Macht und den Mächtigen zu mißtrauen, ohne aber die Notwendigkeit der Machtausübung bestreiten zu können – vor allem, weil sie sonst noch mehr mißbraucht würde. Die Welt ist voller Paradoxa und die Evolution voller Kompromisse.

Dazu gehört auch, daß wir eine fatale Neigung haben, die Macht anzubeten, wie weiter unten noch ausführlicher begründet wird.

Die Macht des einzelnen und die der Gruppe

Bei Menschen tritt die Bedeutung physischer Stärke, die ja in Tiergesellschaften eine solch vorrangige Rolle spielt, zurück, ist aber keineswegs zu vernachlässigen. Weitgehend legt bei uns die Kultur fest, wodurch man im Rang aufsteigen kann. Gewöhnlich sollten es nützliche Leistungen für die Gemeinschaft sein; in diesen Fällen zeigt sich der biologische Anpassungscharakter eines solchen Mechanismus. Auch die Rangabzeichen sind kulturbedingt und somit austauschbar. Federn besonders schwer zu erlegender oder tabugeschützter Vögel oder Besitz besonders schöner Matten oder zahlreicher und nicht weniger schöner Frauen in ursprünglichen Kulturen waren unter dem Gesichtspunkt der Umweltzerstörung kein Problem. Ebensowenig sind es bis heute Ehrentitel und Verdienstorden. Die damit verbundene Ressourcenzerstörung ist vernachlässigbar gering.

Doch mit der Entstehung der Hochkulturen, in denen Gesellschaften zu naturverändernder Leistungsfähigkeit *organisiert* wurden, kamen auch problematischere Rangdemonstrationen auf. Bauten entstanden teilweise zur tatsächlichen physischen Machtentfaltung und

-sicherung, wie militärische Anlagen und 'Zwingburgen', meist aber wohl zur reinen Machtdemonstration wie Pyramiden und Paläste, Burgen und Bankhochhäuser, Mausoleen und Menhire, Türme und Triumphbögen, das Kolosseum und die Kathedralen.

Die Liste muß hier willkürlich abgebrochen werden; wir wollen uns im folgenden mehr auf die aktuellen Probleme und nicht auf die Objekte des Denkmalschutzes konzentrieren. Das kollektive Machtstreben manifestiert sich natürlich auch heute noch besonders im militärischen Bereich, was so selbstverständlich ist, daß nicht näher darauf eingegangen werden soll, wenngleich das unselige Wettrüsten sicherlich einen der massivsten Posten im Faktorenblock der Umweltschädiger darstellte. Aber nun wird ja endlich abgerüstet.

Auch das, was als friedliche Großtat gepriesen wird, ist oft ein Stück Hegemonialstreben ganzer Völker, welches sich letztlich katastrophal destruktiv auswirken kann, etwa wenn die nationale Identität aus dem Ausbau der Atomwirtschaft gezogen wird und – nach der positiv getönten Darstellung einer großen Schweizer Zeitung – mehr Menschen an die Loire pilgern, um die stolzen Kernkraftwerke zu sehen als zum Besuch der berühmten Schlösser oder wenn eine Nation ihr Selbstwertgefühl aus dem dichtesten Autobahnnetz oder dem höchsten Motorisierungsgrad der Welt zieht. Oder wenn unter Vernachlässigung von Sicherheitsfragen in hektischem internationalem Wettbewerb Machtgewinn versprechende Technologien gefördert werden, zum Beispiel im biologischen Bereich. Solcher Gruppennarzismus ist deshalb besonders gefährlich, weil er im Gegensatz zu dem des einzelnen kaum Selbstzweifeln zugänglich ist (FROMM 1974).

Nun werden große Gesellschaften aus kleineren Gruppen, Familien und Individuen gebildet, und auf dieser unteren überschaubaren Gemeinschaftsebene und der des Individuums sollten wir uns noch etwas genauer umsehen. Hier wird zwischen den Gruppen und Individuen gewetteifert, zum Teil durchaus konstruktiv und freundlich, und im allgemeinen wird diese Tendenz durch nahezu das gesamte kulturelle Umfeld noch verstärkt. Mütter vergleichen mit rührendem Stolz die Zahnungstermine ihrer Kinder mit denen aus dem Bekanntenkreis, schenken den Mädchen Kosmetika und den Jungen Rennfahrerausrüstungen (früher Kriegsspielzeug) und schwören – mehr bedenklich als rührend – schon bei der Einschulung die Kinder auf den 'Ernst des Lebens' und den Numerus-clausus-Kampf ein.

Die Statusverteidigung durch Abschottung nach 'unten' und der Versuch des Eindringens nach 'oben' wird gewissermaßen schon mit der Muttermilch eingesogen. Etwas sachlicher nennen wir das einen prägungsartigen Vorgang (auf vermutlich starker genetischer Basis). Wohltuende Ausnahmen bestätigen die Regel.

Das arme, aber reinlich gekleidete gute Mädchen vom Lande, das von einem liebenswerten Prinzen ins Zentrum der Macht geholt wird, wo in naiv-märchenhafter Verkennung der Realitäten natürlich auch das Zentrum des Glücks ist, stellt einen Traum dar, älter als Regenbogenpresse, Trivialromane und unsere technischen Umweltprobleme. Und doch haben diese Dinge alle eine gemeinsame Wurzel im Machtstreben. Der archetypische Charakter dieses Traumes läßt sich mit dem trockenen theoretischen Rüstzeug der Biologie recht plausibel erklären.

Im Gegensatz zum männlichen Partner, der für den Nachwuchs oft 'nur' das wenig 'kostenaufwendige' Sperma beisteuert, sind die biologischen Investitionen, insbesondere bei den Primaten, für den weiblichen Partner sehr hoch. Somit ist zu erwarten, daß sie so lohnend wie möglich eingesetzt werden. Das für Biologen zu erwartende Resultat wäre eine *Neigung zur Hypergamie*, also zum verbreiteten (unbewußten) Bestreben, einen sozial möglichst hoch gestellten Vater künftiger eigener Kinder zu finden, der auch für deren sichere und zur weiteren Reproduktion vorteilhafte künftige hohe Position sorgen kann. Bei Tieren dürfte vor allem die Selektion durch die Weibchen etwa für die Pracht der Goldfasanhähne oder der Mandarinerpel gesorgt haben und auch für besonders schöne von den Männchen ausgeführte Bauten, Nester und Liebeslauben (vgl. DAWKINS 1978; WICKLER/SEIBT 1977). Für die Gene der Männer von Homo sapiens besteht entsprechend ein starker Selektionsdruck, ihre 'Überlebensmaschinen' auf intensive Beteiligung an Rangauseinandersetzungen einzustellen, und für die der Frauen, dies zu berücksichtigen. Heiratspolitik ist von den Heuerhäuslern bis zu den Habsburgern auch ein Stück Machtpolitik.

Mit anderen Worten, *Empirie und Theorie sprechen dafür, daß* das *Streben nach Prestigegewinn angeboren ist*. Wenn solche Tendenz ausgerechnet beim Menschen nicht mehr angeboren sein sollte (eine Aussage, die mir in dieser harten Ausschließlichkeitsformulierung völlig abwegig erscheint), so würde zumindest das soziale Umfeld sie wieder aufbauen. Es scheint aber vielmehr so zu sein, daß das soziale Umfeld die angeborenen Strukturen in eine oft verhängnisvolle Resonanz zu setzen vermag.

Die Kultur der Dominanz

Das Rangstreben bei Kulturwesen kann nun auf vielfältige Art zum Ausdruck und zum Erfolg kommen. Bisweilen verhilft die *Kreativität* einem einzelnen zu einer Art Durchbruch. Beim Menschen denkt man dabei zunächst an Künstler aller Gattungen und Wissenschaftler oder Ingenieure, an Erfindungen, wie BACON sie so vorbehaltlos lobt. Jeder Pädagoge weiß, was sich Schüler an angenehmen und abstoßenden Mätzchen einfallen lassen, um Aufmerksamkeit zu erregen. Schimpansen veranstalten von Zeit zu Zeit ein großes Affentheater, in dessen Verlauf meist Bäume geschüttelt und Gegenstände angerempelt oder gar geworfen werden. Jane GOODALL (1971), die sich studienhalber in eine freilebende Horde 'eingeschlichen' hatte, schildert den amüsanten Fall des vormals niederrangigen, von den Artgenossen nicht recht ernst genommenen jungen Männchens Mike, das sich der leeren Petroleumkanister in ihrem Lager bemächtigte und es verstand, mit mehreren Behältern gleichzeitig ein solch betäubendes Höllenspektakel zu veranstalten, daß die Artgenossen in Angst und Schrecken erstarrten und ihn fortan als 'Alpha' anerkannten.

Wenn sich nun schon wilde Schimpansen der Möglichkeiten der Zivilisation und ihres Mülls zum Zwecke sozialen Aufstiegs bedienen, darf es nicht wundern, daß diese beim Kulturwesen Mensch die verbreitetste Aufstiegsleiter darstellen. Lärm zum Beispiel ist nur zum Teil etwas technisch Unvermeidbares; für Motorsportler gehört er dazu, wie die imponierende Garderobe zu den Bayreuther Festspielen. Leise Motorräder verkaufen sich schlecht, und viele Fans frisieren darüber hinaus ihrer Maschine illegal den aggressiven 'sportlichen' Sound an, und die Auspuffrohre bekommen auch in ihrem Design Ähnlichkeit mit einer Maschinenwaffe.

Auch aus der Elektrobranche hört man ähnliches, nicht nur was die Unterhaltungselektronik angeht. Selbst bei Staubsaugern lassen sich nicht unbedingt die leisesten Geräte gut absetzen, vielmehr traut man wohl eher den lauten die große Sauberkraft zu, und es wird vermutet, daß auch die Nachbarschaft etwas davon mitbekommen soll, wie gründlich hier saubergemacht wird. Die Tatsache, daß auch auf sehr kleinen Rasenflächen in Aufsteigersiedlungen bisweilen fast ausschließlich die objektiv viel arbeitsaufwendigeren Motormäher benutzt werden, legt nahe, daß hier ähnliche psychische Mechanismen zur Aufbesserung der Rangposition wirksam sind. Stets hat das 'starke' Vorbild Leitfunktion.

Zweifellos ist Lärm auch ein Umweltproblem, beeinträchtigt die Lebensqualität, kann Gesundheitsschäden verursachen und manche Tierarten vertreiben, vielleicht sogar im Fortbestand gefährden. In der Regel hat er aber keine nachhaltigen ökologischen Schädigungen zur Folge. Es wird kein Boden versiegelt, kein Klima verändert, und er hinterläßt keine Schadstoffe. Das tun aber die daran gekoppelten Tätigkeiten – und andere prestigeerzeugende Aktivitäten.

Reisen war schon immer eine geachtete Beschäftigung für den distinguierten Snob, also auch ein Mittel zum Prestigegewinn, wie mit bissiger Ironie von Schriftstellern wie William Makepeace THACKERAY (1848) schonungslos und genüßlich bloßgelegt wird. Im neunzehnten Jahrhundert war der Tourist also schon ein dankbares Thema für Satiriker und Karikaturisten, aber noch nicht für die aufkommenden Naturschützer oder Ökologen, vor allem deshalb nicht, weil es damals nur ein verhältnismäßig kleiner Kreis war, der sich das Reisen leisten konnte, und weil – zum Teil, da kein Bedarf – die Infrastruktur für den zerstörerischen Massentourismus fehlte. Dennoch haben die wenigen Großwildjäger, die mit großem Arsenal wie DAUDETS Tartarin de Tarascon nach Afrika reisten und die Heimat mit spannenden Berichten und ihren Fotos in Heldenpose vor Bergen zusammengeschossener Kadaver versorgten, wahre Verheerungen hinterlassen. Der Prestigegewinn, den man durch solche Massaker verbuchen konnte, war im damaligen Wertesystem der Europäer so selbstverständlich wie vor kurzem noch ein solcher durch das Tragen eines Leopardenmantels und heute noch durch den Besitz einer ausgefallenen Luxuslimousine oder einer Illustrierten-Villa mit Swimmingpool mit Natursteinfassung im chemiegetränkten Golfrasen.

Daß heute der Massentourismus dabei ist, sich an der Zerstörung der gesamten Welt zu beteiligen, braucht hier kaum noch erwähnt zu werden. Riesige Küstenpartien des Mittelmeers sind im Einheitsstil der „Batteriehaltung für Nutzmenschen" (LORENZ) zugebaut, die Alpen mit einem Netz von 16000 mechanischen Aufstiegshilfen und teilweise brutal planierten Pisten überzogen und durch Bergrutsche und Hochwässer gefährdet. In den Sommerski-Gletschern wandert Jahr für Jahr eine weitere Schicht Sonnenöl auf das Tor zu. Wenn auch sicherlich wirkliches Erholungsbedürfnis, Freude am Entdecken, am Naturerlebnis, Freude an der Bewegung die Menschen zum Reisen veranlaßt, so ist keineswegs zu übersehen, daß der damit verbundene Prestigegewinn eine ganz wesentliche Triebfeder ist. So einfach sind die Komponenten gar nicht zu trennen. Schon so etwas Hehres wie die reine *sportliche Leistung* läßt sich ja als solche nur genießen im Vergleich mit anderen, die diesen oder jenen Berg auch schon (oder eben noch nicht) 'bezwungen' haben. Sonst ist es ein ganz privates Erlebnis.

Wird ein Modeort der Plutokratie im Zuge wachsender allgemeiner Verfügbarkeit des Geldes von nicht erwünschtem Publikum 'erobert', weicht erstere auf neue Ziele aus, notfalls durch Helikopterskiing auf die letzten noch ruhigen europäischen Gipfel oder in die Anden oder auf die Malediven, wo 'man' jetzt auch schon nicht mehr unter sich ist. Die Mitglieder traditionsreicher elitebewußter Tennisvereine flüchten 'vor den Plebsen' auf die Golfplätze und letzterer Sport 'droht' auch schon wieder zum Volkssport zu werden. Entsprechende Flächen, natürlich in ansprechendem landschaftlichen Ambiente, sind selbstverständlich bereitzustellen.

Wenn aber auch Golf infolge weiterer Popularisierung nicht mehr den gewohnten Prestigeausweis darstellt, wohin flüchtet man dann? Vielleicht wird bald Polo der neue Beweis für die Zugehörigkeit zur Oberschicht. Für die indischen Moguln war das einst der standesgemäße Zeitvertreib. Dabei ließen sie angeblich die zu Kugeln verarbeiteten Schädel ihrer besiegten Gegner vom Pferd aus rollen. Ärgerlich, daß ausgerechnet der kleinste der Volkswagen den Namen 'Polo' führt. Erfreulich für die cleveren Verkaufsstrategen bei VW. Erfreulich auch für die Umwelt, wenn wegen solch prestigeträchtigen Namens die Leute diesen Wagen einem schlimmeren vorziehen.

Ein weiteres Problem ist der Bedarf an Wohnraum, dem man durch immer neue Bauprogramme nachzukommen versucht. Bei schon lange nicht mehr steigender Bevölkerungszahl und fast ein halbes Jahrhundert nach dem Krieg wuchs schon vor der Zuwanderung aus Ostblockländern der Bedarf paradoxerweise immer weiter an. Die durchschnittlich zur Verfügung stehende Fläche von 30 qm pro Kopf ist schon vor etlichen Jahren überschritten worden und Planungsbehörden rechnen damit, daß man bald 40 qm im Durchschnitt beanspruchen wird und dementsprechend auch Bauland ausweisen muß. Interessant ist die Begründung für diese Planungsvorgaben: die erwartete Einkommensentwicklung. Wer sich also eine große Repräsentationswohnung leisten kann, wird dies demnach in der Regel tun. Das zeigt auch die Erfahrung. Das wird als Naturgesetz hingenommen. Dies ist das Recht des Stärkeren, dem unsere (offiziell anti-)sozialdarwinistische Gesellschaft huldigt.

Das bedeutet also auch weiterhin, daß bei beliebigen *durchschnittlichen* Quadratmeterzahlen Wohnungsmangel herrschen wird. Denn das hohe Einkommen und dementsprechend die großen Wohnflächen konzentrieren sich nicht bei denen, die den Wohnraum brauchen, also den Kinderreichen, sondern bei denen, die ihn bezahlen können, also den Singles oder meist kinderlosen Doppelverdienern.

National zeigt sich auf dem Wohnungssektor dasselbe wie international auf dem Ernährungssektor: Mit der Begründung, daß so viele Menschen in der Welt hungern, werden (oft subventioniert) immer mehr Luxusnahrungsmittel mit ökologisch immer weniger vertretbaren Methoden für die Menschen produziert, die es bezahlen können – *zum Schaden derer, die zur Begründung herhalten müssen.*

Das natürliche Dominanzstreben ist zwar geblieben, vermutlich soziokulturell eher verstärkt worden, aber es ist völlig abgekoppelt vom tatsächlichen Reproduktionswunsch und -erfolg. Angesichts der Weltbevölkerungsproblematik nicht weiter schlimm, aber *die ökologische Ressource Land schwindet wegen angeblich unabweisbaren Bedarfs zur Befriedigung des Prestigebedürfnisses der Menschen, ohne daß das elementare Wohnbedürfnis der gesamten Gemeinschaft dadurch je befriedigt werden könnte.* Es gibt kein größeres Übel als kein Genüge zu kennen, formulierte ja schon LAOTSE.

Dabei geht es nicht nur um die Landfläche, sondern auch um die zusätzliche Verkehrsbelastung, den Baustoff- und den andauernden Energieverbrauch, einschließlich der daraus resultierenden Luftbelastung und Gefährdung des Weltklimas. Es hilft nichts, zu tadeln und zu klagen oder gar zu neiden, wir müssen dem Rechnung tragen, und weiter unten werde ich versuchen, Lösungsansätze zu entwickeln.

Mit Müll zur Macht

Ein besonders häufiges und immer schwerer zu lösendes Problem in Genehmigungsverfahren stellen die gigantisch wachsenden Mülldeponien und die Müllverbrennungsanlagen dar. Jährlich fallen etwa 30 Millionen Tonnen allein an Hausmüll oder hausmüllartigen Gewerbeabfällen an. Noch viel problematischer ist der Sondermüll, der unter anderem auch durch das Bestreben, die Umweltschäden bei der Hausmüll-'entsorgung' zu minimieren, verstärkt entsteht, etwa in Form von Filterstäuben. Je mehr sich die Wirtschaft über ein gutes Konsumklima freut, um so schlimmer ist das für die Umwelt. Wenn sich der derzeitige Trend fortsetzt, dann bedeutet das, daß alles was vermarktungsfähig ist, abgebaut, verarbeitet, konsumiert, verentropiert, in irgendwelchen Abfall, Giftmüll, Abwärme oder in atmosphärische Schadstoffe verwandelt wird. Die Erdoberfläche wird in übelster Weise umgewandelt in die eines Müllplaneten, dank unseres offenbar grenzenlosen Konsumbedürfnisses.

Erich FROMM versucht den oft zu beobachtenden psychischen Kaufzwang, der neuerdings als Sucht, ähnlich dem Alkoholismus, betrachtet wird, wie den gelegentlich hemmungslosen Freßtrieb mit dem symbolischen Ausfüllen der inneren Leere zu erklären. Er hat einen speziellen Menschentyp, den 'Marketing-Charakter' beschrieben, für den sich alles in Konsumware verwandelt, einschließlich seiner selbst, indem er sich dem Arbeitsmarkt feil bietet, sozusagen gegen Höchstgebot seine Haut zu Markte trägt.

Ludwig ERHARD, der Vater des Wirtschaftswunders, hielt einen 'Konsumtrieb' für den Motor der Wirtschaft. Ein solcher Trieb ist zwar für einen Ethologen etwas sehr Erstaunliches und kaum Akzeptierbares. Aber es trifft offenbar zu, was die Volkswirtschaftslehre behauptet: Die Bedürfnisse des Menschen sind unbegrenzt, jedenfalls wenn man das Wort 'Bedürfnisse' durch 'Ansprüche' ersetzt. Ginge es nach unseren 'wirklichen' (?) Bedürfnissen („Es gibt so viele Dinge, die ich nicht brauche", sagte SOKRATES), dann müßte Abfall kein Problem sein.

Wolfgang SCHMIDBAUER beschreibt ausführlich und tiefgreifend den *Homo consumens*, den Menschen, dessen Lebenszweck hauptsächlich im Konsumieren besteht, und weist in diesem Zusammenhang schon 1972 deutlich auf die ökologischen Folgen hin. Homo consumens ist also der Typ, der zur Zeit gefragt ist. Konsumverweigerer gefährden unseren Orientierungsrahmen; sie sind, gemäß einer schon bei Tieren zu beobachtenden Reaktion des Anstoßnehmens, entsprechend zu behandeln. Durch Lernvorgänge und ein prägendes Über-Ich sind wir zu wertvollen und fleißigen Konsumenten geworden.

Ein aufschlußreiches und unbeabsichtigtes Vorbild für die Erzeugung einer ständigen Nachfrage auf immateriellem Gebiet ist nach SCHMIDBAUER die Kirche. Nachdem sie zur staatstragenden Organisation geworden war, sah sie sich genötigt, die Lehren Christi nicht so eng zu sehen. Die natürliche Triebhaftigkeit des Menschen wird von klein auf als böse hingestellt, als Erbsünde mit Sanktionen und Drohungen belegt und später von einem entsprechend starken Über-Ich als eingeschleustem Agenten überwacht. Vielleicht reicht es auch, wenn man von einem prägungsartigen Vorgang spricht, der unterstützt wird durch Konditionierung, wie sie EYSENCK (1960) als Hypothese zur Entstehung des Gewissens dargestellt hat (vgl. S. 159). Natürlich bleibt in jedem Falle die Triebhaftigkeit des Menschen bestehen; nach einer solchen Erziehung verursacht sie aber ein dauerndes Schuldgefühl.

Zu dessen Beschwichtigung bietet nun die Kirche die entsprechenden Gnadenmittel an, die um so stärker nachgefragt werden, je größer die verursachten Schuldgefühle sind, ein Mechanismus, aus welchem permanent neue Macht geschöpft wird.

Dieser über viele Lebenszyklen der Generationen stabile Mechanismus ist, weil in den Parametern austauschbar, natürlich keineswegs nur im Christentum zu finden. Es ist auch nicht auf den religiösen Bereich beschränkt, sondern läßt sich ebenfalls in anderen geistigen Systemen ausmachen – auch betont atheistischen.

Kritische Ostblockautoren beklagten sich vor der Demokratisierung über die prinzipiell gleiche Methode ihrer staatlichen Machthaber. Reuige Selbstkritik konnte dem Sünder nach Verfehlungen wider den Fortschritt des Sozialismus die Gnade der Partei zurückgeben, soweit er auf seine geistige Autonomie verzichtete. Das war das Entscheidende. In unserem Zusammenhang ist bedeutsam, daß dieser Mechanismus einen wesentlichen Teilfaktor im Konsumverhalten darstellt, was im folgenden verdeutlicht werden soll.

Die ständig bemühte 'anale Phase' der Psychoanalytiker ist zwar zweifellos ein Artefakt – ein Tiergärtner würde sagen: ein gefangenschaftsbedingtes pathologisches Verhalten – und trotzdem hat sie ihre entscheidende Bedeutung. Wenn man Kinder nicht mit Erde oder anderen formbaren Dingen spielen läßt, dann tun die ihrer evolutiv 'vorgesehenen' Lernmöglichkeiten beraubten Kinder es eben mit Kot, insbesondere, wenn sich stets alle Welt mit großem Theater gleich darauf stürzt und sie auch diesen auf solche Weise besonders wertvoll gemachten Stoff immer sofort abgeben müssen. So erzeugt man zuverlässig

(1) die sogenannte *anale Phase* (anstelle der sinnvollerweise einprogrammierten explorativen),
(2) ein lebenslang schlechtes Gewissen bei allem, was irgendwie nach Schmutz aussehen könnte, und als solcher wird daraufhin vielfach die ganze *Erde* empfunden, und schließlich erreicht man als hier Wichtigstes
(3) eine *gesicherte Nachfrage* nach den neuen 'Gnadenmitteln' der Reinigungsbranche im weitesten Sinne und nach glänzend neu aussehenden Konsumartikeln aller Art, bis hin zum Hochglanzauto und abwaschbaren Fliesenhaus.

Das ist genau wie bei der pädagogisch eingesetzten Kräutervernichtung nach Dr. SCHREBER: In der Kindheit werden die Vernichtungszwänge gesetzt, zu deren Entlastung später – diesen Vorgang perpetuierend – Gelegenheit geboten wird.

Ferner ist unsere Leistungsgesellschaft eine wesentliche Ursache für die Existenz des Konsummenschen, und diese sind wieder teilweise eine Folge des von der Prädestinationslehre geprägten triebfeindlichen Ethos früher Kapitalisten, die zum Beweis ihrer Auserwähltheit Besitz anreichern mußten. Der *erfolgreiche* Konsummensch entspringt nach SCHMIDBAUER (1972) dem 'analen' Charakter (Begründung der Anführungsstriche s. o.), der hortet und nichts mehr abgibt und es so zu etwas bringt, aber als Weiterentwicklung und Beweis seiner Leistung nun auch konsumiert.

Letzteres widerspricht eigentlich dem Hortungsdrang und muß deshalb gesellschaftlich besonders gestützt werden. Dabei spielt der schon erwähnte Identifikationsdruck mit dem Über-Ich eine Rolle. Nach Arno PLACK weist SCHMIDBAUER (1972) auf den Konformitätsdruck hin, den „Zwang mitzumachen, um sich nicht vereinsamt zu fühlen". Das läßt einen „das Glück dort (...) suchen, wo man es allein vermutet: im Erfolg vor anderen". Da ist es also schon wieder, das Dominanzstreben. Das kennen wir schon von unseren peinlichen Verwandten im Urwald – auch ohne den Druck des Über-Ich und ohne das Deprivationserlebnis, nicht mit Dreck spielen zu dürfen. Auch sie nutzen den Lärm scheppernden Blechmülls zur Rangaufbesserung, zum Erfolg vor anderen.

Direkt auf unser heutiges Konsumproblem anwendbar heißt es bei ADLER (1919, S. 29): „Und da die Empfindung der eigenen Minderwertigkeit ein abstraktes Mass für die Ungleichheit unter den Menschen abgibt, wird der Größere, der Stärkere und *sein Mass zum fiktiven Endziel* gemacht, um dann vor Unsicherheit, vor dem ‚Gruseln' geborgen zu sein." Diesem Phänomen, so ADLER, trügen Mythen, Dichter und Religionsführer Rechnung. Auch Marketingstrategen kennen ihre Pappenheimer. Sie nennen ganz plump ihre Produkte 'Prestige' oder 'Privileg', 'Consul' oder 'Commodore'. Andere Tricks sind weniger leicht zu durchschauen.

Mit Macht zum Müll

Man kauft sich Dinge, die man nicht braucht, mit dem Geld, das man nicht hat, um den Leuten zu imponieren, die man nicht mag, lautet ein sinniger Spruch, dessen Urheber mir leider nicht bekannt ist. Die von der Werbung geschickt genutzte, oft auch erst erzeugte Assoziation angepriesener Produkte mit chronisch unerfüllten Triebwünschen ist eine weitere Ursache ungebremsten Konsumverhaltens.

Die Unerfüllbarkeit mag wiederum einen Teil ihrer Ursache in dem triebfeindlichen Leistungsklima haben, welches die Kinder schon in zartestem Alter prägt. Allerdings – darauf wurde schon mehrfach verwiesen – man kann nicht für alles eine anthropogene Ursache verantwortlich machen. Das Paradies, das vor Einbruch der Kultur auf der Erde geherrscht haben soll, ist ein Kind unserer Illusionsfähigkeit, und diese hat bekanntlich ihre adaptive Bedeutung. Sie grundsätzlich zu zerstören, wäre unverantwortlich. Doch Skepsis bleibt angebracht. Zu allen Zeiten eröffnete die Illusion den Propheten vollkommener Glückseligkeit einen Zugang zur Seele der Menschen. Heute bietet sie auch den Konsumterroristen ein Fenster zum Einstieg.

Prägung oder Über-Ich sind sicherlich wichtige Faktoren für das Funktionieren westlicher Konsumgesellschaften, doch nicht alles läßt sich mit solchen Vorgängen erklären. Auch Angehörige weniger leistungsorientierter Kulturen sind ebenfalls anfällig für die Verlokkungen der Wegwerfgesellschaft, nur würden sie sich nicht dafür kaputtarbeiten wollen. Dennoch besteht eine intensive ursächliche Beziehung zwischen der Leistungsgesellschaft und der Konsumgesellschaft. Das Arbeitsethos, welches im Müßiggang aller Laster Anfang sieht, welches auch und gerade die unsinnigste Arbeit als hohen Wert betrachtet, und auch das flehentliche Rufen nach immer mehr Arbeit, obgleich der Markt schon von Waren überschwemmt ist, welches Paul LAFARGUE (Lit. 1963), der Schwiegersohn von Karl MARX, bereits 1883 den Arbeitern und den Ökonomen anlastet, das sind ökologisch äußerst folgenreiche kulturelle Phänomene.

Die ursächliche Beziehung zwischen Leistungs- und Konsumgesellschaft besteht darin, daß erstere Komponente dafür sorgt, daß massenweise produziert wird, damit letztere es – in Gestalt derselben Personen – wieder verkonsumieren kann.

Daß beide Komponenten in ihrer symbiontischen Beziehung eine solch furchterregende Mächtigkeit erlangt haben, liegt daran, daß wir den Konsum zur Skala gemacht haben, auf der der Erfolg im Dominanzstreben gemessen wird. (Nach dem Reklamespruch der biederen Sparkassen: Sparste was, dann haste was – haste was, dann biste was.) Ferner liegt das daran, daß die meisten Menschen ihre Macht darauf begründen, daß das so ist, weshalb sie sich und ihre verfügbaren Mittel dafür einsetzen werden, daß das so *bleibt*. Dadurch verstärkt sich dieser Mechanismus weiter. Ein relativ überschaubarer Fall von zirkularer Kausalität. Ohne zusätzliche Regelfaktoren ist ein solches System zwar wenig zukunftsträchtig (gedacht in naturgeschichtlichen

Zeiträumen), aber es scheint der Disposition des Menschen zu entsprechen.

Erhards postulierter Konsumtrieb ist somit eine Erscheinungsform des Dominanzstrebens. Allerdings scheint die Hoffnung (für einige Ewiggestrige eine Befürchtung) nicht unbegründet, daß nach einem zum Verzweifeln trägen kulturellen Wandlungsprozeß auch eine andere Werteskala als die Menge des anfallenden Mülls installiert werden kann (Kap. 10). Allerdings, die totale Abkehr vom Leistungsprinzip auf allen Gebieten können wir uns kaum leisten. Das wäre eine Abkehr von der Realität. Leben ist permanente Leistung. Jedoch verlieren wir noch sicherer den Bezug zur ökologischen Realität, wenn wir unsere Leistung in die völlig falsche Richtung investieren und den Ast absägen, auf dem wir leben. Wir müssen unsere Leistung umorientieren.

Bezüglich unserer Müllproduktion fällt die Orientierung leicht: Wir sollten den Begriff 'Wegwerfkultur' einmal ganz wörtlich nehmen und überlegen, wie wir diesen Teil der Kultur wegwerfen können.

Der Mensch, nicht die Maschine gilt als Problem

Im 18. Jahrhundert praßte die dünne Schicht einer machtbesitzenden Minderheit so provokativ, daß unter anderem dies zur Großen Revolution in Frankreich führte. Heute, nach weitgehender Demokratisierung, wird die Verschwendung durch die Massen zum noch größeren Problem. Es wird zur Großen Revolution der Biosphäre führen mit allem Elend, welches solche Umwälzung mit sich bringt.

Kann man so misanthropisch sein und die Popularisierung des Wohlstandes vermiesen? Für die Chinesen freut man sich ehrlich, wenn es dort schon die riesige Menge von 300 Millionen *Fahrrädern* gibt. Man ist beeindruckt von dem dichten Fahrradverkehr in den Städten. Nun steht ja nach unserer offiziellen Meinung allen Menschen der gleiche Wohlstand zu, und es gibt in der Tat zwar viele faktische, aber keine moralischen Gründe dafür, anderen vorzuenthalten, was man selber besitzt. Würde nun also beispielsweise China dieselbe Art von Wohlstand erreichen wie wir ihn haben, müßte es dort mehr als 500 Millionen Autos geben, das wären fast doppelt so viele, wie es dort zur Zeit an *Fahrrädern* gibt.

Was das für die Ökologie der dortigen Städte und Regionen, aber auch durch den Ressourcenverbrauch und die Luftbelastung auf der ganzen Erde bedeuten würde, kann man sich nur teilweise ausmalen.

China wie die anderen noch wenig industrialisierten Länder streben eine solche Entwicklung an. Und wir behaupten, ihnen dabei zu helfen. Der Vollblutunternehmer sieht hier nichts als einen riesigen Absatzmarkt, unter anderem für die Automobilindustrie. Das einzig erkennbare Problem besteht für die meisten von ihnen in der mangelnden Zahlungsfähigkeit der armen Länder. Daß die Kämpfer um Marktanteile im Getümmel vor Ort den Überblick verlieren, ist verständlich. Kaum verzeihlich jedoch ist, daß auch die meisten und die gefragtesten Wirtschaftstheoretiker vom sicheren Lehrstuhl aus dies genauso sehen – zumindest bis vor kurzem sahen.

Doch diese Art von Vergeudungswohlstand hat nicht nur hier, sie hat auch in der ganzen Welt keine dauerhafte Zukunft. Sie kann gar nicht überall Einzug halten, weil die Ressourcen dafür nicht vorhanden sind. Auf die Szenarien eines durch den Treibhauseffekt veränderten Weltklimas sei hier nur noch einmal hingewiesen.

Nun haben wir in unserem Lande schon Probleme genug. Etwa 5% der Bodenfläche sind für Verkehrszwecke direkt versiegelt (MÖCKER/TEMPEL 1980), ein Vielfaches massiv beeinträchtigt, isoliert, verbleit, verschandelt. Fast nirgendwo gibt es noch Flächen, die nicht mindestens verlärmt sind, und wo der Straßenverkehr nicht genügend intensiv hinkommt, schafft das der Luftverkehr. Jedes Jahr wird die Zahl der Flüge noch einmal wieder übertroffen und bei den Autos die der Neuzulassungen.

Obgleich von den Befürwortern grenzenloser Raserei immer wieder betont wird, daß die heutige Verkehrsdichte ohnehin die erträumte freie Fahrt nur noch sehr selten erlaube – und sie damit zweifellos Recht haben – geht der Trend ungebrochen zu stärkeren Motoren, zu aggressiven, wahnsinnig kostspieligen Sportversionen mit Heckspoilern und Sonderlackierungen. Beliebige Summen werden dafür ausgegeben. Dagegen hat man lange versucht, Katalysatoren als unwirtschaftliches und unbezahlbares Accessoire darzustellen. Rational kann es jedenfalls nicht sein, daß ein Volk von ca. 60 Millionen Einwohnern mit seinen mehr als 30 Millionen Personenkraftwagen über 120 Millionen Sitzplätze in Privatwagen verfügt. Das ist so rational wie die Berichterstattung über die neuen 'Geschosse' auf der Internationalen Automobilausstellung.

Zahl und Ausführung der Wagen lassen sehr deutlich erkennen, daß es sich dabei nicht um irgendein Transportmittel handelt, sondern um etwas viel Bedeutsameres und Tieferliegendes: um ein Mittel zum Aufbau der Persönlichkeit. Werbefachleute wissen den offenbar unstillbaren Bedarf auf diesem Sektor meisterlich zu nutzen: Präsentationen vor prestigeträchtigem Hintergrund, vor Schlössern oder repräsentativen Einfahrten wirtschaftlicher Machtzentralen, Off-road-Fahrzeuge in herrlicher Natur (die bei erfolgreicher Reklame immer seltener und im Zuge der Ökowelle noch werbewirksamer wird), Texte in der Art: Mit diesem Fahrzeug können Sie jedem Vordermann Ihr Auspuffrohr zeigen.

Es geht natürlich für andere Käuferschichten auch vornehmer. Es wird auf die besonders umweltfreundliche Technik verwiesen, auf den günstigen c_w-Wert (Luftwiderstandsbeiwert) und darauf, daß man dank der hohen *Leistung* und des ABS (Antiblockier-Systems) seine verantwortungsvollen Termine wird sicher einhalten können usw. Fahrer der sich anpreisenden Marke gehören jedenfalls – wenn auch unter Umständen innerhalb unterschiedlicher Subkulturen – in die erlesene Gruppe der potenten Alphas, der Großwildjäger, der Rennpioniere oder Spezialagenten mit unbeschränkten Aggressionslizenzen oder der seriösen Entscheidungsträger mit stets knappem Zeithaushalt. Nur die 'Enten'-fahrer müssen sich mit der Illusion des Fliegens zufriedengeben. Dafür dürfen sie aber in der Fernsehreklame mitten im Naturschutzgebiet landen.

Der Straßenverkehr bietet alle Möglichkeiten, Machtgefühle zu kultivieren, erlaubt den 'Unterprivilegierten' sich in die 'Oberklasse' einzukaufen. „Der Krieg ist der Ernstfall, in dem sich der Mann zu bewähren hat." Das ist ein alter Leitsatz noch aus der Kaiserzeit. Schon Tacitus hielt deshalb seinen offenbar damals etwas verweichlichten Landsleuten die Germanen als vorbildlich hin. Belächeln kann man als erfahrener Kämpfer die Sonntagsfahrer mit ihrem mangelhaften Können, die noch nicht auf eine stattliche Zahl heldenhafter Totalschäden auf Privatralleys verweisen können – und seit eh und je kann man belächeln: die Frau am Steuer. Dabei weiß die Unfallstatistik, daß diese – auch bezogen auf die Fahrleistung – den besseren Teil der Autofahrer darstellt. Allerdings ist zu befürchten, daß wie beim Trinken und Rauchen und bei der üblichen Gewaltkriminalität das weibliche Geschlecht in falsch verstandenem Emanzipationsbestreben oder unter dem Konformitäts- und Wettbewerbsdruck einer rasenden Gesellschaft auch im aggressiven Fahrverhalten noch einen Nachholbedarf geltend macht.

Doch bekanntlich ist nicht die Maschine das Problem, das Motorrad mit über 100 PS hat alle erdenkliche Sicherheitstechnik, und das Auto, das über 250 km/h fährt, ist das zuverlässigste, das es je gab. Es ist der Mensch, der verantwortungslos viel und leichtsinnig fährt.

Wir haben ganz einfach die falschen Menschen für unsere Kultur!

Allen Ernstes gibt es Leute, die sich von der Gentechnologie Abhilfe versprechen. Andere trauen der Pädagogik die Lösung zu. Ehe man sich entschließt, von einem Suchtmittel abzulassen, geht man alle erdenklichen Alternativen durch.

Das erschreckende Experiment von Milgram

Komplexe Systeme des Lebendigen sind im Dienste ihrer Leistungsfähigkeit weitgehend hierarchisch strukturiert, vor allem ist die Autonomie ihrer Teile unterdrückt. Das genetische Potential einer Haarbalgzelle verzichtet darauf, sich zum Beispiel als Gehirn-, Ei- oder Spermazelle zu verwirklichen. Nur Krebszellen verweigern bekanntlich solche Unterordnung. Vom genetisch programmierten weitgehend harmonischen Gefüge eines Bienenstaates war auch schon vorher die Rede und ebenfalls vom Säugerimperativ der Individualität.

Aber auch Säugergemeinschaften, erst recht solche des Menschen, erreichen eine Komplexität, die es erforderlich macht, daß sich die Individuen arbeitsteilig eingliedern. Einige gut überschaubare theoretische Gedanken zum Evolutionsproblem Kooperation haben wir schon unter 'Altruismus' diskutiert. Andere, auf ein komplexeres Gefüge abzielende scharfsinnige Überlegungen stellt Stanley MILGRAM (1974) im Zusammenhang mit seiner umkämpften Experimentalstudie über den menschlichen Gehorsam an. Eine Species, die aufgrund ihrer evolutiv überformten Programmöglichkeiten keine zum Überleben hinreichende Harmonie im innerartlichen Zusammenleben vorzuweisen hat, wird aussterben, „und die Evolution muß einen Entwurf vorlegen, der sich zum Überleben eignet", schreibt er lapidar im Anschluß an kybernetische Betrachtungen. Damit nutzt er zur Interpretation seiner Ergebnisse denselben Schlüssel, mit dem wir bisher schon in diesem Buch operieren.

An dieser Stelle seien die Kernergebnisse der Milgram-Studie nur ganz kurz referiert, soweit sie für den Themenkomplex der Umweltzerstörung von Bedeutung sind.

Über Zeitungsannoncen und durch direktes Anschreiben wurden Versuchspersonen für ein psychologisches Lernexperiment gewonnen. In diesem Experiment, welches zunächst in der wissenschaftlichen Atmosphäre eines Labors stattfand, sollte die Versuchsperson angeblich Lehrer spielen und unter Kontrolle des Versuchsleiters einem Schüler – in Wirklichkeit einem schauspielenden eingeweihten

Helfer – bei falschen Antworten in steigender Höhe Elektroschocks verabreichen. Äußerst geschickt wurden Schritt für Schritt die ahnungslosen Versuchspersonen in eine Situation versetzt, in welcher man die legitime Autorität des Versuchsleiters nicht anzuzweifeln pflegt – außer man liest die Versuchsbeschreibung in seinem derzeitigen Status als mündiger Bürger oder als Wissenschaftler.

In dieser letzteren Eigenschaft hätte niemand – auch nicht die Planer des Experimentes selbst – das niederschmetternde Ergebnis vorhergesagt. Auch *nach* Erörterung der Ergebnisse pflegen sich etwa Teilnehmer eines Seminars spontan weit von dem unglaublichen Verhalten der Mehrheit der Versuchspersonen zu distanzieren.

Diese Zwei-Drittel-Mehrheit der Versuchsteilnehmer steigerte auf Anweisung des Versuchsleiters die Strafschläge auf 450 Volt, obgleich der im Nebenraum befindliche ‘Schüler’ um Freilassung flehte und schließlich keine Reaktion mehr zeigte. (Die Apparatur warnte außerdem ab 350 Volt mit einem Schild „Gefahr: schwerer Schock“.) Dies taten die Versuchspersonen zwar oft nur unter heftigem Protest und unter Hinweis auf ihre Nichtverantwortlichkeit, welche von der Autorität des Versuchsleiters gefällig bestätigt wurde. Doch sie führten aus, was man von ihnen verlangte. Und das, obgleich der Versuchsleiter überhaupt keine wirklichen Druckmittel besaß und der Versuch im freiheitlichen Amerika stattfand. Nur ein Drittel brachte die Energie auf, den Gehorsam bei höheren Voltzahlen zu *verweigern.* Niemand verweigerte die Mitarbeit von vornherein, obgleich dieses Experiment schon im Ansatz unter dem Aspekt allgemein anerkannter Menschenrechte fragwürdig war (falls es so durchgeführt worden wäre, wie die Versuchspersonen es erlebten); zum Beispiel wurde hier ein Mensch, von dem keinerlei Gefahr ausging, unter psychologischem Druck der Umgebung gefesselt.

Sinnreiche Versuchsanordnungen konnten überzeugend belegen, daß es Gehorsam gegenüber der Autorität und nicht sadistische Motivation war, die diesem Ergebnis zugrunde lag. Wenn zum Beispiel durch einen arrangierten Telefonanruf ein ‘gewöhnlicher Mensch’ (der für die Versuchspersonen subjektiv nicht dem Forschungsinstitut angehörte) den Versuchsleiter zu vertreten hatte, dann erfüllten die Leute ihre grausame ‘Lehrertätigkeit’ nicht. Sie aberkannten einem solchen jegliche Kompetenz, solche unglaublichen Befehle zu erteilen.

Milgram erwähnt unter anderem, daß viele Leute (in Amerika) die Ergebnisse deshalb nicht akzeptierten, weil solches Verhalten Amerikanern, also der eigenen – der einzigen im eigentlichen Sinne humanen – Gruppe nicht zuzutrauen ist. In Deutschland war man – ganz analog zu dieser schon in Primitivkulturen zu beobachtenden Bewertungstendenz – von den (dort) erzielten Ergebnissen schon eher angetan, und man versuchte, sie auf die natürlich nur in Amerika herrschende Wissenschafts- und Technologiehörigkeit zurückzuführen. Solche Darstellungen finden natürlich immer Applaus. Man hat diese Versuche inzwischen in vielen Städten der Welt – auch mit Frauen und Elitestudenten – wiederholt, und man kam prinzipiell zu den gleichen Ergebnissen. Im disziplinierten Deutschland – in München – waren sogar 85% gehorsam bis zum (potentiellen) Tod (ihrer Opfer). (Zu unserem Trost, dieses gleiche Ergebnis ergab sich auch einmal in Amerika mit jüngeren Versuchsteilnehmern.)

Die sorgfältig und verantwortungsvoll psychologisch nachbetreuten Versuchspersonen, jedenfalls die Gehorsamen, fühlten sich nicht verantwortlich für ihre Handlungen, die ihnen gewöhnlich nachträglich überhaupt erst in ihrer Tragweite bewußt wurden. Falls sie nur mit *innerem* Widerstand weitergemacht hatten – und das waren wohl die weitaus meisten – empfanden sie sich sogar als eine Art moralischer Widerstandskämpfer. Ihre Handlungsweise schien ihnen schließlich überhaupt nicht zu ihrem Persönlichkeitsbild zu passen. Die Illusion gehört eben zum Menschen als Ausgleich zu seinem Reflexionsvermögen.

In der Versuchssituation, in der sie so gut 'funktionierten', hatte man die Leute in einen, wie MILGRAM das nennt, *Agens-Zustand* versetzt, dieser Ausdruck sei „mehr als eine begriffliche Zumutung". Er bedarf einer Erläuterung: In der oben skizzierten Weise ist der Mensch in der Lage, nach verschiedenen Verhaltensmustern zu agieren: einerseits autonom, andererseits als ausführendes Organ des Willens eines anderen. Einen solchen Agens-Zustand kann man in unserer Computerzeit anschaulich vergleichen mit einem System, in welchem man bestimmte Programmalternativen ein- oder ausschalten kann. Beim Menschen erklärt diese postulierte Zustandsänderung – neben den Phänomenen von Über-Ich und prägungsartigen Vorgängen – die oft gestellte Frage, wieso die Leute allgemein so bereitwillig *tun wollen, was sie tun müssen*.

Für die Gesellschaft und für das Individuum bringt die Existenz der Möglichkeit des Agens-Zustandes einen großen Nutzen (in der Regel). Weder Pyramiden und Bewässerungsanlagen noch eine Chinesische Mauer oder einen Kölner Dom hätte man ohne diese Unterwerfungsfähigkeit bauen können, von der modernen Zivilisation gar nicht zu reden. Aber auch schon die koordinierte Jagd der Wölfe oder

– konvergent entstanden – der menschlichen Urhorde erfordern Verzicht auf Autonomie und Unterdrückung lokaler Herrschaft.

Wie schon bei der Machtdiskussion mehrfach angedeutet, ist es auch für das Individuum nützlich, gesicherte Rangpositionen anzuerkennen und treu deren Aufträge zu erfüllen. Wer dazu nicht in der Lage war, dürfte nur stark eingeengte Reproduktionschancen gehabt haben. Wenn diese Disposition nicht schon genetisch fest installiert sein sollte, sondern als Entwicklungs*potential* noch der Förderung durch das Milieu bedarf, dann ist auch diese Bedingung in unserer Kultur jedenfalls gegeben. Milgram beschreibt die einzelnen Stufen von der Kinderstube über die Schule bis zum Militär oder Berufseintritt, in denen auf Schritt und Tritt Untwerfung gefordert wird. Aufsteigen kann man nur durch Gefügigkeit. Und wo diese nicht gefordert wird, scheint es manchmal, wird sie gesucht; erinnert sei an Jugendsekten, Fanclubs für Fußballmannschaften, Popsänger und Filmidole.

Andererseits werden Wertesysteme und ein Gewissen aufgebaut, und diese können den Befehlen der Obrigkeit vollkommen widersprechen, aber deshalb noch keineswegs widerstehen. Das war zum Beispiel in der oben geschilderten Studie der Fall. Man fügt einem unschuldigen Opfer keine Schmerzen zu und setzt nicht gar dessen Leben für ein albernes Experiment oder ein paar Dollar Belohnung aufs Spiel. Trotzdem taten ersteres alle und letzteres die meisten der ganz normalen Menschen.

Bei der individuellen Nachbereitung des Experiments stellte sich noch etwas ganz Bedeutsames heraus: Die *Minderheit*, die sich bei stärkeren Stromschlägen widersetzte, sie – nicht die Mehrheit, die funktionierte – *fühlte sich schuldhaft belastet*, sie hatte ein Deserteurgefühl, das Gefühl des Versagens, das Empfinden, einer eingegangenen Verpflichtung nicht nachgekommen zu sein. „Diese Versuchsperson – und nicht die gehorsame – erlebt die Bürde ihrer Aktion." (Milgram S. 191)

Zerstörung durch Funktionieren

Der Bezug zu historischen und gegenwärtigen Kriegsgreueln drängt sich auf, und Milgram stellt ihn deutlich dar. Hier soll aber auf ein anderes, historisch neuartiges Problem aufmerksam gemacht werden: die *Umweltzerstörung durch Funktionieren*. Alle Details, die Milgram ermittelt hat, sind auch unter diesem Aspekt bedeutsam. Durch die hier referierte Studie klüger geworden, sollten wir nicht leichtfertig die sich auftuenden Abgründe als unbegründete Horrorphantasien abtun.

Zur Verdeutlichung etwas stark gezeichnet (aber ich fürchte nicht allzuweit von der Wirklichkeit bzw. potentiellen Wirklichkeit entfernt) stellt sich das dann so dar:

- Die legitime Autorität ordnet Wirtschaftswachstum an. Der Bürger gehorcht. Es ist ja auch eine gute Sache.
- Die Autorität ordnet Motorisierung der Masse an (jedem Deutschen seinen Volkswagen). Der Bürger gehorcht allzu gern.
- Die Autorität ordnet Industrieansiedlung an. Diese Entscheidung ist zwar ärgerlich, wenn die eigene Wohnlage dadurch beeinträchtigt wird. Sie wird von den beauftragen Planern und zuständigen Beamten – zwar oft mit innerem Widerstand wie im Milgram-Experiment – aber mit Eifer durchgesetzt.
- Die Autorität ordnet den Ausbau der Kernenergie an. Wenn die legitime Autorität das festlegt, muß das auch gut sein.
- Die Autorität ordnet die Forcierung der Gentechnologie unter Senkung des Sicherheitslevels an. Sie trägt ja schließlich dafür auch die Verantwortung.
- Die Autorität ordnet den totalen Krieg gegen die Natur an. Sie wird schon wissen, was sie tut, wenn der technische Fortschritt das erfordert.
- Die Autorität fordert Durchhalten um jeden Preis. Der Bürger entwickelt Heldentum. Keinesfalls desertieren!
- Die Autorität ordnet den Untergang der Menschheit an ... (Daß so etwas Irrsinniges nicht völlig auszuschließen ist, wird weiter unten deutlicher. Erinnert aber sei hier an die Untergangsbefehle Hitlers.)

Wie die von Bettelheim beschriebenen KZ-Opfer wagen die in die Organisation Eingebundenen nicht im Traum, sich dagegen aufzulehnen.

Der gesamte nachgeschaltete Apparat funktioniert, obgleich in persönlichen Gesprächen vom Minister über den Staatssekretär über alle Stufen der Verwaltungshierarchie und von den beteiligten Freiberuflern oder Firmenangehörigen in vielen Fällen 'innere Emigration' signalisiert wird. Nach dem eingetretenen Untergang können noch nicht einmal alle Beteiligten – wie nach der letzten unbewältigten Vergangenheit und dem Zusammenbruch des Staatssicherheitsregimes – sagen, sie seien eigentlich alle innere Widerstandskämpfer gewesen. Es gibt sie infolge der Einheit von Täter und Opfer vielleicht dann gar nicht mehr.

Direkt hierauf anwendbar schreibt MILGRAM (S. 170): „Die Funktion des Über-Ich verschiebt sich von der *Bewertung* der Gutheit oder Schlechtheit der Handlungen auf die Feststellung, wie gut oder schlecht man *innerhalb eines Autoritätssystems* funktioniert." Bei autonomer Steuerung würden natürliche oder sozialisationsbedingte Hemmungen viele Taten unmöglich machen, aber im Agens-Zustand ist diesbezüglich ein 'Kurzschluß' eingetreten, und „die Handlungen (werden) *nicht mehr durch das Gewissen eingeschränkt*" (Hervorhebung B. V.). Das eröffnet einem etablierten Regime schauerliche Möglichkeiten, und diese wurden schon zu oft Realität.

Was eine funktional eingebundene Autorität wünscht, ist *vorauseilender Gehorsam*, wie ihn ein idealer Angestellter und eifriger Beamter seinem Dienstherrn entgegenbringt, nicht widerwilliger Dienst nach Vorschrift oder Arbeit im Zustand der inneren Kündigung. Um solchen freiwilligen Gehorsam zu erreichen, ist nach MILGRAM (S. 166) die ideologische Rechtfertigung von entscheidender Wichtigkeit. Den Personen muß die Möglichkeit gegeben werden, sich so zu sehen, als diene ihr Verhalten einem erstrebenswerten Ziel, in diesem Fall der 'Wissenschaft', an deren Vertreter die Handlungsführung vollkommen abgetreten wird.

In solcher Argumentation sind Massentierhaltung und Gentechnologie im Tierstall notwendig, weil das Welternährungsproblem gelöst werden muß. Rasende Autos dienen nicht nur der Schaffung von Arbeitsplätzen, sondern auch der Weiterentwicklung der Verkehrssicherheit und helfen somit, tiefes menschliches Leid zu verhindern. Die Atomlobby hat sehr spät, aber ernsthaft, das CO_2-Problem als überzeugendes Motiv entdeckt. Wer eine elektrische Heizug einbaut, tut etwas gegen die drohende Klimakatastrophe und überläßt der Dritten Welt die fossilen Energieträger. Und alles dient dem Wert der Werte: dem Wachstum.

Autorisierte Experten werden in allen Positionen der Gesellschaft verteilt, und die Spitze der Hierarchie trägt – angeblich (!) – die Verantwortung. Diese Spitze kann eine medial aufgepumpte Persönlichkeit sein (Führer, Großer Vorsitzender, Conducator, big brother) oder mehr eine Institution (der Regierungspräsident, das Amt für Reaktorsicherheit, das Gesundheitsamt). Die Personalisierung besorgen die untergeordneten Menschen von selbst aufgrund ihrer Neigung zum Animismus. Selbst der darin Aufgeklärte ärgert sich spontan über eine unberechtigte Mahnung im Obrigkeitsdeutsch, als käme sie von einer Person, selbst wenn er genau weiß, daß nur ein falsch programmierter Computer dahintersteckt. Jeder einzelne funktioniert zuverlässig in seinem Agens-Zustand.

Hier sei noch der Bezug zum soziobiologischen Denkansatz hergestellt. Die Möglichkeit des Agens-Zustandes ist von solcher Komplexität, daß er sich nur entwickelt haben dürfte, wenn das dem Erhaltungsstreben der Gene auch entsprach.

Auf einer prähistorischen, extrem dünn besiedelten Erde dürften miteinander in Berührung tretende vertraute Menschen in der Regel auch *verwandt* gewesen sein. Je harmonischer sich bei allen immanenten Konkurrenzproblemen die Gruppen zu formieren verstanden, desto besser für ihre biologische Ausbreitung. Der Vorteil der Unterordnungsfähigkeit für das Individuum wurde schon erwähnt. Autorität im Sinne des oben geschilderten Experiments, Autorität, die nicht auf Gewalt angewiesen ist, wird nur innerhalb der Organisation, der man sich zugehörig fühlt, anerkannt – ursprünglich innerhalb des Clans. Daß dieser Mechanismus mit Hilfe einer bandstiftenden Ideologie auch zur Herrschaftsausübung durch Völker, Parteien und Konzerne genutzt und auch mißbraucht werden kann, das ist ein so junges Phänomen, daß dagegen noch kein Abwehrmechanismus entwickelt werden konnte. Und hoffentlich ist das nicht so gefährlich, daß die Evolution eines Tages einen neuen Entwurf wird vorlegen müssen, der sich zum Überleben eignet.

Unsere Kultur bringt ihren Mitgliedern vieles Nützliche bei. „Während des Erwachsenwerdens hat das normale Individuum gelernt, die Äußerung seiner aggressiven Triebe zu hemmen. Doch *die menschliche Kultur hat nahezu völlig darin versagt, innere Hemmungen für Handlungen einzubauen, deren Ursprung in einer Autorität liegt.* Dies bedeutet eine bei weitem größere *Gefahr für das Überleben der Menschheit*“ (Milgram, S. 171, Hervorhebung. B. V.).

Wo ist ein Ansatz für einen Ausweg? Mißbrauch von Autorität durch *Einzelpersonen* dürfte auch schon im vormenschlichen phylogenetischen Stadium ein Problem gewesen sein. Folglich besteht seitdem schon ein Selektionsdruck zur Lösung dieses Problems; lange genug für die Evolution, um reagiert zu haben. Gegen Despoten kann man sich verbünden. Einzelkämpfer sind ziemlich machtlos.

In der Tat läßt sich in Milgrams Ergebnissen ein entsprechendes Verhaltenspotential ausmachen. Wenn in den oben geschilderten Gehorsamsversuchen der Versuchsperson ein *Verweigerungsvorbild* zur Seite gestellt wurde, dann erwies sich dies als Schleuse aus der Befangenheit des Agens-Zustandes. Verweigerung wurde zum Normalfall.

Die Autorität ist freilich wenig an solchen Vorbildern interessiert, ganz im Gegenteil. Verweigerung wird dementsprechend hart bestraft. Ein Denkmal für Deserteure, die sich nicht am Verbrechen Krieg beteiligen, konnte bisher meines Wissens noch nirgendwo auf der Welt aufgestellt werden – falls ich mich irre: Mit Sicherheit ging das nicht ohne vaterländische Empörung und gerichtliche Begleitung. Immerhin aber werden schon Umweltschützer mit Orden dekoriert. Das Zentrum der Norm verlagert sich wie bei der Sprache (Kap. 10) nur sehr langsam (Douglas/Wildavsky 1982; Inglehart 1979).

Autorität muß eindeutig sein. Nicht nur der selektionsbewährte Hang zum vereinfachten Denken fordert dies. Zweifel sind tödlich für die Autorität. Obgleich nach christlicher Lehre jeder Mensch mit der Erbsünde behaftet ist und somit a priori Schuld und vor allem die Möglichkeit zum moralischen Scheitern in sich birgt, mußte 1989 selbst eine christliche Regierung und Bundeswehrführung mit großer Empörung reagieren, als ein engagierter Pazifist von Soldaten als „*potentiellen* Mördern“ sprach. Dagegen gab es fast ein Jahrzehnt zuvor keine nennenswerte Aufregung, als ein Wehrdienstverweigerer von einem Bremer Gericht mit der Begründung abgewiesen wurde, er fahre ja auch weiterhin Auto und nehme damit das Töten von Menschen in Kauf.

Die Milgram-Studie beweist, wie berechtigt die Empfindlichkeit der Autorität ist. Wenn im Experiment zwei gleichberechtigte Versuchsleiter über die Verantwortbarkeit der Fortsetzung des Experiments unterschiedlicher Meinung waren, und die Versuchsperson nicht herausbekommen konnte, wer der Boß war, dann fand sie ihre eigene Handlungskompetenz zurück und brach ab. Die Autorität war unglaubwürdig geworden. Deshalb ist für Organisationen die einheitliche Meinung so wichtig. Wer zum Beispiel die Monopolstellung *der* Partei bezweifelt, wer einer anderen Glaubensrichtung den gleichen Wahrheitsgehalt zubilligt, kann von der Autorität nicht akzeptiert werden. Wer die Vertretbarkeit der Kernenergie bestreitet, muß aus denselben Gründen aus der *community* ausgeschlossen und nach Möglichkeit mit einem anerkannten Feindetikett versehen werden. Unterstützend wirken die diskutierten Orientierungs- und Konformitätsmechanismen.

Wenn aber die Urteilsfähigkeit des einzelnen gewahrt werden soll, ist es unerläßlich, daß zu zukunftsbedeutsamen Fragen auch anerkannte Autoritäten aus der oft publizitätsscheuen Wissenschaft sich auf öffentliche Auseinandersetzungen einlassen und zum Beispiel den Abbruch des unverantwortlichen geochemischen ‘Experiments’ der Veränderung der Atmosphäre durch CO_2 und FCKW fordern.

Das Futuristische Manifest und die Nekrophilie

Erich FROMM (1974) sieht als eine wesentliche Quelle der Destruktivität die *Nekrophilie*, die Liebe zum Tode, den Haß auf alles Lebendige. Seine Begründung als „bösartige Form des analen Charakters" mit ihrer entscheidenden Wurzel in der „bösartigen inzestuösen Bindung" klingt für in biologischen Denkstrukturen Orientierte zwar wenig plausibel; er selbst ist offenbar auch nicht ganz zufrieden damit. Doch über die Existenz eines solchen Phänomens kann man nicht leichtfertig hinweggehen, auch wenn es nicht sogleich in das evolutionäre Weltbild paßt.

Ähnlich wie die anale Phase wird sich – wie ich noch zu zeigen versuche – auch die Nekrophilie als weitgehend kulturbedingtes Phänomen erweisen, aber als solches scheint sie doch bedrückend real. Viva la muerte! – Es lebe der Tod!, war der Wahlspruch der spanischen Falangisten. Die Nekrophilie ist nach FROMMS Ansicht wesensmäßig mit dem Faschismus verbunden, und die Tötungsbesessenheit der Nationalsozialisten spricht für die Richtigkeit seiner Behauptung.

Den Haß auf alles spontan sich entfaltende Lebendige, die Biozidorgien in 'Zier'gärten und Hinterhöfen, das hatten wir auch schon in anderem Zusammenhang und aus anderen Gründen mit dem Faschismus in Verbindung gebracht. Der *Feind des Nekrophilen* ist das Leben schlechthin. Was könnte ihm da lieber sein als Totalbiozide.

FROMM sieht in der Vergötterung der modernen Technik eine tiefe Lebensfeindlichkeit. Viele Männer verlieren lieber ihre Frau als ihr Auto (SCHMIDBAUER 1972). Ein Lackschaden ist ein Angriff auf ihre Persönlichkeit. „Jemand hat *mich* auf dem Parkplatz angefahren", ist eine gängige Redensart. Die Maschine kann so sehr Objekt des Narzißmus werden wie das *Selbst*. Nicht jede Begeisterung an der Technik ist nun unbedingt ein Ausdruck nekrophiler Tendenzen, genausowenig wie es jede Abwehr einer Schädlingsplage ist. Solche Tendenzen manifestieren sich nach FROMM darin, daß das vorrangige Interesse an Artefakten jedes Interesse am Lebendigen verdrängt hat. Da bietet allerdings unsere technophile Gesellschaft und insbesondere wieder das Automobil – bzw. unser Verhältnis dazu – eine Fülle von Anschauungsmaterial.

Gespenstisch wird es in der sich immer weiter entfaltenden Computerwelt der Spiele, die ja ihre internen Rahmenbedingungen nicht durch die Naturgesetze, sondern durch den Softwarearchitekten gesetzt bekommen. Dieses technische Gerät kann für manche zur *femme fatale* werden. Ein verbreiteter Spielcomputer heißt 'Amiga'.

'Kiss me amiga', suggeriert die Reklame mit plastikhaft jenseitiger Gestalt. In Computerspielen wird so viel gestorben, daß man in jedem Spiel meistens ein halbes Dutzend Leben zur Verfügung hat, bis die abschließende Requiemmelodie 'game over' ansagt. Es wird das in Massen produziert, was sich verkauft; wie kommt es, daß Bildschirm-Autorennen, Nazispiele und Rambo so beliebt sind? Vielleicht, weil der Tod dort seinen tiefen Schrecken verloren hat: Der Tod ist 'wirklich' unwirklich geworden. Die moderne Technik hätte dann auf makabre Weise erreicht, was der Religion nicht so recht gelingen will.

Nachdenklich stimmt das von FROMM (1974) angeführte Futuristische Manifest, von F. T. MARINETTI, dem einflußreichen Begründer und Anführer des Futurismus. Veröffentlicht wurde es erstmalig 1909 im Pariser ›Figaro‹. Seiner suggestiven Sprachkraft wegen sei es nicht nur inhaltlich zitiert:

1. Wir wollen die *Liebe zur Gefahr* besingen, die *Vertrautheit mit Energie* und Verwegenheit.
2. Mut, Kühnheit und Auflehnung werden die Wesenselemente unserer Dichtung sein.
3. Bis heute hat die Literatur die gedankenschwere Unbeweglichkeit, die Ekstase und den Schlaf gepriesen. Wir wollen preisen die *angriffslustige Bewegung*, die fiebrige Schlaflosigkeit, den Laufschritt, den Salto *mortale, die Ohrfeige und den Faustschlag.*
4. Wir erklären, daß sich die Herrlichkeit der Welt um eine neue Schönheit bereichert hat: die *Schönheit der Geschwindigkeit*. Ein *Rennwagen, dessen Karosserie große Rohre schmücken*, die Schlangen mit *explosivem Atem* gleichen ... ein *aufheulendes Auto, das auf Kartätschen* zu laufen scheint, ist schöner als die Nike von Samothrake.
5. Wir *wollen den Mann besingen, der das Steuer hält*, dessen *Idealachse die Erde durchquert*, die selbst auf ihrer Bahn dahin*jagt*.
6. Der Dichter muß sich glühend, glanzvoll und freigebig verschwenden, um die *leidenschaftliche Inbrunst der Urelemente zu vermehren.*
7. *Schönheit gibt es nur noch im Kampf. Ein Werk ohne aggressiven Charakter kann kein Meisterwerk sein.* Die Dichtung muß aufgefaßt werden als ein heftiger Angriff auf die unbekannten Kräfte, um *sie zu zwingen, sich vor dem Menschen zu beugen.*
8. Wir stehen auf dem äußersten Vorgebirge der Jahrhunderte! ... Warum sollten wir zurückblicken, wenn wir die *geheimnisvollen Tore des Unmöglichen aufbrechen* wollen? Zeit und Raum sind gestern gestorben. Wir *leben bereits im Absoluten*, denn wir haben schon die *ewige, allgegenwärtige Geschwindigkeit* erschaffen.
9. Wir *wollen den Krieg verherrlichen – diese einzige Hygiene* der Welt –, den *Militarismus, den Patriotismus, die Vernichtungstat* der Anarchisten, die *schönen Ideen, für die man stirbt*, und die *Verachtung des Weibes.*

10. Wir wollen die Museen, die Bibliotheken und die Akademien jeder Art zerstören und gegen den Moralismus, den Feminismus und gegen jede Feigheit kämpfen, die auf Zweckmäßigkeit und Eigennutz beruht.
11. Wir werden die *großen Menschenmengen besingen, die die Arbeit, das Vergnügen oder der Aufruhr erregt*; besingen werden wir die vielfarbige, vielstimmige *Flut der Revolutionen* in den modernen Hauptstädten; besingen werden wir die *nächtliche vibrierende Glut der Arsenale* und Werften, die von grellen elektrischen Monden erleuchtet werden; die *gefräßigen Bahnhöfe*, die rauchende Schlangen verzehren; die Fabriken, die mit ihren sich hochwindenden Rauchfäden an den Wolken hängen; die Brücken, die wie gigantische Athleten Flüsse überspannen, die in der Sonne wie *Messer* aufblitzen; die abenteuersuchenden Dampfer, die den Horizont wittern; die breitbrüstigen Lokomotiven, die auf den Schienen wie riesige, mit Rohren gezäumte Stahlrosse einherstampfen und den gleitenden Flug der Flugzeuge, deren Propeller wie eine Fahne im Winde knattert und Beifall zu klatschen scheint wie eine begeisterte Menge.

Ich möchte der Versuchung widerstehen, eine detailliertere und kritische Interpretation zu beginnen. Statt dessen habe ich mich damit begnügt, die im thematischen Zusammenhang mit der Umweltzerstörung gedanklich anregenden Passagen durch Kursivdruck hervorzuheben.

Das ganze Manifest klingt uns so verrückt, daß man kaum glauben möchte, daß dies anders als eine Satire aufgefaßt werden konnte, aber es scheint dem Autor und seiner nicht geringen Anhängerschaft bitter ernst gewesen zu sein. Abgesehen von dem persönlichen Machtanspruch über den Gang der künftigen Geschichte und dem ungestillten Hunger nach narzißtischer Nahrung, den solche Manifeste immer erkennen lassen, kann man wohl kaum lebensfeindlichere Gefühle zum Ausdruck bringen: Verherrlichung des Krieges, totaler Ersatz der Lebewesen durch Technik, Verachtung der Frau als Trägerin künftigen Lebens.

Um nun gar keinen Irrtum bestehen zu lassen und vielleicht um das Erfolgserlebnis seines ersten Manifestes zu wiederholen, veröffentlichte MARINETTI 1910 ein Zweites Futuristisches Manifest, das aber sprachlich schon so weit heruntergekommen ist, daß ich es nicht mehr ausführlich zitieren möchte, aber es ist – seiner fatalen Resonanz wegen – doch zu bedeutsam, um es einfach zu übergehen. Darin wird die *Geschwindigkeit als neue Religion* entwickelt, ihrem Wesen nach 'rein', das neue Gute. Der Autor sucht Zuflucht in magischen Formeln von Pseudomathematik: „Die Geschwindigkeit = die Synthese eines jeden Mutes in Aktion. *Aggressiv und kriegerisch*“, dagegen die Langsamkeit „passiv und pazifistisch ... *mit hoher Geschwindigkeit rasen (ist) ein Gebet. Die Heiligkeit von Rädern und Schienen.* Man muß auf den Geleisen knien, um *zur göttlichen Geschwindigkeit zu beten …* Der *Rausch hoher Geschwindigkeiten in Autos* ist nichts anderes als das Hochgefühl, sich mit der *einzigen Gottheit* zu vereinigen. Die *Sportler sind die ersten Katechumenen dieser Religion. Zukünftige Zerstörung von Häusern und Städten, um Raum zu schaffen für große Treffplätze für Autos und Flugzeuge.*"

Wie Computerspiele finden auch Manifeste nur dann Verbreitung, wenn sich Gehirne finden, die Interesse daran haben. Sehr lange dauerte es nach 1910 nicht mehr, bis sich der verherrlichte Krieg in die Tat umsetzen ließ und Nationalismus und Militarismus sich austoben konnten. Halb Europa zog mit Hurrapatriotismus in den Krieg. Das langweilige Leben der Langsamkeit, passiv und pazifistisch, hatte endlich ein Ende. In der „Zerstörung von Häusern und Städten" so recht erfolgreich allerding war man erst im Zweiten Weltkrieg.

Was die Bomben noch nicht geschafft hatten, das konnten dann später noch die Autos erreichen. Historische Stadtteile wurden abgerissen, „um Raum zu schaffen für große Treffplätze für Autos".

Der gefeierte Architekt und bei seiner Planung bewußt von der *tabula rasa* ausgehende Städteplaner LE CORBUSIER stellte gegen Ende seines Lebens (1965) zufrieden fest: «La bataille est vaincue» – die Schlacht ist gewonnen. Offenbar herrschte damals noch die Unfähigkeit zu bedauern.

Obgleich man doch die Erfahrung des Dritten Reiches hinter sich hatte: „Die von den Nazis geplante Herrschaftsarchitektur war eine Kulisse des Todes … Totenburgen, Gedächtnis- und Siegesmäler entstanden an den Enden des künftigen Reiches. Das Ideal war die aufmarschgerechte Stadt, deren Kahlschlagperspektiven erst richtig zur Geltung kamen, wenn alles Leben aus ihnen weggefegt … würde." (NIETHAMMER 1979)

Der von Autos und Geschwindigkeiten und geraden Achsen begeisterte CORBUSIER entwarf seine Pläne auf weißem Papier, bewußt ohne dabei an eine bestimmte Örtlichkeit zu denken. „Er statuierte ein ideales, überall anwendbares Exempel." (v. Moos 1968, S. 180) Sein vom Automobilhersteller Voisin gesponsorter Sanierungsvorschlag für Paris hätte sicherlich auch MARINETTI und Veranstaltern pompöser Paraden gut gefallen (Abb. 7). LE CORBUSIER hatte eine große Seele. Zweifellos war er – wie viele – *auch* Naturfreund. Viel Grün, 85 bis 95% des Bodens hatte er zwischen den Kästen als offenen Landschaftsgarten verplant. Wo man in der Welt diese die Geschichte des Lebens zermalmende Einheitsarchitektur zu verwirklichen suchte

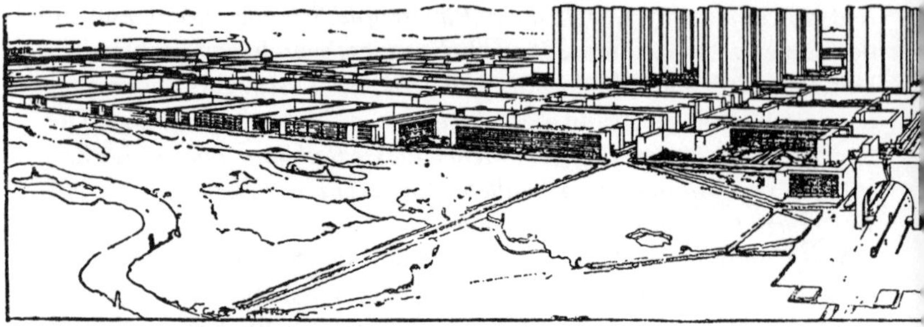

Abb. 7: Le Corbusier & P. Janneret: Une Ville contemporaine pour 3 Millions d'Habitants. 1922. Ein Entwurf für die totale Stadterneuerung durch Kahlschlag. Ein solches Einheitsgesicht war Paris und den anderen Großstädten der Welt zugedacht. (Aus. v. Moos 1968)

– allzu oft –, entstanden allerdings fast nur Park-plätze, und immer zuwenig.

Die großen 'Treffplätze für Flugzeuge' verlegte man aus technischen Gründen doch mehr in die freie Natur. Der Krieg gegen diese hält bis heute an, und der tödliche Kult der Geschwindigkeit hat Millionen von Katechumenen und allein in Deutschland Hunderttausende von Opfern.

Der Kult großer Automobilausstellungen, leblos aggressive Ästhetik von Autorennen und Flugtagen – das sind Veranstaltungen ganz im Sinne des Futuristischen Manifestes. Sie setzen ganze Völkerwanderungen in Bewegung. „Wir werden die großen Menschenmengen besingen, die die Arbeit, das Vergnügen oder der Aufruhr erregt."

Auf dem Flugtag von Ramstein am 28. August 1988, mit seiner makabren Bilanz von 70 Toten und mehr als 400 zum Teil schwer Verletzten, lagen 300000 Gläubige auf den Knien, und erhoben ihre Häupter himmelwärts, um dem Gott unserer Zeit zu huldigen. „Wir wollen den Krieg verherrlichen, ... die Vernichtungstat der Anarchisten."

Ein befragter verletzter Überlebender der Katastrophe erklärte, unbelehrbar wie erfolgreich unterwiesenen Katechumenen eigen, er werde zum nächsten Flugtag wieder hingehen. Marinettis Religion hat ihre zuverlässigen Anhänger. Auch die Regierung befand, daß das Volk weiterhin ein Recht auf solches Schauspiel hat. *Panem et circenses* – Brot und Spiele, damit hielt man schon im alten Rom die Massen bei Laune.

Gesellschaftliche Outsider, die es vor dieser Katastrophe gewagt

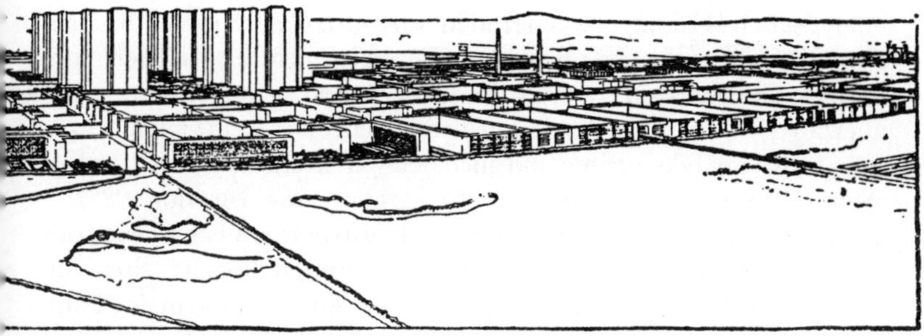

hatten, gegen eine solche nekrophile Manifestation der Waffentechnik zu demonstrieren, waren bespuckt, mit Bier übergossen und sogar mit Steinen beworfen worden. Sie spürten nicht nur innerlich, sondern auch äußerlich „die Bürde ihrer Aktion", des Ungehorsams wider die Obrigkeit und die geltenden Normen, wie MILGRAM das formuliert hat.

Die Meinung über die Urteilsfähigkeit der Massen hat bei vielen Menschen einen Knacks erlitten. Doch Hoffnung kann aufrechterhalten werden: Mehr als ein Jahr später erklärten die Amerikaner, sie wollten, zumindest in Ramstein, keinen Flugtag mehr abhalten.

Viel wäre gewonnen, wenn unsere Gesellschaft eine neue „ästhetische Urteilskraft" entwickeln könnte, wie auch MEYER-ABICH (1984) und STURM (1979) das fordern. Diese würde nicht mehr nur die formale Ästhetik beurteilen und schon gar nicht den nekrophilen Impetus hoch einschätzen. Vielmehr würde in die Wertschätzung die Lebensverträglichkeit einfließen, die soziale wie die ökologische, das, was Ivan ILLICH Konvivialität nennt. Die vergöttlichten Objekte des nekrophilen Futurismus rangierten auf einer so orientierten Skala weit unter jedem erträglichen Niveau.

Zum naturgeschichtlichen Ursprung der Nekrophilie

Eine interessante Frage blieb offen. Mit FROMMS Hypothese zur Entstehung der Nekrophilie waren wir nicht zufrieden. Für einen Biologen ist schon ihre behauptete Existenz etwas Erstaunliches, und man sollte sich auch nicht scheuen, diese einmal methodisch anzuzweifeln, zumal die zur Begründung der Nekrophilie bemühte 'anale Phase' sich schon als kulturdeformierte Entwicklungsperiode kindlichen Erforschens entpuppte. Ebenso bleibt vom überall im psychoanalytischen Dschungel wuchernden 'Inzest*trieb*' nach methodischem Zweifel nicht mehr viel übrig. Angeboren ist nicht dieser Trieb, sondern im Gegenteil eine massive Tendenz, Inzest zu vermeiden, wie es auch aus genetischen Gründen zu erwarten ist. Das ist in vielen Tiergesellschaften zu beobachten und auch beim Menschen empirisch belegt (Spiro 1954; weitere Lit. bei Eibl-Eibesfeldt 1984; Bischof 1985).

Aus evolutionärer Sicht mindestens ebenso befremdlich ist auch das mit diesen beiden angeblichen Trieben begründete Postulat einer verbreiteten Nekrophilie. Alle Lebewesen werden durch die in den Fährnissen einer milliardenjährigen Geschichte geschulten Gene, jener Meister im Überleben, gesteuert. Diese müssen selbstverständlich ein 'vitales' Interesse am *Leben* haben und nicht am Tod. Aber das von Fromm vorgelegte Material scheint so überzeugend, daß es eine starke Herauforderung darstellt, und ich möchte mit aller Vorsicht eine Antwort versuchen.

Dazu erscheint eine zunächst weithergeholte Anleihe aus der Geschichtswissenschaft sinnvoll. In der ideenträchtigen Zeit um 500 v. Chr., die Karl Jaspers Achsenzeit genannt hat, weil sie einen Drehpunkt in der Geistesgeschichte darstellt, prägten fünf große Weise das geistige Leben in der Ökumene zwischen dem Mittelmeer und dem Pazifik: Zarathustra, Deutero-Jesaja, Buddha, Konfuzius und Pythagoras. Der übergreifend denkende Historiker Arnold Toynbee (1988, S. 165) weist auf gemeinsame Züge der Gedanken dieser fünf Großen hin. Diese Gemeinsamkeiten traten auf, obgleich sie unabhängig voneinander wirkten, was dafür spricht, daß sie eine Resonanz in der Struktur der kulturell entwickelten menschlichen Psyche erzeugen. Deren erstgenannter Zug ist für unsere Überlegung von einiger Relevanz:

> Der bedeutungsvollste gemeinsame Zug ist die Fähigkeit eines menschlichen Individuums, eine unmittelbare persönliche Beziehung zu der letztgültigen geistigen Realität in und hinter dem Universum zu erlangen, in welchem der Mensch sich selber findet. Ursprünglich war diese Beziehung nicht individuell und persönlich. Vorzivilisatorische Gemeinschaften näherten sich der letztgültigen Realität oder der Gottheit durch das Medium nichtmenschlicher Naturkräfte, *deren Gnade der Mensch ausgeliefert war.* Nach dem Erreichen der Kulturstufe änderte sich diese Sicht: Der Mensch vergötterte nicht mehr die nichtmenschliche Natur, sondern die *Kollektivmacht* einer menschlichen Gemeinschaft. *Die Errichtung einer menschlichen Kollektivmacht in großem Maßstab hatte die Gewichte im Kampf mit der Natur zum Vorteil des Menschen verschoben. Nachdem er so den Gegenstand seiner Verehrung gewechselt hatte, blieb der Mensch bei der Anbetung der Macht, wo immer er sie am stärksten fand* (Hervorhebung B. V.).

Da ist sie wieder, die Identifikation mit und die Schutzsuche bei dem Aggressor oder anders ausgedrückt: Es ist der im Sinne der Gene teleonome Versuch, sich mit der Macht zu arrangieren, das Sich-Verbünden mit ihr. Die Faszination durch die Technik ist die Faszination durch die Macht. Und *die totale Macht ist der Tod.* Auch der Mächtigste mußte sich ihr unterwerfen. Sein Kult beschäftigte vermutlich schon alle Hochkulturen, gerade die mächtigsten, die nichts anderes mehr als diesen zu fürchten hatten. Erinnert sei nur an die Pyramiden der Pharaonen und die Totenarmeen chinesischer Kaiser.

Auch Toynbee (der in diesem Zusammenhang nicht auf den Todeskult eingeht) fand diese Veränderung „geistig (...) einen Rückschritt. Der Mensch war seinem Ziele nicht näher gekommen, sondern hatte sich nur weiter von ihm entfernt".

Bis heute hat der Tod seine absolute Macht bewahrt, und ihm zur Seite trat die Großtechnologie. Was Wunder, daß über das Bindeglied Mensch – worüber auch sonst – sich eine Allianz zwischen Tod und Technik herausbildete und dem Tod nicht mehr als dem Sensenmann auf dem Rippenroß aus mehr landwirtschaftlich geprägten Jahrhunderten gehuldigt wird, sondern mehr und viel gefährlicher in der Vergötterung der Technik, beispielsweise in den heiligen Hallen einer Internationalen Automobilausstellung, wo die neuesten 'Geschosse' verehrt werden. Oder in militärischen Großprojekten, wo sich der Tod in kosmischem Ausmaß simulieren und hoffentlich nicht eines Tages ausführen läßt.

Hinzu kommt noch das glatte 'Funktionieren' der Menschen im Agens-Zustand. Es ermöglichte überhaupt erst die Entfaltung der Kollektivmacht menschlicher Gemeinschaften, die die Gewichte auf der Waage zwischen dem Menschen und den Kräften der außermenschlichen Natur so sehr zu seinen Gunsten verschoben hat. Der Agens-Zustand läßt das Ganze so reibungsarm laufen – bis in den Holocaust. Der durch die Nazis betriebene war nicht der erste Völkermord, aber er war der erste industriell organisierte. Diese nun zweifellos nicht mehr fitnessfördernde Tendenz zu Aufbau und Mißbrauch einer Kollektivmacht war in der Evolution *bisher* noch nie ein Problem. Deshalb hatten die Gene auch noch keine Veranlassung, eine Lösung zu finden, genausowenig wie für die Situation des armen Kükens, das um so rascher und intensiver auf die vermeintliche Mutter geprägt wird, je heftiger diese es abschüttelt (Kap. 10).

Man sucht weiter Hilfe bei der Macht, wo immer man sie am stärksten findet. Der Tod greift über die Zeit. Er muß noch mächtiger sein als diese. Voiret (1989) zeigt am Beispiel des alten China die über-

Abb. 8: Hier versuchte man lebende Strukturen zu bewahren. China.

ragende Bedeutung des Kalenders für die Installation von Herrschaft durch den 'Meister der Zeit', der sich der Astronomenpriester bediente. Das besonders Schnelle und das Ewige sind die Überwinder Zeit: Geschwindigkeitskult auf der einen Seite, Mausoleen, ewige Mauern und massiver Beton auf der anderen. Zwingender als jede Tonarmee greift über das individuelle Leben hinaus die Atomtechnik. Vielleicht liegt ein Teil ihrer Faszination darin begründet (vgl. Kap. 8: Die Priesterschaft der Technik).

Es ist durchaus üblich, sogar naturnotwendig, daß jedes Phänomen auf einem komplexen Netz von Ursachen beruht. Deshalb sei noch von einer anderen Seite her versucht, an das Phänomen der Nekrophilie heranzukommen. Weil wir die Gene als Meister im Über*leben* betrachten, trauen wir ihnen eine Steuerung zur *Todes*liebe nicht zu. Wir sollten aber bedenken, daß sie Meister im *eigenen* Überleben sind und daß – wie besprochen – ein Interesse am Leben des anderen nur insoweit evolutionsstabil ist, wie es, unter Berücksichtigung aller Aspekte, auch dem Eigeninteresse dient. Bei Silbermöven ist es durchaus evolutionär stabil, daß die eigenen Jungen vehement verteidigt, eindringende Räuber im Gruppenangriff in wohlverstandenem genetischem Eigeninteresse in selbstlosem mutigem Einsatz vertrieben werden, daß aber die Jungen aus dem Nachbarnest einfach verschluckt werden, wenn sich die Gelegenheit dazu bietet.

Bei allen Widerständen, die man gegen solche Gedanken hat, es kann aus Sicht des individuellen Genomsatzes durchaus vorteilhaft sein, wenn der Tod – nach GOETHE der Kunstgriff der Natur, viel Leben zu haben – auch in der menschlichen Population reiche Beute holt, wenn nicht gerade der eigene Genomsatz betroffen ist. Der nach FROMM ausgeprägt nekrophile HITLER und seine Vernichtungsorganisation machten ausgiebig Gebrauch von der Möglichkeit, den Zuschlag des Todes auf *andere* zu steuern.

Vielleicht noch deutlicher als bei dem persönlich familienlosen HITLER (dessen Zeugungsfähigkeit FROMM in Zweifel stellt) wird diese soziobiologisch begründbare Nekrophilie bei CEAUÇESCU. Den ganzen Staat hatte er zum Nutzen seines Clans, also seines Genoms in Beschlag genommen, wie auch Monarchen Dynastien zu gründen pflegten, denen 'ihre' Untertanen zu dienen haben. Die Tatsache, daß er seine Spezialtruppe vorwiegend aus Waisenhäusern rekrutierte, war eine besonders günstige Voraussetzung dafür, daß die für biologische Verwandtschaft 'genetisch vorgesehene' Bindung und Ergebenheit durch den rein politischen Machtbereich so wirksam 'adoptiert' werden konnte – ein neuartiger 'Brutparasit', der sich durch die adoptierten Kinder ernähren läßt.

Aber auch ohne diese Besonderheit scheinen bloße Verwandtschaftstermini wie *Landesvater, Vaterland, Waffenbruderschaft* usw. offenbar einige Wirksamkeit zu entfalten (JOHNSON et al. 1987). In allen Kriegen – und auch bei der todbringenden Zerstörung der Umwelt – werden die Aggressoren – insbesondere bei der ausgeprägten Illusionsfähigkeit der Führer – nicht ernsthaft damit rechnen, daß es sie persönlich erwischt. Das haben sie gemein mit anderen Kriminellen.

Und wie ist das bei der Förderung todbringender Technologien? Für sich und seine Familie sorgt man vor für den GAU, mit Jodtabletten und befiltertem Atombunker. Und Wochen nach dem Fall stehen den wenigen Überlebenden konkurrenzlos die riesigen Lagerhallen der Supermärkte zur Verfügung. Jedenfalls scheint es Leute zu geben, denen diese gespenstische Vision gefällt, wie einer mit der Thematik 'Atombunker' befaßten Studie des Fernsehens zu entnehmen war.

Nicht nur der Mythos von der Sintflut, die den einzigen Gerechten verschont, sondern auch die Überlegungen zur Führbarkeit eines Atomkrieges durch einen Mao oder später durch einen Reagan, um das gegnerische 'Reich des Bösen' zu vernichten, um auf der strahlenden verbrannten Erde eine ideale Gesellschaft nach der eigenen Ideologie aufzubauen, weisen in dieselbe Richtung. Der massenweise Tod eröffnet dem eigenen Ideal eine strahlende Zukunft. Hier zeigt sich, daß 'positive' Zukunftssicht und 'Förderung von Wachstum' nicht automatisch das Gegenteil von Nekrophilie und keineswegs auch immer gleichbedeutend mit gut sind. Fromm (1974), der das dennoch so sah, hat in diesem Punkt sicher zu einfach gedacht, sich zumindest mißverständlich ausgedrückt.

Die destruktive Trias

Es gehört zur klassischen Wissenschaftsphilosophie, jeden Vorgang isoliert zu betrachten, „um seine direkte Verursachung ungestört feststellen zu können“. Auch im vorliegenden Buch ist diesem Ideal einer wissenschaftlichen Analyse aus methodischen Gründen bisweilen versucht worden zu entsprechen. (Es ist ja schlicht unmöglich, alles gleichzeitig darzustellen.) Bei Evolutionsvorgängen ebenso wie in der Ökologie und der Ethologie aber lassen sich die Kausalfaktoren meist nicht scharf voneinander trennen, weshalb von Wissenschaftlern alter Schule diese Forschungsbereiche schlicht als 'unwissenschaftlich' gemieden werden. „Überall treffen wir multiple Verursachungen an, und in vielen Fällen ist eine numerische Bestimmung der einzelnen Faktoren unmöglich, weil jeder Faktor von der Stärke der anderen gleichzeitig wirkenden Faktoren abhängt.“ (Mayr 1989) Auf diese in der Realität multiple Verursachung und zirkulare Kausalität aller biologischen Phänomene wenigstens noch einmal hinzuweisen, ist Zweck des folgenden kurzen Schlußabsatzes dieses Kapitels:

Wenn wir nämlich die Überlegungen des letzten Kapitels integrieren mit

(1) der *Illusionsfähigkeit* bezüglich der eigenen moralischen Überlegenheit und bezüglich der persönlichen Chancen zusammen mit

(2) dem *Agens-Zustand* des *reibungslosen Funktionierens* angesichts einer Autorität und

(3) dem *Rang- und Machtstreben*,

dann stehen wir vor einer bedrückend mächtigen Trias nekrophiler Weltzerstörung.

Aber – wenn wir sie erkannt haben – auch vor einer großen Aufgabe, die zu lösen nicht hoffnungslos ist.

III. EVOLUTION AUF DER METAEBENE

12. DIE HIERARCHIE DER EVOLUTIONEN

Die kosmische Evolution

Die große Bedeutung, welche die biologische Evolution für den Menschen hat, verführt uns leicht zu der Annahme, daß Evolution *nur* ein biologisches Phänomen wäre. Doch soll mehr hinweisartig erwähnt werden, daß, bevor überhaupt eine biologische oder auch nur eine organochemische Evolution in Gang kommen konnte, eine physikalische und physikalisch-chemische ablaufen mußte.

Man nimmt allgemein an – wenngleich neuerdings wieder umstritten – daß der Kosmos in einem Urknall seinen Anfang hat. Unter anderem durch die Messung der Fluchtgeschwindigkeiten entfernter Galaxien hat man die Möglichkeit, den Zeitpunkt des Urknalls in der Größenordnung zu bestimmen. Die Schätzungen konzentrieren sich um einen Bereich von vor 15 Milliarden Jahren herum.

Es ist ausgeschlossen, daß zu diesem Zeitpunkt Null des Weltbeginns – falls es ihn so je gab – die konzentrierte Materie auch nur annähernd Eigenschaften hatte, die denen geglichen hätten, welche auf unserer lebensfreundlichen Erde herrschen. Unvorstellbare Energien wurden zerstrahlt, Räume geschaffen und verzerrt. Sogar die für Lebewesen notwendigen Elemente mußten noch aus dem Tohuwabohu der Protomaterie evolviert werden. Durch Verschmelzung leichter Atomkerne ergeben sich schwerere, die teilweise instabil sind und wieder in andere zerfallen. Auch die physikalische Evolution ist ein permanenter, also noch keineswegs abgeschlossener Prozeß.

Der frühen physikalischen und chemischen Evolution, die in ihren noch umstrittenen Einzelheiten zu schildern ein Biologe nicht berufen ist, folgte die inzwischen doch von unserer Geisteswelt allmählich akzeptierte biologische, von welcher bisher in diesem Buche immer wieder die Rede war. Sie läuft auf einer höheren hierarchischen Ebene ab, sie schafft völlig neue Bedingungen, neue Gesetzmäßigkeiten, überraschende Entwicklungen und bleibt dennoch unentrinnbar angewiesen auf die harten physikalischen Gesetze des Kosmos und auf das, was sich im kosmischen Drama bislang abgespielt hat. In den hochentwickelten Lebewesen, in der Entwicklung ihres Bewußtseins, bekommt dieses Drama buchstäblich seinen Sinn, seine Größe – und seine Tragik (?).

Der Dialog zwischen Physikern und Chemikern auf der einen Seite und Biologen auf der anderen geht immer weniger um die „Physikalisierung der Biologie“ – das ist insofern nicht mehr notwendig, als der naive Vitalismus längst überwunden ist –, es geht immer mehr um eine „Historisierung der Physik“ (PRIGOGINE 1988). In den heute noch beobachtbaren *Supernovae* vollzieht sich unter Beteiligung gewaltiger energetischer Prozesse die Schöpfung der komplexeren Elemente, ohne die eine biologische Evolution überhaupt nicht in Gang kommen könnte. In diesem Sinne schaffen sie „die Keime des Lebens und stoßen sie ins Weltall“ (WOOSLEY/WEAVER 1989).

Die Bedingungen der ersten All-Zeit kann man sich nicht weit genug von jeder Lebensmöglichkeit entfernt oder nicht infernalisch genug denken. Selbst die Raumstruktur und vielleicht auch die Gravitation bedurften einer zeitabhängigen Entwicklung. Und schließlich mußte sich noch mindestens *ein* Sonnensystem finden, in welchem für wenigstens *einen* Planeten die uns bekannten physikalisch-chemischen Bedingungen herrschten, wo dann – etwa 10 Milliarden Jahre nach dem Urknall – die bereits ansatzweise diskutierte organochemische und schließlich die biologische Evolution in Gang kommen konnte. Energetisch wird sie gespeist vom kosmischen Fusionsreaktor Sonne mit genau der lebensbekömmlichen Dosis, in der Qualität gefiltert durch eine sich wandelnde Atmosphäre, die sich stets in hinreichender Harmonie mit den darin existierenden Lebewesen befinden mußte. Schon auf den benachbarten Planeten Venus und Mars herrschen mörderische klimatische Bedingungen. Es ist also nicht sehr wahrscheinlich, daß wir in räumlicher oder zeitlicher Nähe extraterrestrische Gesprächspartner finden werden.

Das populäre Spekulieren auf solche Intelligenzen kommt wohl der Angst des Menschen vor Einsamkeit entgegen, es löst aber nicht eines der vorhandenen existentiellen oder auch der (über)lebenspraktischen Probleme, noch nicht einmal ein evolutionstheoretisches (TEILHARD DE CHARDIN 1959). Vollends wahnsinnig wird es, wenn Leute eine demnächst mögliche Massenauswanderung auf andere Sterne als Lösung des Übervölkerungsproblems in Aussicht stellen. Vor allem im Land der unbegrenzten Möglichkeiten scheint das noch eine beliebte Idee zu sein.

Innerhalb der Ebene der biologischen Evolution beobachten wir mit aufsteigender Komplexität eine weitere Hierarchisierung im Detail, die, wie nicht verwunderlich, untrennbar an die jeweils tieferen

Ebenen gebunden bleibt, durch diese verursacht ist und in zirkularer Kausalität auf diese zurückwirkt.

Die Subhierarchie der biologischen Evolution

(1) Die Evolution des Lebens spielt sich auf der *Ebene der Gene* ab. Auf dieser Ebene studiert man sie heute – computerunterstützt – in Form endloser Nukleotidsequenzen und findet ein 'Nachklingen' des Genmusters der ersten Stunde im Informationssystem auch der heute existierenden hochdifferenzierten Zellen wieder, nämlich in der Transfer-DNA (EIGEN et al. 1981).

(2) Evolution spielt sich andererseits aber erst auf der *Ebene der Organismen* ab. Dort, an den Individuen, setzt die Selektion ein, die wieder die Gene prägt, indem sie nur die in ihrer Auswirkung erfolgreichen bestehen läßt. Die in den Lehrbüchern laufkinoartig dargestellten Evolutionsreihen – beispielsweise der Pferdefüße – sind 'nur' die erfolgreichen Testläufe der weiterentwickelten Genprogramme. Die nicht erfolgstüchtigen verfielen unwiederbringlich dem Reißwolf.

(3) Evolution spielt sich ferner auf der *Ebene der Biozönosen und Ökosysteme* ab. Nur was in der durch anderes Leben mitbestimmten Umwelt leben kann, das gibt es als Lebewesen – egal ob es photoautotroph im wesentlichen von Luft und Sonne, saprophytisch vom Bestandsabfall, als Pflanzenfresser, als Räuber, als Parasit oder als Symbiont lebt. Jede Neuentwicklung setzt neue Existenzbedingungen für die gesamte Biosphäre. Um dies deutlich zu machen, spricht man von Koevolution. Interessante Ausschnitte bietet zum Beispiel die Blütenökologie (Kap. 5).

Die Selektion meißelt wie ein Bildhauer aus dem jeweils vorgefundenen Block innerhalb der vorgegebenen Möglichkeiten die Strukturen heraus, welche der harten Ideallinie entsprechen – mit dem entscheidenden Unterschied, daß der Künstler der Evolution, nämlich die Gesamtheit des fortschreitenden Lebens, selbst Teil seines Kunstwerks ist und daß er sich infolgedessen selbst durch jeden Schritt verändert und immer neue *Vorstellungen* bekommt – zu verstehen als neu geschaffene Vorgaben infolge neuer Selektionsbedingungen (Abb. 9).

(4) Gewissermaßen aus der Ferne betrachtet, durchläuft schließlich der gesamte Planet eine *globale Evolution*, was bezüglich der biogenen Veränderungen der Erdatmosphäre schon in großen Zügen in diesem Buch dargestellt wurde. Das Besondere und kosmologisch

Abb. 9: Wie ein Bildhauer läßt die Evolution vom jeweils vorgegebenen Material nur das, was dem Ideal ihrer Wertebene (die gesamte Überlebensfähigkeit der jeweiligen Lebensform) am nächsten kommt, stehen. Das Werkzeug, das die damit am besten harmonierenden Strukturen herausarbeitet, ist die Selektion. Durch diesen Prozeß bekommt die Schöpfung permanent neue 'Vorstellungen' und Richtungen. So bleibt sie im Gegensatz zu einer nichtkreativen Steinplastik zwangsläufig dynamisch – und fähig auch zur Zerstörung entwickelter Formen und Systeme.

vielleicht Einmalige an unserem Planeten ist die Biosphäre. Deren bedeutender Teil ist der Mensch.

(5) Nun endlich muß aber noch eine weitere hierarchische Evolutionsstufe beleuchtet werden: die *kulturelle Ebene*, einschließlich der zivilisatorischen. Auch die Kultur ist natürlich ein Produkt der Evolution und erschließt – wie alle anderen Stufen auch – wieder *neue Gesetzmäßigkeiten*, ohne die bisher geltenden dadurch außer Kraft zu setzen. Nur durch deren konsequente Berücksichtigung kann eine relative Unabhängigkeit von diesen erreicht werden. Wir sahen Analoges schon bei der paradoxen Trias von Zufall, Entropie und Egoismus.

Genom und Kultur

Menschen, welche durch ein beim besten Willen nicht mehr haltbares leibfeindliches Weltbild geprägt wurden, äußern oft die Behauptung, der Mensch mit seiner Kultur sei unabhängig von den biologischen und ökologischen Prinzipien. Aus solch einer Haltung, gepaart mit dem Glauben an die Allmacht der Technik, entspringen Forderungen, denen zufolge Biologen sich bitte nicht mit Zivilisationskritik und Untergangsszenarien aufgrund des Aussterbens irgendwelcher Milbenarten zu beschäftigen hätten, sondern lieber Entwürfe ausführen sollten, wie man in einer totalen Kunstwelt möglichst gut leben könnte (z.B. MADDOX 1973). Diese Position ist nicht nur bedeutsam, weil sie von profilierten Leuten vertreten wird, sondern auch weil sie zeigt, wie gefährlich unsere einst so nützliche konstitutive Illusionsfähigkeit auf der jetzigen Evolutionsstufe unserer Zivilisation sein kann. Auch die Kultur bleibt, wie MARKL (1986, unter Berufung auf HOEBEL) das so bildhaft audrückt, „an der langen Leine biologischer Fitnessimperative".

Solange diese Leine locker ist, spüren wir sie nicht, wenn sie aber überspannt wird, beginnt sie zu würgen, die Luft wird knapp, was auch die antibiologischen Vertreter der Kulturträger, zum Beispiel bei Smogwetterlagen, ganz wörtlich am eigenen Leibe zu spüren bekommen. Wenn die nabelschnurartige nährende Leine gar reißt, driftet die Kultur in die kühle Nichtexistenz. Wir sollten annehmen, daß unsere Gene – als Meister im Überleben – „ein Interesse daran haben", daß die Evolutionsprozesse der Kultursphäre nicht in eine Richtung streben, welche die Leine mit einem Schlage überspannt und vielleicht gar reißen läßt, sondern daß sie vielmehr die Kultur in lockerer Nähe biologischer Notwendigkeit halten. Nach Lionel TRILLING in ›Beyond Culture‹ gibt es im Menschen „irgendwo einen harten, unüberwindlichen, beharrlichen Kern der biologischen Dringlichkeit, der biologischen Notwendigkeit und der biologischen Vernunft, an den die Kultur nicht herankommt, und der sich das Recht vorbehält, das er früher oder später auch ausüben wird, die Kultur zu beurteilen, ihr zu widerstehen und sie zu revidieren" (zit. n. WILSON 1980, S. 79).

Nur, mit solchen Problemen, wie die Umweltsituation sie uns im Zeitalter der pyrotechnisch und atomar betriebenen Konsumgesellschaft mit vergifteten Weltmeeren und aus ihrem Gleichgewicht verrückter Atmosphäre präsentiert, sind unsere Gene noch nie in der Geschichte der Erde konfrontiert worden. Deshalb können wir von ihnen auch kein in Tausenden von Generationen ausgetestetes Steuerungsprogramm erwarten.

Die Evolutionsrichtung wird immer nur durch den aktuellen, nicht durch den *künftigen* Selektionsdruck bestimmt. *Die fertig vorliegenden Programme* – das hoffe ich bisher deutlich gemacht zu haben – *sind in dieser Hinsicht demnach allesamt gefährlich.* Sie haben noch keine erdhistorische Bewährungsprobe hinter sich.

Die Folgen zivilisatorischer Tätigkeit treten allgemein mit Verzögerung auf. Deren Zeitspannen sind

- *zu lang*, um das bewährte behavioristische Lernprogramm erfolgreich anwenden zu können. (Der innere Schulmeister schweigt, wenn das Klima erst Jahrzehnte nach der Schadstoffemission verrückt spielt.) Die Zeitspannen sind aber
- *zu kurz*, als daß phylogenetische Anpassungen bei einem so langlebigen Wesen wie dem Menschen möglich wären. Viele Folgen der Zivilisation sind schließlich
- *irreversibel*, so daß nicht einmal die bewährte Plastizität kulturbedingter Werthaltungen hier automatisch weiterhelfen könnte. Das Mammut oder den Auerochsen bringt niemand mehr zurück, auch wenn wir diese Tiere inzwischen sicherlich mit großem Aufwand zu schützen versuchten.

Wettkampf der Systeme: Meme als Metaspezies

Von den genetisch bedingten ethologischen Voraussetzuungen zur Kulturfähigkeit war schon verschiedentlich die Rede, von der dadurch geschaffenen Eigendynamik, eben dieser neuartigen Evolutionsstufe noch kaum.

Insbesondere Historiker der Geistesgeschichte haben sich immer schon Gedanken gemacht, wie Ideen aufkamen und sich weiterentwickelten. Da solche interessanten Überlegungen allzuoft in sich selbst stecken blieben, fühlte sich Aldous, der Schriftsteller in der Biologendynastie der HUXLEYS in seinen (im übrigen keineswegs unangreifbaren) ›Pforten der Wahrnehmung‹ zu einer treffend ironischen Bemerkung veranlaßt: „... es gibt stets Doktordiplome für den wissenschaftlichen Narrenpossen des Forschens nach dem, was für Gelehrte das allerwichtigste Problem ist: Wer beeinflußte wen, was, wann zu sagen?" (1964).

Das, was Aldous HUXLEY hier so abfällig beurteilt, ist die zu eng betriebene Erforschung eines aufregenden Aspektes der fortgeschrittenen Evolution. DAWKINS (1978) kreiert (bzw. nutzt) einen besonderen Ausdruck für dieses schon lange untersuchte, aber selten in diesen Zusammenhang gestellte Phänomen. In klanglicher Anlehnung an das Wort 'Gen' spricht er vom *'Mem'*. Mit Memen meint er (abweichend vom Sprachgebrauch bei MONAKOW) Ideen, Gedanken, jedenfalls allein materiell nicht beschreibbares, an Gehirne gebundenes Informationsgut, welches sich ausbreiten, modifizieren, rekombinieren, weiterentwickeln und auch wieder aussterben kann, wenn es nicht die nötigen Lebensbedingungen findet bzw. nicht die nötige Vitalität in der aktuellen Umwelt beweist.

Beispiele gibt es genug, daß Gedanken, die in die kulturelle Evolutionslandschaft ihrer Zeit nicht hineinpaßten, nicht zur Kenntnis genommen wurden. *Nicht der Wahrheitsgehalt, sondern die faktische Akzeptanz durch den berühmten Zeitgeist ist das Selektionskriterium.* Es kommt vermutlich sehr oft vor, daß Meme von hohem Wahrheitsgehalt und hoher Entwicklungsstufe wieder untergehen, wie das einem atmenden Tier in der reduzierenden Uratmosphäre passiert wäre. Bekannt sind uns übrigens nur die Beispiele, bei denen die Meme auf einer Art 'Membank', also normalerweise durch schriftliche Aufzeichnung, 'fossiliert' waren. Sie konnten dann in einem für sie günstigeren Klima wieder reaktiviert oder völlig neu entwickelt werden, wie das etwa bei dem bekannten Beispiel der Mendelschen Gesetze der Fall ist.

Zu MENDELS Lebzeiten waren die Aufgeschlosseneren unter den Biologen von DARWINS Evolutionstheorie derart fasziniert und sahen deshalb vor dem geistigen Auge die Organismen im Laufe der Erdgeschichte sich in *unmerklich kleinen Einzelschritten* kaugummiartig umgestalten und höherentwickeln, daß man die *sprunghaften* Erbänderungen, die jener merkwürdige und vor lauter Eigensinn durchs Biologieexamen gefallene Augustinermönch MENDEL da untersucht haben wollte, überhaupt nicht wahrnehmen *konnte.* Sein Mem, die Annahme diskreter Erbeinheiten, paßte einfach nicht in die damalige geistige Evolutionslandschaft.

Ein anderes Beispiel unpassender Gedanken: In der Begeisterung des Nachkriegswachstums wurde es autokatalytisch erleichtert, die strahlendsten futurologischen Szenarien erfolgreich zu verbreiten; aber ein Buch, das sich um eine ökologisch zerstörte Zukunft sorgt, wäre wohl noch in den fünfziger Jahren nicht einmal gedruckt, geschweige denn zur Kenntnis genommen worden. Die Speerspitze bildete Rachel CARSONS ›Silent Spring‹ (1962). Ein von mir 1973 in einer deutschen Zeitung veröffentlichter Aufsatz über die Ökologie des Autos fand nur wegen der zufälligen Zeitgleichheit mit der damaligen Unterbrechung des Ölnachschubs einige Aufmerksamkeit auch in anderen Blättern und Übersetzungen. Nicht etwa wegen des Gedankens, auf den es mir dabei eigentlich ankam (den die Redaktion übrigens nach dem vergeblichen Wunsch, ihn ganz herauszunehmen, gekürzt hatte): nämlich die Forderung, in unsere Wirtschaft regulierende Mechanismen, vor allem in Form einer ökologisch orientierten Besteuerung, einzuführen.

Von diesem heute intensiv diskutierten, aber noch keineswegs allgemein akzeptierten Ansatz wollte damals praktisch niemand etwas wissen, obgleich diese Idee auch schon viel früher von einigen Ökonomen vergeblich in die Diskussion geworfen wurde (Pigou 1920). Erst unter dem weiter wachsenden Druck der Verhältnisse und durch Wechselwirkung und Rekombination mit anderen Gedanken und mit dem Aussterben wachstumsfixierter Gehirne wird das Selektionsklima für solche Ideen jetzt allmählich (für unsere Ökologie viel zu langsam) günstiger. Zu den wichtigen Erkenntnissen, die Max Planck äußerte, gehört auch die, daß die Gegner der Wahrheit nicht überzeugt werden, sondern aussterben. Wir kennen die Gründe für dieses Phänomen der kulturellen Trägheit aus Kapitel 10.

Daß Gene mit anderen Genen, deren Träger ähnliche ökologische Ansprüche haben, in Konkurrenz um die Ressourcen stehen, wurde hinreichend behandelt. Daß für sie Mechanismen, welche die konkurrierenden Wesen ohne allzu große Kosten beiseite drängen, von evolutivem Vorteil sind, fördert zwar wenig den Altruismus, ist aber selbstverständlich. Dieser – für kritische Denker schwer zu verdrängende Gedanke – auf Meme übertragen, führt zu folgender Konsequenz:

Da nicht beliebig viele Weltbilder, Wertesysteme usw. von einem Gehirn Besitz ergreifen können, ist es kaum verwunderlich, daß sich in diesem Bereich der kulturellen Evolution vor allem solche als überlebensfähig erwiesen, die Abwehrmechanismen – oft gefährlich aggressive – gegen konkurrierende mentale Systeme bereithielten. Dies liefert einen Teil der Erklärung für die Intoleranz erfolgreicher Religionen und Ideologien (gemessen am Expansionserfolg). Hier gilt letztlich, daß sie sich nicht nach dem Wahrheitsgehalt, sondern nach der Überlebensfähigkeit optimieren. Je fester sie ihre Anhänger von dem absoluten ewigen und einzigartigen Wahrheitsgehalt überzeugen können, je besser sie diese gegen andere Denksysteme abschotten können, desto erfolgreicher werden sie sein. An einem Gottesdienst Andersgläubiger teilzunehmen, kann zum Beispiel mit ewigem Fluch belegt sein. Diese Art kultureller Selektion wird unterstützt durch den bereits diskutierten Mechanismus der Kontrastverstärkung (Kap. 9).

Meme brauchen fruchtbaren Boden

Wie ein schwer entfernbares Computervirus seine Überlebensfähigkeit ausschließlich seiner guten Anpassung an das Soft- und Hardwaremilieu verdankt, so ist es natürlich auch für die Meme wichtig, daß sie neben der *kulturellen* Umgebung auch den *angeborenen* Dispositionen, also den *genetischen* Vorgaben, möglichst gerecht werden. Analog passen sich auch die von einem Laser emittierten kohärenten Wellen innerhalb der von den Atomen vorgegebenen Möglichkeiten an die Spiegelumwelt an und verdrängen bzw. 'versklaven' dabei sogar alle anderen Möglichkeiten (HAKEN/HAKEN-KRELL 1989).

Deshalb ist zum Beispiel Nationalismus ein Opium für das Vok, nach dem es immer wieder giert, mit dessen Hilfe es sich besonders gut in Gleichschritt bringen, im Sinne der Synergetik 'versklaven' läßt. Denn was lassen die egoistischen Gene erwarten? Nepotismus, Patriotismus, Rassismus. Die 'Vergöttlichung der Nation' erscheint den Menschen tragischerweise plausibler als die Verkörperung kollektiver Menschheitsinteressen, wie sie von großen gedanklichen Systemen, etwa von den Religionen, vertreten werden sollte (CAMPBELL 1983).

Nahezu genauso gut – langfristig aber vielleich noch zerstörerischer – paßt in das genetisch präformierte Gerüst eine Ideologie, bei der das Konsumpotential als Meßlatte der personalen Wertigkeit betrachtet wird. Nepotismus dagegen, obgleich von den Genen natürlich hoch favorisiert, ist für eine größere kulturelle Einheit keine dauerhaft tragfähige Grundlage. Der kulturelle Versuch, ihn auszuschalten, woran jeder Staat als solcher interessiert sein muß, wird immer wieder unterlaufen. Monarchen, Diktatoren und sogar Parteien machen sich den Staat zur Beute und versuchen, diese Beute zu vererben, aber auch die unteren hierarchischen Ebenen beteiligen sich daran. Alle möglichen Vereinigungen können kooperierende Pseudofamilien bilden. Meme, die solche Neigung unterstützen, fallen – was die Empfänglichkeit der Menschen angeht – auf fruchtbarsten Boden. Sie gefährden aber das nächst höher geordnete Gemeinwesen, mitsamt seinem Mem-Pool: Der Nepotismus gefährdet langfristig den Nationalismus, der Nationalismus die Menschheit, die Menschheit die Biosphäre.

Eine wirksame Immunisierung scheint nur selten oder nie zu gelingen. Nur gegen *konkurrierenden* Nepotismus, Nationalismus und ideologischen Gruppenegoismus – und sei er noch so ähnlich dem eigenen! – läßt sich leicht eine aggressive Abwehr erzeugen. Als Beispiel sei an den Dreißigjährigen Krieg erinnert, an die Fehden rivalisierender Fußballclubs oder an den Mann auf der Straße, der in London von einem Reporter nach seiner Meinung über die Deutschen befragt wurde. Er fand (dem Tonfall nach ohne jede hintergründige Ironie): "An inferior race", was er mit dem Rassenprogramm der Nazis begründete.

Versuche, den Gruppenegoismus abzuwehren, haben mit großem Widerstand der genetischen Evolutionsebene zu rechnen, selbst wenn die Notwendigkeit allgemein einleuchten müßte und später stets auch von der Geschichte bewiesen wurde. Weder die Gracchen im alten Rom konnten ihre schon zur weiteren Rekrutierung von Bauernsoldaten notwendigen Landreformen durchsetzen (Tiberius GRACCHUS wurde wegen seines Reformgesetzes noch im selben Jahr, 133 v. Chr., von seinen Standesgenossen ermordet) noch die Kaiser im alten China, obgleich KONFUZIUS den Begriff *Edelmann* in einem neuen, *nicht erblichen* Sinne definiert hatte. Das Reich sollte verwaltet werden von Männern, die ihren Posten nicht dem Vorrang der Geburt, sondern persönlichen Verdiensten verdanken. „Das hatte jedoch Folgen, die nicht ohne Ironie waren. Ein Beamter, der seine Stellung erhalten hatte, weil er ein 'Edelmann' im konfuzianischen Sinne war, hatte durch sein Amt Gelegenheit, sich zu einem Edelmann in der ursprünglichen Bedeutung zu machen. Er konnte Grundbesitzer werden, sein Land seinem Sohn vermachen und es sich leisten, ihn seinerseits zu einem konfuzianischen Staatsdiener zu erziehen." (TOYNBEE 1988, S. 222f.)

Dies war natürlich keineswegs im Sinne des großen Ethiklehrers und Staatsphilosophen, aber sehr wohl im Sinne der Gene. Meme, die nun den rückwärtsgewandten Ahnenkult in eine projektive Richtung umkehrten, entsprachen nämlich genau dem, was die genetisch vorstrukturierten Gehirne begierig kultivierten. Durch diese Modifizierung konfuzianischer Lehre waren sie sehr viel vitaler als ihre an der Staatsraison orientierten originalen Konkurrenten. Die Konfuzianer übten bald das 'Mandat des Himmels' mit legalistischer Skrupellosigkeit aus. (Eine Linie der Nachkommen des KONFUZIUS selbst brachte es aufgrund der edlen Abstammung viel später sogar zu Herzogswürden.)

Natürlich war dies alles auch keineswegs eine Entwicklung im Sinne der gesamten Gesellschaft. Auf Einzelheiten sei hier verzichtet. Der im Jahre 6 v. Chr. verkündete Erlaß des Han-Kaisers WU TI, der die Fläche des Landes, die ein einzelner besitzen durfte, begrenzte, blieb totes Papier, da die Durchführung in den Händen des neuen Landadels lag. Schwere Unruhen waren unvermeidlich, und sie endeten im Jahre 36 n. Chr., indem durch die Niederschlagung des Bauernaufstandes das Regime der (nunmehr nominell) konfuzianischen Beamtenschaft wiederhergestellt wurde.

Auch der Kommunismus im edlen Sinne scheint höchstens in der Anfangsphase dem zu entsprechen, was die Gene (der bislang Unterdrückten) wollen. Gewissermaßen kompensatorisch zum Imperativ der Gene (der vorher Herrschenden) durften etwa in der DDR zunächst Kinder von Akademikern nicht studieren. Es waren ja noch kaum Akademiker an der Macht. Inzwischen aber erfährt man, daß die Kinder der letzten kommunistischen (nicht immer proletarischen) Machthaber auf Staatskosten nicht nur studierten, sondern ganze Villen gebaut bekamen, abgesehen von dem Versuch, ihnen die Amtsmacht zu vererben.

Am erfolgreichsten ist vielleicht die katholische Kirche darin gewesen, den Egoismus der Gene zugunsten der Interessen der Organisation, das heißt ihrer selbst zu zügeln. In einer Zeit, da die höheren Priesterämter mit sehr viel Macht verbunden waren und darüber hinaus Erbfolgedenken in Ämtern üblich war, hatte der Zölibat einen unschätzbaren stabilisierenden Wert. Dadurch wurden Macht und Besitz nicht in Familien, sondern in der überpersönlichen Einrichtung angereichert.

In anderen Kulturen griff man für die höchsten Berater- und Verwaltungsämter oft auch auf Eunuchen zurück. Das osmanische Reich zog sich außerdem begabte ausländische Sklaven für die höchsten Schlüsselstellungen heran, die es vorwiegend in den christlichen Balkanländern rekrutierte. Diese von Kind auf in der Eliteschule des Serail erzogenen Ausländer wurden von der Verwaltung deshalb bevorzugt, weil sie zuverlässiger dienten. In kaum einem Falle haben sie sich später als illoyal erwiesen, anders als die im steten Kampf mit dem Herrscher befindlichen erblichen Fürsten und gar die ihre Kinder protegierenden Frauen und Geliebten. Das unterstreicht die fundamentale Wirksamkeit der weltanschaulichen Prägung und des Phänomens des Agens-Zustandes, wie Milgram ihn beschrieben hat. Die Meme interagieren ja mit der sie berührenden Welt als ganzer. Dazu gehören vor allem auch die Gene.

Die Geschichte zeigt, daß es sehr oft die Fähigkeit ist, Gewalt zu aktivieren und für die eigenen Zwecke zu nutzen, welche den Memen zu Verbreitung und Fortbestand verhilft. In seiner ›Anthropologie der Technik‹ kommt Hans Sachsse (1978, S. 79) zu dem Schluß, daß es vor allem die Waffentechnik ist, welche „die Größe und die Macht der gesellschaftlichen Einheiten“ bestimmt, deren Entwicklung maßgebend durch den Wettbewerb gesteuert wird.

Quincy Wright führt diesen unerfreulichen Gedanken noch etwas weiter. Demnach erwuchs die Zivilisation aus den kriegerischen Völkern, während die friedlichen in die letzten Winkel der Erde vertrieben wurden, wo sie nach und nach ausgerottet oder aufgesogen werden. Ihnen bleibt lediglich die zweifelhafte Befriedigung, beobachten zu können, wie die Nationen, die sich so wirkungsvoll des Krieges bedient hatten, um sie zu vernichten und groß zu werden, nun zum Opfer ihres eigenen Instruments werden (zit. n. WILSON 1980, S. 112).

Es ist natürlich nicht nur militärische Gewalt, sondern auch genauso – und immer weniger davon zu unterscheiden – die technologische Gewalt etwa im Sinne BACONS, die über die Natur ausgeübt wird, für die das oben Gesagte gilt. Sowohl in begrenzten Teilgesellschaften wie innerhalb der Gemeinschaft der Völker wird, wer nicht mithält, in eine Randexistenz gedrängt. Er wird sich anpassen, das heißt, sich dem Memsystem des sogenannten technischen Fortschritts öffnen und auf diesem Sektor wachsen – oder weichen, mit der zweifelhaften Befriedigung, daß die technomanen Nationen schließlich auch zum Opfer ihres eigenen Instruments werden.

Wird so schließlich das ökologische System – jedenfalls in der für den Menschen günstigen Form – weltweit zugrunde gehen? Wenn alles so weiter läuft, wohl ja.

Wir alle hoffen aber, ein tradigenetisches System zu finden, das hinreichend den Anforderungen der Gene gerecht wird und außerdem auch ein dauerhaft tragfähiges Arrangement mit der Natur gestattet.

Meme sichern ihre Existenz

Die *Gene* sind, wie wir sahen, notwendigerweise auf die Sicherung ihrer Existenz hin optimiert. Sie entwickelten den von ihnen selbst kontrollierten Schutz- und Reproduktionsapparat in Form von Organismen mit ihren unübersehbar vielfältigen biochemischen Produktions- und Reproduktionsanlagen einschließlich ihrer übergeordneten Gemeinschaften.

Die Kulturfähigkeit bringt einen qualitativen Sprung in diese Entwicklung. Die nun aufkommenden Meme haben genartige Eigenschaften. Sie sollten demnach ebenfalls den Ausbau ihrer Sicherheit und Überlebensfähigkeit betreiben. Diese so einfach zu formulierende 'Wertebene' baut sich in analoger Weise selbsttätig auf, wie das nach KÜPPERS (1986) schon bei der Entstehung des Lebens geschah. Sie ist neben der auf Dauer unverzichtbaren begrenzten Harmonie mit den Forderungen der Gene ein sich selbst setzendes Hauptentwicklungsziel. Diesem folgend, beginnen die Meme zu kooperieren und bilden große Organisationen, die teilweise straff geführt und nach dem Gesichtspunkt verbesserter und weiter optimierbarer Wettbewerbsfähigkeit permanent ausgebaut werden.

So bildeten sich nicht nur mächtige Hierarchien (zu deutsch: *heilige*, also unantastbare *Herrschaftsgefüge*) und Staaten, die angeborenen Verhaltensdispositionen mehr oder weniger virtuos nutzend, sondern – unser immer brennender werdendes Problem – auch technologisch ausgerichtete, immer mächtigere *Quasiorganismen*, welche immer weiter auf Machtausbau aus sind (zum Beispiel die Kapitalgesellschaften): „Wir sind irgendwie zum Wachstum verdammt", äußerte 1989, einige Wochen vor seinem Tod der Chef des erfolgreichen VEBA-Konzerns v. BENNIGSEN-FOERDER, der zu den nachdenklicheren Köpfen seiner Art zählte.

Diese modernen Quasiorganismen sichern sich kompetitiv ihre Ressourcen auf allen Gebieten, wo immer sie können: den Rohstoffnachschub einschließlich der Energieversorgung durch Zugriff auf die Ressourcen, den Ideennachschub durch Förderung der Forschung und durch den Einkauf von Forschern und Patenten, ihre Ausbreitungsmöglichkeit durch Verhinderung von Umweltgesetzen und die Akzeptanz bei den Wirtsorganismen, sprich: der Gesellschaft, durch geniale PR-Fachleute, die sich zum Teil als Meister der Mimikry erweisen.

Gerhard ROTH (1986) hält es zu Recht für notwendig, zu verstehen, daß Lebewesen „autonome und zweckfreie Systeme (sind) und daß ihre Existenz und ihre Evolution an diese Autonomie und Zweckfreiheit unabdingbar gebunden ist". Es wäre sicherlich von Vorteil für uns alle, wenn wir zumindest eine Neigung zu Autonomie und Zweckfreiheit auch bei allen Quasiorganismen unserer Zivilisation hinreichend deutlich erkennen würden und wir uns nicht durch die immer neuen Begründungen und Zweckfindungen täuschen ließen. Der einzige Zweck einer Partei, einer einträglichen Machtstruktur, eines Militärbündnisses oder einer nostalgieschweren Studentenverbindung kann durchaus das Überleben sein.

Wie die frühen Vorläufer des Lebens auf der Urerde ihren Vorteil durch Kompartimentierung sicherten (Kap. 5), so sorgen die neuen Quasiorganismen durch wohlgehütete Betriebsgeheimnisse dafür, daß ihre Information nicht der Konkurrenz zugute kommt. Wie die frühen Zellen ehemals selbständige Endosymbionten mitsamt ihrer DNA für bestimmte Spezialaufgaben wie Gewinnung und Bereitstellung von Energie 'schluckten', so kaufen sich diese neuartigen Großorganismen geeignete Spezialbetriebe mitsamt ihrem Know-how zu ähnlichen Zwecken und bieten ihnen relativ gesicherte, aber nunmehr unselbständige Arbeitsmöglichkeiten. Wie die Organismen Symbiosen eingehen, so kooperieren Betriebe.

Bei den zahlreichen Analogien muß allerdings auch auf einen Unterschied aufmerksam gemacht werden. Die Selektionsbedingungen in natürlichen Ökosystemen stellen sich als Folge der bisherigen Geschichte des Universums ein. Die Selektionsbedingungen unserer wirtschaftsgeprägten Kultur werden schon seit langem weitgehend durch menschengemachte Gesetze bestimmt. Diese haben zwar auch ihren historischen Hintergrund, aber ein Teil von ihnen könnte jederzeit geändert werden, da sie nur sehr indirekt und wenig starr mit der genetischen Information zusammenhängen.

Mit steigender genetischer Fortentwicklung geschah das Paradoxe: Die Biosphäre emanzipierte sich mehr und mehr von den Genen. Doch Vorsicht vor Euphorie, diese Emanzipation funktioniert nur, solange die genetische Information dafür gesichert ist, solange die besagte Leine biologischer Fitnessimperative nicht überzogen wird.

Wenn sich durch eine Neuentwicklung grundsätzlicher Art die 'Evolutionslandschaft' verändert, gibt es immer Organismen, die dadurch besser und solche, die schlechter gestellt sind. In unserer Landschaft zivilisatorischer Systeme können diese selbst gezielt Einfluß nehmen auf die Selektionsbedingungen. Kein Wunder, daß in einer solchen Welt die Fähigkeit des Einflußnehmens selbst eine besonders wichtige expansionsfördernde Eigenschaft ist. Der einstige Flick-Manager v. Brauchitsch nannte das treffend „Pflege der politischen Landschaft". Daß erfolgreiche Quasiorganismen diese Neigung haben und dadurch in positiver Rückkopplung noch erfolgreicher werden, sollte nur den Naiven wundern.

Eine Verwaltung hat es an sich, nach den durch Parkinson bekannt gewordenen Gesetzen immer weiter zu wachsen. Von innen heraus finden sich niemals Gründe zur Reduktion. Vielmehr wächst mit steigendem Umfang auch die Fülle der Aufgaben, und weiterer Zubau ergibt sich aus innerer Logik. Von außen oder von oben wird allerdings oft ein stets als schmerzlich empfundener Abbauprozeß erzwungen. Dies scheint im allgemeinen nur durch Ressourcenknappheit möglich zu sein. Daß nicht in jedem Einzelfall die Prioritäten richtig gesetzt sind (und immer die Abteilung, in der man selbst tätig ist, besonders benachteiligt wird), ergibt sich von selbst. Es besteht zu Fehlentscheidungen sogar eine gewisse innere Notwendigkeit, der gegenüber höchste Wachsamkeit angezeigt ist. Denn Entscheidungen werden ja nicht von einem sicheren Archimedischen Punkt aus in absolut 'richtiger' Weise getroffen, sondern als Ergebnis der Zerrungen zwischen den verschiedenen Kräftefeldern einschließlich psychologischer Besonderheiten der Entscheidungsträger. Bisweilen tritt noch ein Abgrund von Privatinteressen, Korruption, Bedrohung und Erpressung hinzu.

Die Kräftefelder, die die Entscheidungen beeinflussen, sind unterschiedlich wirksam, und je mächtiger sie geworden sind, desto erfolgreicher können sie die für die weitere Entwicklung bedeutsamen Weichen mitstellen. So haben es die risikofreudigen Viel- und Schnellfahrer unter anderem mit Hilfe des ADAC fertiggebracht, die seit zwei Jahrzehnten von weitsichtigen Umweltschützern geforderte Umorientierung der KFZ-Besteuerung bis heute zu verhindern. Die willkürliche Hubraumbesteuerung führte durch kleinvolumige leistungsstarke Motoren zu einer Mehrbelastung durch Blei und Stickoxide und setzte Sparanreize nur bei den Steuern und nicht wo es nötig wäre, beim Verbrauch. Eine ausschließlich verbrauchs- und belastungsorientierte Besteuerung hätte die technische Entwicklung frühzeitig in eine sehr viel humanere Richtung getrieben und auch das Nichtfahren etwas attraktiver gemacht. Doch das liegt nicht im Partikularinteresse mächtiger Organisationen. Vorübergehend gelang es in der Bundesrepublik sogar einer einflußreichen Gruppe, das Flugbenzin von der Besteuerung auszunehmen.

Das gleiche Interesse, eine spezifische Verbrauchsbesteuerung zu vermeiden, haben Energiewirtschaft und Automobilindustrie. Folglich machen sie ihren Einfluß entsprechend geltend: Eine weitere durch den Staat erzwungene Verteuerung fossiler Energieträger lehnen solche politischen Landschaftspfleger als unverantwortlichen Eingriff in die angebliche Konsumentensouveränität ab. Solche Maßnahmen gingen „leichtfertig und unbegründet von einer partiellen Verantwortungslosigkeit des Bürgers aus", der Energie verbrauche, nur weil diese preiswert sei, schmeichelt zum Beispiel der Vorstandsvorsitzende der „Hauptberatungsstelle für Elektrizitätsanwendung", CLAUSNIZER seinen Hörern (StromThemen 12 [1989]).

Natürlich sind Waldsterben, Krebs- und Unfalltote, Dauerstau, Parkplatz- und Atemnot nicht im Interesse der genannten Organisationen und schon gar nicht ihrer Mitarbeiter, auch nicht ihrer Spitzenfunktionäre. Doch das dem Egoismus der Gene analoge *Eigen*interesse solcher Quasilebewesen erlaubt es ihnen offensichtlich nicht, anders zu handeln. Würden sie es dennoch tun, würden sie über kurz oder lang ihre Existenz aufgeben und ihre ökonomische Nische wäre bald von einer anderen Person, bzw. Organisation eingenommen, die entschlossener und erfolgreicher nach den Seinsprinzipien der Meme handelt.

Dieses gleiche harte Gesetz trifft auch die einzelnen Akteure innerhalb einer Organisation. Solange sie die Lebens- und Überlebensinteressen des Quasiorganismus, dem sie angehören, glänzend vertreten, werden sie von diesem mit allen erdenklichen Mitteln, nicht nur einem hohen Gehalt, belohnt. Sobald aber 'fremde' Interessen (z.B. saubere Luft, Wasser, Artenschutz) höher gestellt werden als die Betriebsinteressen, reagiert der Quasiorganismus mit einer quasi-immunologischen Abstoßungsreaktion, falls Disziplinierungsmaßnahmen sich als unwirksam erweisen. „Ein Stromerzeuger *kann* von sich aus keine (teuren und nichts einbringenden) Filter einbauen", sagte ein hochrangiger, persönlich dem Naturschutz erstaunlich zugeneigter und diesen auch für das Konzernimage nutzender Vertreter der Energiewirtschaft. Das gehe nur, wenn der Staat dies verordne.

Abstoßungsreaktionen können auch einen Vorstandsvorsitzenden treffen. Allerdings kommt das in Führungspositionen deshalb selten vor, weil nur solche Individuen aufsteigen können, die an die entsprechenden Selektionsbedingungen hinreichend präadaptiert sind. Wenn wir uns noch einmal die erschreckende Wirksamkeit des als Verhaltenspotential genetisch eingebauten Agens-Zustandes vergegenwärtigen, dann wird es auch nicht erstaunen, daß solche Prädisposition in aller Regel in hinreichender Weise vorhanden ist. Hinzu kommen noch die enormen Möglichkeiten der Illusion und der psychologischen Rationalisierung. Konfliktreich kann es werden, wenn Manager gleichzeitig in Umweltverbänden (für die zugegebenermaßen die gleiche Überlebenslogik von Quasiorganismen besteht) tätig sind – also ziemlich selten.

Die Evolution der potentiellen Unsterblichkeit

Lebewesen und kulturbürtige Quasiorganismen wollen überleben, wachsen, die optimalen Umweltbedingungen aufsuchen und ihre exklusive Nutzung durch Machtentfaltung sichern. Sie stehen im Wettbewerb mit vergleichbaren Systemen, was ihnen die Möglichkeit nimmt, auf die langfristige Zukunft Rücksicht zu nehmen (falls sie überhaupt zu deren Abschätzung befähigt sind).

Alle hochentwickelten *biologischen* Wesen können noch soviel Macht und Einfluß entwickeln und alles Erdenkliche zur Zukunftssicherung aufbauen – als Individuen müssen sie nach einem im Sinne der Gene selektionsbewährten Programm *nolens volens* eines Tages von der Bühne des Geschehens abtreten. Wenn irgendeine zur Reflexion befähigte Spezies von Lebewesen die Möglichkeit gehabt hätte, für sich selbst beim Weltenlenker *Unsterblichkeit* zu bewirken, hätte sie es natürlich getan. Oft wird um ewiges Leben gebeten, wohl wissend, daß dies in dieser Welt nicht zu erwarten ist. Im Mythos des Paradieses gab es das zwar, obgleich die darin enthaltene Vertreibung und der anschließende Tod den inhärenten Satz zur Selbstzerstörung dieses Mythos darstellt: Das ewige Leben gab es also auch für die ersten Menschen nicht.

Ungleich günstiger sind in diesem Punkte die Quasiorganismen der Kultur dran. Ihre Schöpfer sind manipulierbar, illusionsbegabt und, wenn's denn nicht anders geht, bestechlich. Die Quasiorganismen brachten es fertig, ihre Schöpfer zu veranlassen, sie mit den Rechten einer 'juristischen' Person auszustatten, ohne bei ihnen die jeder natürlichen Person auferlegte 'Pflicht' damit zu verbinden, eines Tages unvermeidbar den eingenommenen und ausgebauten Platz wieder zu verlassen.

Die Entwicklung der Kapitalgesellschaften bzw. der *corporations* als Träger staatlicher Hoheitsrechte zur 'juristischen Person' vollzog sich zunächst im angloamerikanischen Raum (BINSWANGER et al. 1979). Diese juristischen Personen konnten die gleichen Freiheitsrechte und die gleiche Unabhängigkeit vom Staat in Anspruch nehmen wie andere Leute auch. „Dabei ging und geht es insbesondere um die Inanspruchnahme der Eigentumsgarantie und der Vertragsfreiheit." Offensichtlich hatte man Anfang des 19. Jahrhunderts noch ein gesundes Mißtrauen gegen diese 'juristischen Personen' und stellte ihre Bewilligung unter sehr restriktive Bedingungen: Ihr Höchstkapital wurde begrenzt, ihre Handlungsvollmacht beschränkt, der Besitz von Anteilen an anderen *corporations* war unzulässig. Vor allem aber war ihre Lebensdauer auf 20, 30 oder 50 Jahre begrenzt.

„Die Verleihung einer *corporate charter* war eine Verleihung von öffentlicher Gewalt." Vor deren übertriebener und ungerechter Auswirkung mußte das *Individuum* – wenn es in einem Rechtsstaat leben sollte – geschützt werden. „Die Limitierung der *corporations* ... wurde nicht als Beschränkung einer an sich bestehenden Handlungsfreiheit verstanden", sie ergibt sich vielmehr aus dem Bestreben, „die bestehenden und durch die Verfassung gewährleisteten individuellen Handlungsfreiheiten zu schützen – und nicht etwa sie zu beschneiden!" (BINSWANGER et al., S. 275)

Doch die Gesellschaften entfalteten ihr Eigenleben, nicht nur wirtschaftlich, was ja (vom Menschen her gesehen) ihr Zweck war, sondern auch juristisch. Darin waren sie so erfolgreich, daß *private corpo-*

rations (der Name versteht sich im Unterschied zu *public corporations*) bald aufgrund eines allgemeinen Gesetzes zugelassen wurde, und nicht mehr, wie anfangs, jede im Einzelfalle. Das nahm dem Staat nun angeblich die Berechtigung, sie wieder aus dem Leben abzuberufen. Bei Privatpersonen hat der Staat dieses Recht ja auch nicht (obgleich er es sich nicht selten angemaßt hat).

Durch diesen schlitzohrigen Handel mit ihrem Schöpfer hatten die Kapitalgesellschaften ihre potentielle Unsterblichkeit erzielt, was bisher noch keinem höheren Lebewesen gelungen war. Und nun ziehen sie Kapital an sich, ohne daß die Kapitalgeber für die Folgen haften – jedenfalls nicht allein. Die Folgen trägt die Biosphäre insgesamt, allerdings mit großer Verzögerung, so daß der Zusammenhang schwer erkennbar ist. Durch multinationales Engagement können sie weltweit eine kaum zu fassende Macht entfalten. Man deklariert das gewöhnlich als Förderung des Fortschritts. Solche positive Bezeichnung ist wichtig um Anlegern und Angestellten, die ja schließlich als Individuen biologische Wesen sind – mit allem eingebauten Egoismus, Altruismus und Verantwortungsgefühl – ihre vor Depressionen schützenden Illusionen zu erhalten. Nationale Abwehrmaßnahmen gegen Mißbrauch können durch organismusinterne Verlagerungen bestimmter Aktivitäten leicht ausgeglichen, das heißt weltweit unterlaufen werden. Ein solch anpassungsfähiger Organismus zieht seine Pseudopodien an der einen Stelle zurück, um sie an anderem einträglicherem Ort wieder auszubreiten. Im ganzen wächst er so gut er kann.

In bezug auf diese mit personalen Rechten ausgestatteten Kapitalgesellschaften haben wir – in historischen oder gar erdhistorischen Zeiträumen betrachtet – erst extrem kurze Erfahrung. Doch schon müssen wir feststellen, daß dieser durch potentielle Unsterblichkeit zunächst einmal grenzenlosen Machtansammlung nicht mehr beizukommen ist. Brasilien wird gerodet, Bangladesh überflutet, weiter werden Umsatzrekorde der Automobil-, Energie- oder chemischen Industrie gefeiert, weiter werden FCKW produziert, und die geforderten und PR-wirksam präsentierten Ersatzstoffe sind aus betriebstechnischen Gründen teilweise wieder (etwas veränderte) Produkte der Chlorchemie. Die daraus resultierenden Horrorszenarien dienen schließlich als neues willkommens Argument für den weiteren Ausbau der Kernenergie. So *müssen* sich Meme entwickeln, wenn sie vital bleiben wollen – und wenn man sie läßt!

Um weiter für Kapital attraktiv zu sein, müssen diese Gesellschaften weiter wachsen, sind sie „zum Wachstum verurteilt“, und ihr

Tod ist schon gar nicht eingeplant. Den hat man ja gerade erst mit Erfolg überwunden. Der Konzern muß ans Überleben denken. Die Welt ist hart. Für Sentimentalitäten ist kein Raum.

Vorsichtig stellen die Autoren des Projekts NAWU (Neue Analysen für Wachstum und Umwelt) die Frage, „ob Kapitalgesellschaften nicht ‚nach dem Gesetz, wonach sie angetreten', gezwungen sind, im Wachstumsprozeß selbst dann fortzufahren, wenn der Sinn weiterer Investitionen fragwürdig geworden ist". Mit Recht fordern sie eine Wiederaufnahme der Diskussion, die Mitte des 19. Jahrhunderts um die Kapitalgesellschaft geführt worden ist (BINSWANGER et al. 1979, S. 277). Unter anderem infolge der Macht jener besagten Quasiorganismen wird es allerdings nicht einfach sein, diese unerläßliche Diskussion überhaupt in Gang zu bringen.

Mit dieser Forderung nach Diskussion, ist noch keine Lösung vorgeschlagen, und eine solche wird auch nicht einfach zu finden sein. Keinesfalls dürfte der Menschheit gedient sein, wenn generell privates Kapitalvermögen einfach nationalisiert würde, ein Schritt, den der eine erhoffen und der andere befürchten mag. Die gleichen destruktiven Mechanismen würden – nur noch viel schwerer korrigierbar – fortwirken. Bürokratische Systeme, auch staatliche, sind starrer als andere, aber ebenso selbstdienlich. Soziobiologen machen neben der Neigung des einzelnen zu Egoismus und Nepotismus noch einen 'Cliquenegoismus' (clique selfishness) dafür verantwortlich. Solche Systeme arbeiten mit 'bürokratischer Rationalität' (CAMPBELL 1983). Wir kennen ja genügend Beispiele.

Sogar moralische Werte, die ursprünglich zum Nutzen des Ganzen entwickelt wurden, werden von einer Clique oder gar einer Organisation mit austauschbaren Menschen genutzt zum Schaden der Manipulierten (ALEXANDER 1983). Auch dafür kennen wir genügend Beispiele.

Hat sich nun in der zu einer hochentwickelten Zivilisation befähigten Menschheit mit den potentiell unsterblichen Organisationen ein Memtyp eingenistet, der zunächst so nützlich erschien, aber durch seine Vitalität, seinen Egoismus, seinen Opportunismus und seine Wandlungsfähigkeit nicht mehr beherrschbar ist, für die gesamte Biosphäre so gefährlich wie das AIDS-Virus für das Individuum, weil es die Abwehrmechanismen manipuliert?

13. DIE EVOLUTION DER METAVERNUNFT

Die gewöhnliche Vernunft gibt es schon lange. Sie imponiert uns, wir pflegen sie, sind stolz darauf, sie bringt gute Noten in der Schule und Anerkennung bei Freunden und Feinden. Aber sie scheint gegen die Zerstörung unserer artspezifischen Lebensbedingungen nicht viel zu helfen. Sie ist vielmehr deren Ursache. Was wir brauchen, ist eine Vernunft auf höherer Ebene. Nur ist es unrealistisch, auf deren biogenetische Evolution zu warten. Dazu lassen uns die Probleme nicht mehr die Zeit.

Vernunft, die Magd des Irrationalen

Vielfach – um nicht zu sagen gewöhnlich – wähnen wir uns schon im Besitz der höchsten Vernunftstufe. Die wohlentwickelte Illusionsfähigkeit verstellt uns die Erkenntnis, daß die vielgepriesene Ratio eine hoffnungslos hörige Magd des Irrationalen ist. Das soll an zwei Beispielen aus der Neurochirurgie kurz verdeutlicht werden:

Am schmerzunempfindlichen Gehirn werden manche Operationen bei Bewußtsein ausgeführt. Der Operateur unterhält sich dabei mit dem Patienten. Wenn er das Sprachzentrum berührt, kann der Patient diesen mechanischen Druck natürlich nicht wahrnehmen. Diese Hirnregion ist aber dann vorübergehend nicht funktionsfähig, und der Patient muß aus diesem Grunde seine Rede unterbrechen. Nach der Ursache für diese Sprechpause gefragt, weiß er nichts von seiner tatsächlichen und begründeten Gehirnstörung, sondern er erkennt irgend einen 'rationalen' Grund, etwa, er sei abgelenkt worden (Benedetti 1973). Man interpretiert sein Erleben, wo immer es geht, so, als habe der Wille und der Verstand alles im Griff.

Im normalen Leben ist es ja auch nicht so selten, daß Leute, die regelrecht außer sich sind, ihre zwanghafte Zorneshandlung oder ihre Zwangsgefolgschaft im Massenwahn als einen Ausdruck höchster Freiheit *erleben*. Aber auch, wenn Menschen in relativ entspannten Situationen experimentell manipuliert werden, halten sie ihre – objektiv ganz unsinnigen – Entscheidungen, die sie normalerweise nie getroffen hätten, ausdrücklich für einen Akt ihres freien Willens, wie etwa die schon erwähnten Versuche von Asch zum Größenvergleich von Linien und die Experimente von SHERIF zur wahrgenommenen Bewegung von Lichtpunkten anschaulich demonstrieren (S. 159).

Noch ein anderes, besonders deutliches, aber etwas komplizierteres Beispiel: Bei schweren Fällen von Epilepsie kann sich die Notwendigkeit ergeben, das dicke Bündel von Verbindungsfasern zwischen den beiden Hirnhemisphären, das *Corpus callosum*, zu durchtrennen. Dadurch verändert sich zwar die Persönlichkeit, doch ist auf diese Weise ein leidlich normales Leben, frei von den furchtbaren Anfällen, möglich. Man hat mit solchen Patienten eine Reihe bedeutsamer Experimente durchgeführt (SPERRY 1970; LEDOUX et al. 1979).

Die natürlicherweise vorhandene besondere Aufspaltung und Kreuzung des Sehnervs bringt es mit sich, daß Eindrücke aus dem linken Teil des Gesichtsfeldes beider Augen nur der rechten und solche aus dem rechten Teil des Gesichtsfeldes nur der linken Hemisphäre übermittelt werden (Abb. 10). Mit einer einfachen Versuchsanordnung kann man also den beiden Hemisphären gezielt verschiedene Informationen zukommen lassen. Nun haben die Hirnhälften – auch beim Gesunden – ihre Aufgaben aufgeteilt. Nur die linke hat Zugang zu dem nach wie vor rätselhaften Phänomen, das wir *Bewußtsein* nennen. Es ist dort irgendwie lokalisiert. Beim Nichtoperierten stehen die Seiten aber in ständiger Datenverbindung, so daß reichlich Informationen auch von der rechten Hemisphäre zum Bewußtsein vordringen. Anders beim besagten Splitbrain-Patienten: er *weiß* nur, was in seiner linken Hirnhälfte ankommt. Er *fühlt* (ahnt oder wie immer man das nennen will) aber auch das, was in der rechten Hemisphäre gemeldet wird. Das ist ihm aber nicht bewußt und dementsprechend nicht verbalisierbar.

Ein fünfzehnjähriger Patient konnte offensichtlich nicht nur Bilder, sondern auch den Inhalt kurzer Texte, die links im Blickfeld eingeblendet, also in die rechte Hemisphäre projiziert wurden, verstehen. Bewußt gelesen hatte er nichts. (Normalerweise ist das Lesen in der linken Gehirnhälfte lokalisiert.) Er legte die sinnvollen Antworten mit der linken Hand mit Buchstaben aus einer Art Setzkasten. Die Experimentatoren waren begeistert, mit einer Hemisphäre kommunizieren zu können, die nicht über ein Bewußtsein verfügte. Sie fragten unter anderem nach dem Berufswunsch. Normalerweise wollte der Junge Zeichner werden; das hatte er jedenfalls immer *gesagt*. Seine vom Bewußtsein nicht kontrollierte linke Hand aber legte auf die Frage nach dem angestreben 'job': 'automobile race'. Rennfahrer war also sein unbewußter Traumberuf.

In einer anderen Versuchsreihe wurde mit Bildern gearbeitet.

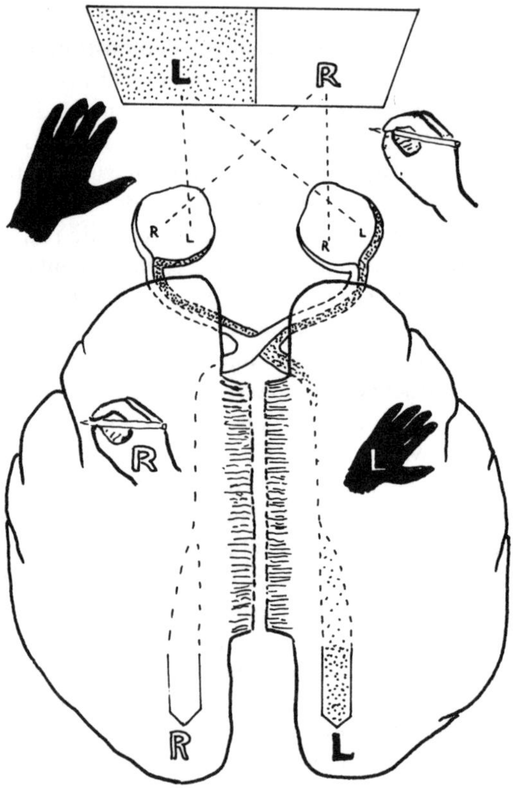

Abb. 10: Entsprechend der Aufspaltung des Sehnervs, werden die beiden Gesichtsfeldhälften primär in der jeweils gegenüberliegenden Gehirnhälfte rekonstruiert. Auch die Hände werden von der kontralateralen Hemisphäre gesteuert. Im Falle einer operativen Trennung (Commissurotomie) können die beiden Seiten nicht mehr direkt kommunizieren. (Nach SPERRY 1970)

Dabei sollte der Patient, der zu den Versuchen bereit war, mit der Hand einen passenden Gegenstand zu dem gesehenen auswählen (Abb. 11). Wenn er, wie in der Abbildung dargestellt, für das Bewußtsein kurzfristig einen Hühnerfuß eingeblitzt bekam, außerdem – unbewußt in die rechte Hemisphäre – aber auch einen im Schnee freizuschaufelnden Wagen, dann wählte er mit der Hand, deren zugeordneter Gehirnteil das Winterbild aufnahm, folgerichtig die Schaufel, mit der rechten den Hühnerkopf. *Bewußt* war ihm aber nur, was mit dem Huhn zusammenhing, beim besten Willen nichts von der

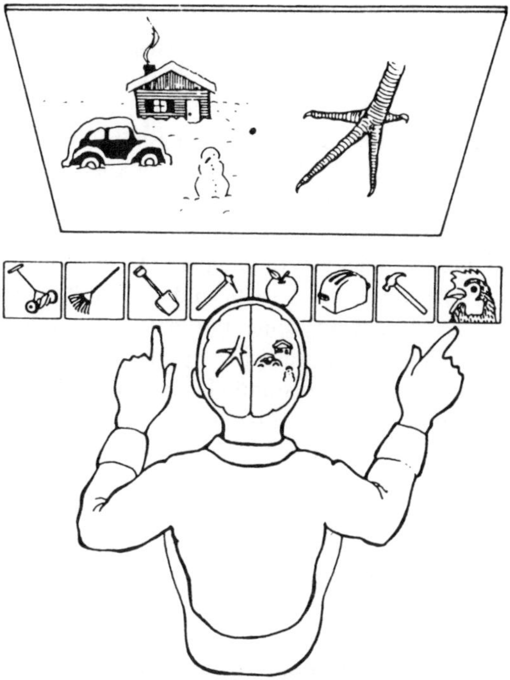

Abb. 11: Dem Splitbrain-Patienten ist nur bewußt, was in die linke Hirnhälfte projiziert wird. Seine linke Hand antwortet aber logisch auf das unbewußt Wahrgenommene. Die verbale Begründung dafür erweist sich als von der linken Hälfte gesteuerte 'Rationalisierung'. (Aus LE DOUX, WILSON, GAZZANIGA 1979)

Schneelandschaft, die aber offenbar unterschwellig sehr wirksam auch in seinem Kopf geisterte.

Das Unbewußte kommandiert die Intelligenz. Nur, diese gibt das nicht zu. Man *möchte* rational orientiert handeln und *glaubt* auch, dies zu tun. Man erhält sich seine Illusion. Wie begründet nun der Patient diese für einen Außenstehenden so merkwürdige Kombination: Schaufel und Hühnerkopf? Er hat in diesem Falle keine Probleme und sieht einen klaren rationalen Grund für sein Handeln; er sagt, die Schaufel werde natürlich gebraucht, um den Mist der Hühner zu beseitigen. Seit Massentierhaltung üblich geworden ist, weiß man ja um diese Probleme mit den enormen Mistmengen auch des Kleinviehs. Man ist also mit seiner selbst geglaubten Begründung immer ganz auf der Höhe der Zeit.

In anderen Versuchen ließ Sperry (1970) mit Hilfe des *Tastsinnes* Gegenstände aus einer Sammlung heraussuchen, nachdem entsprechende Bildzeichen kurzfristig seitenspezifisch eingeblendet wurden. Auch hierbei sah der Patient *bewußt* nur die rechte Bildhälfte und nannte zum Beispiel den dort gezeigten Buchstaben „R". Mit der linken Hand entnahm er allerdings den Buchstaben „B". Denn diesen hatte man ihm auf dem entsprechenden Sehfeld eingeblendet. Eine solche Aktion geschieht „ohne Wissen des Patienten, der es mit Erstaunen und Verdruß sieht" kommentiert Eccles (Popper/Eccles 1984). In diesem Falle ist der Patient in der als äußerst unangenehm empfundenen Lage, daß er keine rationale Begründung für seine Handlung finden kann. So etwas ist wahrhaft unheimlich.

Es könnte der Eindruck entstanden sein, das alles sei für uns, die Gesunden mit intaktem Gehirn, ohne jegliche Relevanz. Bei uns funktioniert ja der Datentransfer zwischen rechts und links. Das könnte aber lediglich bedeuten, daß das Bewußtsein besser vorinformiert ist, was es auszuführen und zu begründen hat. Es bleiben ihm dadurch im allgemeinen solche peinlichen Situationen erspart, wie sie mit der ständig falschen Wahl der Buchstaben passiert waren. Fast immer läßt sich eine kognitive Dissonanz unauffällig und unbemerkt harmonisieren. Sperry hat einmal treffend gesagt, die linke Hirnhälfte (also die für bewußte, normale Vernunft zuständige) liefere die plausible Begründung dafür, daß die rechte soeben ein unsinnig großes und viel zu teures Auto bestellt hat. Mit diesem Beispiel sagt ein hervorragender Hirnforscher ganz direkt, was die gewöhnliche Vernunft mit Umweltzerstörung zu tun hat.

Wir aber suchen weiter nach der Metavernunft. Wenn Sie gegenüber der Kernenergie kritisch eingestellt sind, dann kennen Sie nicht alle Argumente, erklärte mir vor vielen Jahren ein (in allen anderen Fragen) hochgeschätzter Kollege aus der Physik. An unseren gegensätzlichen Standpunkten hat sich trotz erheblicher Wissenszunahme auf beiden Seiten – verbesserte Sicherheitstechnik für den einen, ein schwerer Unfall und zahlreiche bekannt gewordene Beinaheunfälle für den anderen – bis heute nichts geändert. Das steht völlig im Einklang mit den Ergebnissen empirischer gesellschaftswissenschaftlicher Forschung, denen zufolge durch mehr Wissen die Einstellung zur Nutzung der Kernenergie nicht gebildet oder gar geändert, sondern lediglich ausdifferenziert wird.

Hans-Joachim Fietkau (1984) folgert aus einer psychologischen Perspektive aus diesen Befunden, „daß Einstellungen und Werturteile einer kognitiven Problemdurchdringung *vor*geordnet sind. Kognitionen sind nicht Ursachen ökologischer Werte, sie verstärken sie ... Umweltwissen verstärkt *vorher* gebildete Wertstrukturen, bildet sie aber nicht aus" (S. 45, Hervorhebung B. V.).

Auch FIETKAU stellt, wie zuvor INGLEHART (vgl. Kap. 10), eine große Trägheit bei der Umorientierung von materialistischen zu postmaterialistischen Werten (wozu vor allem die Erhaltung der Natur zählt) fest. Trotz der anderen Ausgangsbasis führt das zu demselben Ergebnis, wie wir es schon im Zusammenhang mit der Trägheit des Wertesystems diskutiert haben.

Bei aller von mir selbst propagierten Skepsis, es spricht also vieles dafür, daß die hier vertretene Sicht der Dinge richtig ist: Nur sehr zäh können sich geprägte Werte verändern, wie das spröde, aber unter Druck fließende, sich der Umgebung anpassende und seinerseits auch diese über lange Zeiträume gestaltende Eis der Gletscher; nicht ganz so langsam wie die 'säkularplastischen' geologischen Falten der Gebirgslandschaften. *Die verfügbare Flexibilität der gewöhnlichen Vernunft wird vor allem in den Dienst der vorgefaßten Meinung gestellt.* So braucht das alte System nicht zu zerbrechen. Doch wenn die ganze Welt sich darunter rasend ändert, paßt es irgendwann überhaupt nicht mehr auf die 'tektonische Realität' der Zeit. Die dramatisch wachsenden Spannungen können nicht mehr abgefangen werden. Es kommt zu einer der geologischen vergleichbaren Katastrophe.

Der Ruf nach der neuen Ethik

In Sachen Umwelt hat die alte Ethik versagt, wir brauchen also eine neue. Zahlreiche kompetente Fachleute, darunter Philosophen, Theologen, Pädagogen und Naturwissenschaftler haben sich in letzter Zeit aus unterschiedlichen Positionen heraus mit dieser Frage befaßt (z. B. ALTNER 1987; AUER 1984; BIRNBACHER [Hrsg.] 1983; BOLSCHO/EULEFELD/SEYBOLD 1980; HEDEWIG/STICHMANN [Hrsg.] 1988; KATTMANN 1980; MYNAREK 1986; SCHMACK 1982; VOGEL 1988; STREY 1989). Am meisten zitiert wird in diesem Zusammenhang vermutlich Hans JONAS' ›Prinzip Verantwortung‹ (1984). Dieses bedeutende und in letzter Zeit viel beackerte Feld der Umweltethik und -erziehung erschöpfend zu diskutieren, nur alle relevanten Namen zu nennen, ist im hier gesteckten Rahmen völlig ausgeschlossen, aber auch nicht unbedingt notwendig. Hier sei nur noch hingewiesen auf das umfangreiche Sammelwerk von CALLIESS und LOB (1987/88). Ich möchte mich im folgenden an der bisher vertretenen evolutionären Argumentationsbasis weiter orientieren.

Die beiden Begriffe *Wertesystem* und *Ethik* decken sich in einem Teil ihrer Bedeutungsfelder. Ersterer wurde bereits behandelt (Kap. 9–11). Wir sahen dabei, daß es in bestimmten Bereichen ausgeprägte Lerndispositionen und in anderen große Lernschwierigkeiten gibt. Arnold GEHLEN, dessen These vom Menschen als *Mängelwesen* von vielen Biologen widersprochen wird, weil der Mensch reichlich über kompensatorische Fähigkeiten und ein geradezu überschäumendes Verhaltensrepertoire verfügt, hat aber bezüglich der moralischen Potenz – *gemessen an der enormen Notwendigkeit* – sicherlich recht. Er weist darauf hin, daß die technisierten und industrialisierten Massenkriege ganze Bevölkerungen engagierten, daß aber der einzelne nicht die geringste Chance hatte, die Vorgänge und Kausalketten zu beeinflussen. Es werde uns gar nahegelegt (was ihm offenbar früher undenkbar erschien), heute die Gesinnung unserer Vorfahren zu verwerfen, auch da, wo sie weltumspannende Wirkungen entfaltete, etwa im Kolonialismus. (Ganz unübersehbar wird dies alles ja in den Umweltfragen, die GEHLEN seinerzeit [1961] weniger beschäftigten.)

Aus „solchen Unmöglichkeiten" schließt er, „daß hier etwas im Grundsätzlichen nicht stimmt . . ., daß hier eine *moralische Überforderung* des einzelnen Menschen aus der falschen Perspektive heraus erfolgt ist, *sein moralisches Organ sei für Ereignisse von Weltdimension überhaupt zuständig*". Dieses „Organ" hat eben nicht denselben Kompetenzumfang, „wie das weltumspannende Informationssystem, es ist auf naheliegendes eingestellt, wenigstens primär, und es sieht so aus, als ob eine neu entstehende *Ferneethik* sich erst im Stadium der Versuche und Irrtümer befindet" (S. 137). Anders als GEHLEN selbst, finden wir diese Behauptung nicht mehr überraschend und 'befremdlich', sondern eher selbstverständlich. Zu welcher Hofberichterstattung hat sich die Anthropologie mißbrauchen lassen?

Unser „moralisches Organ", soweit es funktioniert, hat sich an naturgegebenen Fakten entwickelt, nach den Erfordernissen langfristiger *inclusive fitness* optimiert und ist *nach* diesem Entwicklungsprozeß heute in der Lage, auch *antizipatorisch* tätig zu werden, allerdings offenbar nicht im hier angesprochenen globalen Bereich. Dieser gehörte nicht zu seinen Entwicklungsbedingungen.

Bei den Versuchen und Irrtümern der biogenetischen Evolution ging es um Individuen und kleinere Populationen (wenn es den ganzen Planeten betraf, ging es um ungeheure Zeiträume). Ein Irrtum traf seinen Träger grausam, vielleicht auch einen Teil seiner Umgebung, aber nicht die Gesamtheit der Art oder gar der Biosphäre. Ein Irrtum der technikbewehrten Zivilisation aber hat diese fast kosmischen Dimensionen. Wir können uns ihn nicht leisten.

Ohne Larmoyanz wollen wir versuchen, die bislang dargestellten Gegebenheiten, darunter die verhaltensbiologischen, zur Kenntnis zu nehmen, lieb aber gefährlich gewordene Illusionen über uns selbst über Bord werfen und nach *realistischen* Wegen suchen. Die heute im Interesse des eigenen Überlebens erforderlichen Zielvorgaben erscheinen 'naturfern' oder gar 'widernatürlich'. Allerdings: „Wir werden nicht umhin können, 'naturfernere' ethische Ansprüche an uns zu stellen und diesen Anforderungen auch zu genügen, wenn wir uns und unsere Erde nicht dem uralten darwinischen Fitness-Rennen opfern wollen." (Vogel 1988, S. 217)

Ich hoffe, daß es nicht Illusion ist, wenn ich Wege dazu sehe. In gewisser Weise soll dieses Buch die rationale Begründung liefern für etwas, was eine mutige Minderheit – mit weniger geistigem Aufwand auf diesem verhaltensbiologisch-philosophischen Gebiet, dafür mehr im notwendigen technischen Detail – intuitiv für unerläßlich hält: Die Umgestaltung unserer Zivilisationsmaschine nach ökologischen Erfordernissen unter Berücksichtigung der naturhistorischen Gegebenheiten.

Die Durchsetzung ist allerdings ein Segeln gegen den Wind unserer psychischen Dispositionen. Doch mit guten memischen Booten und kluger Steuerung könnten wir es schaffen. Das Phänomen Leben konnte ja schließlich auch gegen Zufall und Entropie – mit deren Hilfe – anschwimmen. Nur eine hierzu analoge Lösung scheint mir realistisch. Den 'neuen Menschen' haben schon viele gefordert und angekündigt. Ihn wird auch die beste Umweltpädagogik nicht liefern können – genauso wenig wie der Marxismus oder irgendeine Religion das konnte. Wir müssen mit dem Menschen auskommen, den es gibt.

Die Tragödie der Allmende

Nicht selten hört man das Argument, Umweltschutz sei nicht eine Frage für den Staat, sondern eine Frage des einzelnen, man müsse ihn nur aufklären, jeder *könne* ja langsamer und weniger Auto fahren, weniger Strom verbrauchen und verpackungsarme Ware kaufen. Das sei ein Problem der Ethik, der Erziehung usw., jedenfalls der Staat solle sich da heraushalten. In der beschriebenen Weise argumentieren aber auch und gerade Leute, die sonst sehr schnell nach der Polizei und nach dem starken Mann rufen.

In diesem Zusammenhang interessant ist, daß die Bereitschaft, für den Erhalt der Umwelt gewisse Opfer zu bringen, in erstaunlicher Weise altersabhängig ist (Abb. 12). Zum Teil mag die Einprägung des materialistischen Wertesystems (im Sinne von Inglehart 1979) eine Ursache sein, zum Teil aber sicher auch die Mentalität: Nach mir die Sintflut! Man kann sich jedenfalls des Eindrucks nicht erwehren, daß den auf Freiwilligkeit setzenden Leuten im tiefsten Inneren daran gelegen ist, daß sich letztlich gar nichts ändert – jedenfalls nicht mehr zu ihren persönlichen Lebzeiten. Es ging einem ja auch noch nie so gut wie heute. Uns jedenfalls. Solche bewußte oder unbewußte innovationsfeindliche Argumentation mit der eminenten Bedeutung des einzelnen ist irgendwie unangreifbar. Denn was kann man gegen einen zutiefst demokratischen Appell einwenden? Etwas schon: „Smog ist demokratisch." (Beck 1986)

Es wäre ja in der Tat alles gut, wenn jeder die umweltethischen Forderungen erfüllen würde. Doch leider sind wir in einem Dilemma gefangen. Das Gefangenendilemma kennen wir schon (aus Kap. 5): Wenn alle anderen auch gut wären, dann wäre das auf die Dauer für alle am besten. Da sie es aber nicht sind, geht der Gute bankrott, dem Umweltschädiger geht es gut – eine Zeitlang, aber schließlich geht alles mehr oder weniger zugrunde. Günther Patzig (1986) führt aus, daß der, „der sein langfristiges Eigeninteresse im Auge hat, . . . alles dafür tun (müßte), daß moralische Grundsätze in der Gesellschaft, in der er lebt, allgemein beachtet werden, zugleich aber (müßte er) darauf achten, daß er selbst sich den Lasten, die damit auch auf ihn entfallen, in geschickter und möglichst unauffälliger Weise entzieht" (S. 982). Und wenn es eine technische Arche Noah geben sollte, sitzen darin wahrscheinlich nicht die Gerechten – die hat die Giftflut längst erwischt –, sondern die geschickten Überlebenskünstler, die sich auch in einem Meer der Zerstörung noch lange eine kleine Insel der Lebensqualität erhalten können – unter Beschleunigung dieser Zerstörung. Wir haben also einigen Grund, mehr moralisches Verhalten zu fordern, aber vielleicht noch mehr Grund, bei solchen Forderungen mißtrauisch zu sein.

Was in einer individualisierten Kleingruppe noch leidlich funktioniert, nämlich selbstlose Berücksichtigung der Interessen anderer, funktioniert auch noch erfreulicherweise – zwar nicht mehr ganz selbstlos – unter den Bedingungen des *iterativen Gefangenendilemmas* (Kap. 5). In einer anonymen Massengesellschaft – *ohne individuelle Rückkopplung* – funktioniert das jedenfalls nicht – das wäre nahezu naturwidrig. Es ist reichlich naiv zu erwarten, daß die Leute große persönliche Opfer auf sich nehmen, deren Nutzen ein anderer, ein Ver-

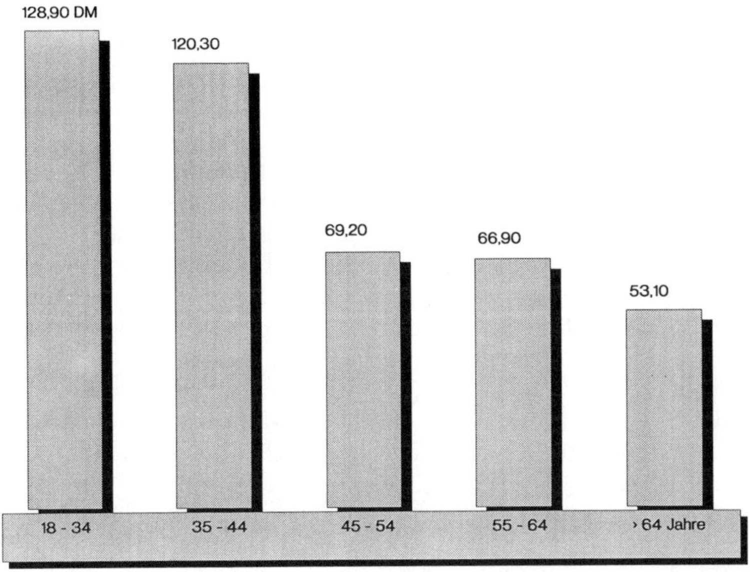

Abb. 12: Alter und Zahlungsbereitschaft in DM/Monat für „Ferienluft" (nach Schulz 1985).

schwender, ein Skrupelloser unbeschwert genießen kann oder deren Nutzen so verdünnt wird, daß überhaupt niemand ihn spürt, während die Kosten ihn aber persönlich erheblich belasten. Man ist erschüttert über dieses Menschenbild?

Garrett HARDIN hat 1968 die ›Tragödie der Allmende‹ beschrieben. Wie im Kapitel 5 schon kurz angedeutet, kann demnach kein Realist auf knapp werdendem Weidegrund darauf verzichten, eine maximale Zahl von Tieren zu halten, soweit ihm das persönlich etwas bringt. Den Nutzen eines Tieres spürt er in vollem Maße. Bei Verzicht durch einen einzelnen ist der Nutzen für die Allmende dagegen überhaupt nicht wahrnehmbar, selbst wenn dieser auf seine ganze Herde verzichten würde und deshalb schließlich verhungerte.

Nach HARDIN birgt der *Appell an das Gewissen* zwei Botschaften:

(1) Wenn du dem Appell nicht folgst, werden wir dich mit großem Geschrei anprangern.

(2) Wenn du dem Appell aber folgst, werden wir dich insgeheim einen Einfaltspinsel nennen, den man leicht mit Entrüstungsgeschrei ausbremsen kann, während der Rest von uns dann in Ruhe den Rest der Welt weiter ausbeutet.

Wer sich da entrüstet, hat er sich (nur zum Beispiel) – bevor er das über Steuernachlaß bezahlt bekam – schon einen Katalysator gekauft, um damit die durch den Autoverkehr bedingten Giftemissionen in unserem Lande um den tatsächlich unmeßbaren Anteil von weniger als 1/30000000 zu verringern? (Die Zahl ergibt sich aus der Zahl der zugelassenen PKW.) Die das taten, waren – soweit ich erfahren habe – nur ein paar selbstlose Politiker (für ihre Dienstwagen – auf Kosten der Steuerzahler – unter Anteilnahme der gewogenen Presse, vor dem Hintergrund des sterbenden Waldes und davonlaufender Wähler). Sonst ist mir nur bekannt geworden, daß sich die Leute für entsprechendes Geld stärkere Motoren, Sonderlackierungen, Hi-Fi-Anlagen, Heckspoiler oder per Knopfdurck versenkbare Fensterscheiben für ihr 'Lieblingskind' kauften.

Es gibt Fallen, aus denen kollektives Verhalten unter unveränderten Bedingungen nicht heraus *kann*. „Zwar gibt es eine relativ breite Forschung zu solchen ‚Dilemma-Situationen', aber wir wissen heute noch nicht, wie wir derartige kollektive Fehlentscheidungen verhindern können." Ich weiß nicht, warum Dierkes/Fietkau (1988, S. 43) das so fatalistisch schreiben, denn aus ihrem hier zitierten Buch geht hervor, daß es sehr wohl Mittel dagegen gibt. Es wird uns immer klarer, worin diese bestehen. Wir kommen noch näher darauf zu sprechen.

Holz (1984, S. 39) beklagt – zunächst zu Recht –, daß wegen des Gebotes der Kostenminimierung in kapitalistischen Wirtschaftsformen moralische Appelle und abstrakte Vernunfteinsichten nicht ausreichen. Wegen der globalen Zusammenhänge fordert er eine weltweite Festsetzung von Schwellenwerten und eine globale Produktionsplanung, welche aber „innerhalb des Kapitalismus und seiner marktwirtschaftlichen Verkehrsformen systemwidrig und undurchführbar" sei. Der Groninger Philosoph mit Postanschrift in der Schweiz verspricht sich Besserung von einer weltweiten sozialistisch planenden Gesellschaft. Mit Hilfe einer solchen hat es allerdings die DDR mit zum weltweit höchsten Energieverbrauch pro Kopf (nach Amerika) und anderen unerfreulichen Rekorden gebracht. Nun muß man fairerweise sagen, daß Holz solche Probleme auf die unselige Konkurrenzsituation mit dem Kapitalismus zurückführt. Denjenigen, der aus irgendeinem Grunde das richtige (Unter-)Bewußtsein hat, mag das vollkommen überzeugen. Wer dies nicht hat, wird zwar auch Planung notwendig, aber bei weitem nicht ausreichend finden. Vor allem ist von einer Planung des Produktionssolls nichts Gutes zu erwarten.

Als gegenteiliger Standpunkt zur totalen Planung sei der wohl mehr von der freiheitlichen Evolution inspirierte des Ethologen EIBL-EIBESFELDT (1988, S. 23) zitiert, der sich mit dem der meisten westlichen Ökonomen decken dürfte: „Trägt jeder für sein Überleben Sorge und nimmt er dabei zugleich Rücksicht auf andere, dann hat die Menschheit eine Zukunft." Doch – so gerne man dem auch zustimmen würde – das ist zu naiv. Es wird der vertrackten Dilemmasituation auf der Allmende des Blauen Planeten in keiner Weise gerecht.

Milton FRIEDMAN sieht das alles sogar noch sorgloser. Für ihn ist die „einzige soziale Aufgabe des Unternehmers, soviel Gewinn zu machen wie möglich". Hier wird nicht verlogen herummoralisiert. FRIEDMAN neigt nach eigener Aussage eher dazu, „die sogenannte kapitalistische Ethik" überhaupt nicht als ethisches Prinzip zu betrachten, „sondern vielmehr als Mittel ... oder als Folge eines anderen Prinzips, wie zum Beispiel der Freiheit" (1984, S. 212). Mag man dem zustimmen oder nicht, ein Unternehmer, der die ihm von FRIEDMAN zugewiesene „soziale Aufgabe" nicht als übergeordnetes Ziel im Auge hat, wird nicht lange Unternehmer bleiben. Als seltene Einzelfigur geht ein solcher dann vielleicht als großes ethisches Vorbild in die Geschichte ein, etwa wie der begnadete reiche Kaufmannssohn FRANZ VON ASSISI. Wahrscheinlicher aber ist, daß man nichts mehr von ihm hören wird. Denn so viele Heilige dieser Art, daß das ökologisch etwas bringt, kann die Menschheit nicht tragen. Es würde ihnen bei großer Zahl auch der Hintergrund fehlen, von dem sie sich als Heilige abheben könnten. Vor allem – wenn sie keine gewaltigen Anti-Machtstrukturen ausbilden (die, wenn sie funktionieren sollen, nicht besser sein können als humanoptimierte Machtstrukturen) – sind sie die hilfosen Opfer der konkurrierenden und sich maßlos vermehrenden Haie.

Predigen ist gut, aber es reicht nicht, solange es nicht dazu führt, daß die Allmende durch einen übergeordneten *contrat social* geschützt wird. Im Laufe ihrer Geschichte hat die Menschheit mit wachsender Kopfzahl eine Freiheit nach der anderen abgeschafft. Schon längst kann man nicht mehr jedes Stück Land, das einem gefällt, einfach in Besitz nehmen und bebauen. Man kann auch nicht mehr jagen und fischen, wo man gerade will. Bezüglich mancher Güter ist unser Bewußtsein allerdings noch in einem 'Embryonalstadium'. Wurde nun durch die Beschneidung der archaischen Freiheit 'die' Freiheit wirklich gefährdet? „Als die Menschheit übereinkam, Gesetze gegen Raub zu erlassen, wurde sie dadurch mehr, und nicht weniger frei." (HARDIN 1968, S. 1248)

Evolutionslandschaften aus Menschenhand

Darwin hatte schon erkannt, daß es letztlich das *Gesetz der Daseinsbedingungen* ist, das als übergeordnetes Gesetz die Evolution der Arten gestaltet. Heute spricht man bildhaft von einer 'Evolutionslandschaft', in welcher die Weiterentwicklung der Organismen geformt wird.

Milton Friedman (1984), um in diesem wichtigen Zusammenhang die nobelpreisgekrönte Autorität unter den Wirtschaftswissenschaftlern noch einmal zu zitieren, erkennt – wie die meisten seiner Fachkollegen auch – offensichtlich analoge Daseinsbedingungen für die sogenannten Wirschaftssubjekte, und zwar in den Steuergesetzen. Es werden 'Notausgänge' zur Steuervermeidung gesucht und gefunden (ähnlich wie Lebewesen in der Evolution Mittel fanden, um etwa mit der Erdschwerkraft fertig zu werden oder wie Fische es verstehen, sauerstoffarme Gewässerschichten zu meiden). Er beklagt zu Recht, welch unsinnige Akrobatik mit großem Verschwendungseffekt angestellt wird, um irgendeiner Steuer zu entgehen.

Friedman ist prinzipiell ausdrücklich bereit und fähig, auch erschreckend Neues zu denken, und in anderen Fragen ist er sicher nicht einer jener sich von intellektuellen Einflüssen unabhängig Dünkenden, die in Wirklichkeit die „Sklaven irgendwelcher toter Wirtschaftswissenschaftler" sind, wie Keynes bei Friedman zitiert wird, aber das Wachstum ist auch für ihn einer der höchsten (irrationalen) Zwecke der Wirtschaft, und er glaubt sagen zu können, „daß die *Steuerumgebung* eine Grundvoraussetzung für das wirtschaftliche Wachstum ist." (1984, S. 222, Hervorhebung B. V.) Das soll im hier zitierten Falle heißen: Mit geringsten Steuern wächst die heilige Kuh am besten. Ökologen aber wissen, was mit einem System, beispielsweise einem See, passiert, in dem kräftig Wachstum gefördert wurde: Sein Inhalt wird nach anfänglich prächtiger Produktion von Biomasse und Sauerstoff zur stinkenden Brühe.

Dieses abschreckende Beispiel soll uns aber nicht hindern, in der Erkenntnis der entwicklungssteuernden Kraft der Steuern tatsächlich den rettenden Gedanken zu erblicken. Die Steuerumgebung der Wirtschaftssubjekte ist ja künstlich gemacht und sie kann, anders als die Naturgesetze, einfach via Legislative geändert werden. Das erfordert natürlich die Existenz einer Exekutive, worin ein weiterer entscheidender Unterschied zu einem Ökosystem liegt.

An die durch die Wirtschafts-, vor allem die Steuergesetze geformte Evolutionslandschaft haben die 'Wirtschaftsorganismen' sich längst angepaßt. Nur die fittesten überleben. Sie wandern nach Liechtenstein, in die Schweiz oder nach Monaco. Sie investieren in Raketenfirmen und Kernkraftwerken, in Spielbanken, Schönheitskliniken und Skizentren, in Waldrodungen und Wattbohrungen. Sie fahren aus echten Umweltgründen mit dem Auto (gemeint ist allerdings die Steuerumwelt) und strampeln in der Garage auf dem Ergometerfahrrad (anstatt das Auto in der Garage zu lassen und das Fahrrad für die Fahrten zur Arbeit zu benutzen). Sie bauen häusliche Arbeitszimmer, die man, finanzamtgerecht, für nichts anderes mehr nutzen können darf, und sie machen vielen anderen Unsinn mehr.

Daß Lebewesen, wenn sie können, ihre Landschaft selbst mitgestalten, ist nichts prinzipiell Neues. Daß sie dies nach egoistischen und kurzsichtigen Gesichtspunkten tun, noch weniger. Wenn das Verhalten zukunftsbezogen ist, dann richtet sich dieser Bezug vorrangig oder ausschließlich auf den eigenen Nutzen oder den der eigenen Nachkommenschaft, meist in Konkurrenz zu anderen Gruppen. Daß Organisationen sich weitgehend analog verhalten (müssen), wurde ebenfalls schon gesagt. Ferner wurde schon vielfach beklagt, daß diese menschengemachte Evolutionslandschaft vorrangig festgelegt wird durch die einflußreichsten, intelligentesten und erfolgreichsten unter den Wirtschaftskräften. Und diese sind, soweit es nicht völlig „unmenschliche“ sogenannte juristische Personen sind, inspiriert durch das ins Unbewußte lancierte Geflüster ihrer Gene. Wie wir schon ausführlich diskutiert haben (Kap. 5), haben diese leider auch nicht vorrangig das Gemeinwohl (ein Begriff, der überhaupt noch zu definieren wäre) und schon gar nicht dessen fernere Zukunft im Auge.

Die Wirtschaftssubjekte sind zufrieden, wenn es dicke Dividenden gibt, und die Gene, wenn man sich mit billigem Sprit in einem rasanten Auto profilieren kann. Alle machen ihren Einfluß dahingehend geltend, daß *ihre spezifischen Interessen* gewahrt werden. Die Leistungen steigen enorm. Aber ohne Zusatzspielregeln kommt nicht das versprochene Paradies heraus, sondern die Selbstversenkung der Menschheit.

Doch die moderne Zivilisation ist hoffentlich mehr als Kapitalgesellschaften plus Gene – wir sollten jedenfalls versuchen, den notwendigen qualitativen Sprung zu vollziehen. Gelingt uns das nicht, dann allerdings sieht es düster aus, für die Gene, für die Meme und natürlich auch für die heilige Kuh. Um die Menschheit „auf dem schmalen Grat des Überlebens zwischen verschiedenen Alternativen des Untergangs“ politisch zu führen, bedarf es allerdings nicht nur einer Regierung, die gleich einem Korken „willig tanzt, wie ihn die Wellen treiben“ (Westrick, zit. bei Picht 1972).

Ein Ausweg durch den Schatten der Zukunft

Verhältnismäßig ausführlich hatten wir von der Durchsetzungsfähigkeit der *Tit-for-tat*-Strategie gesprochen, die sogar unausrottbar in eine Welt von Egoisten eindringen kann (Kap. 5). Könnte uns diese Strategie nicht auch aus unserem Dilemma helfen? Der Politologe Axelrod (1987, S. 154) stellt fest, daß *tit for tat* auch im echten Leben kollektiv stabil ist, wenn der *„Schatten der Zukunft“* genügend groß ist. Das heißt, daß in diesem Falle die Menschen die zunächst nicht realen, nur schattenhaften, allerdings demnächst real werdenden Folgen ihrer Handlungsweise auf ihr *aktuelles* Tun einwirken lassen.

Diesen Schatten der *Zukunft* gilt es also den Akteuren bereits in der *Gegenwart* sichtbar zu machen. Nun ist dafür aber erstens, wie wir schon sahen, gerade bei vielen Umweltproblemen der Zeithorizont viel zu weit und das Vorstellungsvermögen der Menschen viel zu gering (z. B. Klimaveränderung, Atommüllentsorgung, Ressourcenschwund), und zweitens fehlt bei fast allen Problemen, wie bei der frei genutzten Allmende, die individuenbezogene Rückkopplung, die ja zu den Bedingungen des *iterativen* Gefangenendilemmas gehörte. So kann es auch nicht wundern, daß man vergeblich darauf wartet, daß die Leute *freiwillig* ohne persönlichen Vorteil teure Katalysatoren einbauen und daß die chemische Industrie *freiwillig* die Produktion der einträglichen FCKW einstellt oder daß ein Anbieter *freiwillig* auf nachgefragte lukrative Einwegverpackung verzichtet. Und die Nachfrage wird sich dann erst drastisch ändern, wenn der Schatten der Zukunft – die Müll-‘Entsorgung’ – sich gleich im Kaufpreis wiederfindet.

Als das Waldsterben nicht mehr zu leugnen, die Stimmung der Bevölkerung bedenklich, aber der Einbau von Rauchgasentgiftungsanlagen rechtlich nicht einklagbar waren, hatte das Land Nordrhein-Westfalen seinerzeit für den freiwilligen Einbau einen 50%igen Zuschuß angeboten – naiverweise. Denn von den dafür bereitgehaltenen Millionen ist laut Klage der Regierung (zumindest bis zum damaligen Zeitpunkt) nicht eine Mark abgerufen worden, und zwar sicher nicht, weil die Emittenten alles aus eigener Tasche bezahlt hätten. Wer kauft denn auch schon etwas, was er gar nicht haben will, was ihm persönlich nur Folgekosten einfährt? So etwas kauft man auch dann nicht, wenn der Staat es bezuschußt. Für Firmen wie für Autohalter bestand der Schatten der Zukunft vorwiegend im – subjektiv unnütz – ausgegebenen Geld. Der Bergbau investierte solches damals lieber in ein glänzend verfaßtes Gutachten, welches 'bewies', daß das Waldsterben nur zu einem verschwindend kleinen Teil mit der unbefilterten Verbrennung von Kohle zu tun haben könne. Das sich verschlechternde Image war ihm der drückende Schatten der Zukunft.

Wenn inzwischen wirklich einmal etwas über das Muß hinaus getan wird, wollen wir dies gebührend loben (aber nicht übersehen, daß dies – sehr gut und gemeinnützig investierte – Werbekosten sind).

Wie machen wir nun diesen unheimlichen Schatten der ökologischen Zukunft wahrnehmbar für den Durchschnittsbürger und den Konzernchef, dessen 'moralisches Organ' nach GEHLEN (1961) auf Näherliegendes optimiert ist, der auch andere Sorgen und Aufgaben hat als der kleine Kreis in die Zukunft denkender Experten? Selbst den besten Willen vorausgesetzt, kein einzelner ist in der Lage, die langfristige Umweltwirkung eines jeden Konsumgutes, eines jeden Baustoffs oder eines jeden Verpackungsstoffs, Papiers oder Haarwässerchens abzuschätzen und sich anschließend moralisch verantwortungsvoll zu verhalten. Und selbst wenn, ich muß mich wiederholen, die Konkurrenz tut's nicht.

Es gibt bereits Leute, die wegen solcher Einzelsorgen zu fast lebensuntüchtigen Sektierern wurden und sich kaum trauen, eine Nachttischlampe zu benutzen, die Zähne bei fließendem Wasser zu putzen oder die Topfblumen zu gießen, während der Nachbar fröhlich seine Wohnung elektrisch beheizt, „energiesparend und umweltfreundlich" (nach inzwischen gerichtlich verbotener Auskunft des Stromanbieters), fast täglich kubikmeterweise zusätzlich noch tensidangereichertes Wasser zur vermeintlich 'vorbildlichen' Pflege seines stolzen Wagens verbraucht. Es gibt auch Opfer ihres guten Willens, die den Einsatz von Kunstdünger in ihrem ökologisch bewirtschafteten Garten vermeiden wollten und über den als 'biologisch' angepriesenen Klärschlamm (der leider auch noch unbiologische Bestandteile enthielt) ihren Boden für alle Zeit mit Cadmium vergiftet haben. So ist es schon manchen Landwirten (einschließlich der Nachwelt) ergangen.

Wenn neue Meme und ihre Folgen unsere Zukunft bedrohen wie ein neues Virus, dann müssen aufgeklärte, nach allen Seiten offene und kreative Experten forschen und eine Sicherheitsstrategie entwikkeln. Moralpredigten verändern das Verhalten nicht oder wenn, viel zu langsam. Vielmehr prägt das Wissen um die Zukunft, und zwar die *persönlich* beeinflußbare Zukunft, die Moral, und das sehr schnell. Beim AIDS-Virus reichte es im wesentlichen, daß der Schatten der Zukunft durch die Wissenschaft nur *sichtbar* gemacht wurde und daß gezeigt wurde, wie ihm jeder persönlich ausweichen kann. Der zukunftsbezogen Handelnde trägt so nicht nur die Last (wie bei den üblichen Moralappellen), sondern er hat auch den Nutzen, selbst dann, wenn andere weiter verantwortungslos handeln.

Schon in unserer materiellen vorbiotischen Evolutionswelt bestand dieses Problem der rechtzeitigen Antizipation der Zukunft. Erinnern wir uns: Es war ein wahrhaft lebensnotwendiger Fortschritt in der Evolution der Evolutionsfähigkeit, daß die Informationsträger *selbst* Nutznießer und Leidtragende ihrer *eigenen* mutativen Änderungen wurden. Der entscheidende Schritt zur Lösung des Problems war bekanntlich die Kompartimentierung, die Bildung abgegrenzter kleiner Einheiten. Dadurch wurden die Informationen festgehalten und ihre Auswirkungen sofort überprüft (s. Abb. 5). Unsere Wirtschaftsorganismen machen das genauso. Sie halten bekanntlich ihre (für sie und die Konkurrenz) nützlichen Informationen streng geheim und machen mit ihnen das große Geschäft, die nachteiligen werden vernichtet und die unnützen zum Teil mitgeschleppt; sie könnten unter anderen Bedingungen einmal nützlich werden. Die Wertebene ist der Erfolg, die Überlebens- und Wachstumsfähigkeit.

Das Abfallproblem

Nun entstehen aber in weiter entwickelten Organismen nicht nur Informationen und nützliche Produkte. Infolge des mit dem Leben verbundenen Stoffwechsels entstehen auch Gifte. Lebewesen scheiden sie aus so schnell wie möglich. Mit zunehmender Komplexität werden von den Organismen immer mehr Stoffe entwickelt. Manche davon werden im Körper weiterverwendet und mit viel mühsam ertüfteltem *know how* in nützliche oder wenigstens in weniger schädliche Formen gebracht. Ein aufwendiges Umwandlungs- und Ausscheidungssystem kann erforderlich sein. Dann wird es entweder entwickelt, oder die entsprechende Lebensform muß ihre Existenz einstellen.

Die vom Wasser umspülten Kaulquappen können es sich noch wie die Fische leisten, Stickstoffverbindungen nur bis zum 'kostengünstigen', aber giftigen Ammoniak abzubauen. Er wird laufend über die ganze Körperoberfläche abgegeben. Andere Organismen verarbeiten ihn dann zu ihrem Nutzen weiter. Bei der Metamorphose aber stellen die Frösche und Kröten notgedrungen auf den weniger giftigen, aber sehr energieaufwendig zu synthetisierenden Harnstoff um. Das ist der Preis für die Fähigkeit, an Land zu gehen. Wer ihn nicht zahlen wollte oder konnte und trotzdem an Land ging, wurde Opfer seines eigenen Giftes. Interessant, daß man Analoges auch beim Afrikanischen Lungenfisch findet, der die Trockenzeit eingegraben im Schlamm verbringt. Durch die Evolution auf dieses Schattendasein vorbereitet, synthetisiert auch er beizeiten den aufwendigen Harnstoff. Im Überfluß der Regenzeit beläßt er es weiter beim Ammoniak (Lit. in Lehrbüchern der Zoologie, z. B. MEHLHORN [Hrsg.] 1989). Auch Tiere geben nach Möglichkeit nicht mehr aus, als die Umwelt von ihnen verlangt.

Manche können einen Teil der Aufwendungen für die Entgiftung reproduktionswirksam im Werbeetat verbuchen: In der Haut abgelagertes Guanin, das der Stickstoffausscheidung dient, hat bei manchen Tieren einen erheblichen Anteil an ihrer schönen Färbung. So verdanken viele Fische ihm ihre helle Farbe, und Reptilien nutzen es für ihr Prachtkleid. Die Kreuzspinne fabriziert daraus ihr schmuckes Kreuz, das allerdings von Artgenossen mit Sicherheit nicht wahrgenommen werden kann. Sogar zur Verbesserung der Informationstechnik kann Abfall eingesetzt werden. Dämmerungsaktive Wirbeltiere unterspannen die Netzhaut mit einer spiegelnden Schicht von Guaninkristallen (dem *Tapetum lucidum*) zur Lichtverstärkung.

Diese wenigen Beispiele sollen deutlich machen: Abfall bleibt schon in der außermenschlichen Natur etwas nicht ganz Vermeidbares, und *die Beseitigungsstrategien richten sich ausschließlich nach dem Nutzen für den Verursacher.* Zum Glück aber finden sich für alle diese Stoffe biotische oder abiotische Teilprozesse, die einen fast perfekten und endlosen Stoffkreislauf ermöglichen, wobei die Evolution ständig weiter fortschreitet. Das gilt für die vorzivilisatorische Natur.

Wie machen nun Menschen und Industriebetriebe das? Zunächst ganz genauso. Was sie nicht brauchen können, stoßen sie möglichst kostengünstig aus – in die Luft, ins Wasser, auf Deponien – zur Not in andere Länder. Gäbe es solche (zwar zukunftszerstörenden, aber billigen) Entsorgungsmöglichkeiten nicht, dann hätten bestimmte Produktionszweige entweder schon längst das Leben eingestellt, oder sie hätten abfallgünstigere Produktionswege entwickelt oder eine vertretbare, vielleicht auch geschäftlichen Nutzen bringende Weiterverwendung gefunden.

Je leistungsfähiger und je anpassungsfähiger das System und je knapper die Ressourcen, desto rascher entwickeln sich die Wiederverwendungsstrategien. Der zur Zeit herrschende Ressourcenüberfluß ist nur von begrenzter Dauer. PIGOU forderte schon 1920, daß der Staat, der auch verantwortlich für kommende Generationen ist, in diesem Zusammenhang seiner Pflicht nachzukommen habe. Hier endlich darf der Staat auf die Durchsetzung des wohlverstandenen zukunftsbezogenen Egoismus des Lebens nicht verzichten. Eine durch Menschen verfügte – rein produktionstechnisch gesehen natürlich meist nicht erwünschte – *Rückkopplung*, muß eine im einzelnen freie Entwicklung von Produktionswegen und Stoffflüssen erzwingen, die ökologisch tragbar, also nachhaltig lebensfreundlich sind, das heißt: Ressourcen schonend, Abfall vermeidend, Eingriffe minimierend.

Um dies zu erreichen, bedient man sich ganz einfach eines voll etablierten Wertes unserer Kultur, nämlich des Geldes. Noch kann man nicht guten Gewissens sagen: *pecunia non olet* (Geld stinkt nicht). Man könnte aber Geld wirklich dahin bekommen, daß es nicht mehr stinkt aus dem Abwasserrohr, aus dem Schornstein oder aus dem Auspuff. Dazu müssen die zu erwartenden Schäden *sofort an der Wurzel* bezahlt werden – auch wenn diese Schäden erst in ferner Zukunft eintreten können. Das Marktprinzip und die Konsumentensouveränität werden dadurch nicht eingeengt, wie einige gedanklich festgelegte Leute das wahrnehmen. Es erfährt im Gegenteil eine dringend notwendige Ausdehnung auf die bisher *realitätswidrig ausgesparten* Bereiche. Der Staat, dessen Repräsentanten ja geschworen haben, „Schaden vom Volke abzuwenden“, müßte den Schatten der Zukunft (auch der Zukunft nachgeborener Menschen und ihrer lebenden Umwelt) so weit wie möglich in den aktuellen Handlungsrahmen einblenden. Das hieße, nach gründlicher Abschätzung der einzelnen Bereiche müßten die *zukunftsgefährdenden Konsumaktivitäten* seiner Bürger *prohibitiv besteuert* und diese nicht, wie meist bisher, durch hohe Grundtarife einerseits und degressive Mengenrabatte andererseits gefördert oder gar subventioniert werden.

Der ökologisch-soziale Nachtwächterstaat

Ganz sicher läßt sich nicht mehr feststellen, woher der meist ironisch gebrauchte Ausdruck ‘Nachtwächterstaat’ kommt (wahrscheinlich von LASSALLE). Der Ausdruck ist aber gar nicht schlecht, denn bekanntlich besteht die Aufgabe der Nachtwächter darin, dafür zu sorgen, daß (auch nachts) die Spielregeln vernünftigen Zusammenlebens eingehalten werden. Was wir *weiterhin* brauchen werden, sind Wächter, was wir aber vor allem *neu* brauchen, sind *die richtigen Spielregeln* und nicht nur der staatliche Schutz destruktiver Tätigkeit. Wenn solche Spielregeln verwirklicht sind, muß der Staat – am besten und möglichst schnell natürlich auch die anderen Staaten der Erde – tatsächlich vor allem einer wohlverstandenen Nachtwächterfunktion zum Schutz der Allmende nachkommen. Die Nutzung der Allmende muß unter diesen Spielregeln *für den einzelnen* so teuer werden, daß sie von der Gesamtheit mit Sicherheit nicht übernutzt wird.

Wo genau die Grenze der maximalen Nutzungsmöglichkeit ohne Raubbau liegt, läßt sich nicht leicht sagen. Aber wir dürfen sie keinesfalls überschreiten. Die maximale Tragfähigkeit einer Glasplatte läßt sich nur ermitteln, indem man sie zerstört. Jugendlich forsche westliche Sozialisten forderten in der 68er Zeit, die „Belastbarkeit der Wirtschaft“ zu testen. Das wurde zu Recht als verantwortungslos abgelehnt. Daß aber zum Teil dieselben Leute, die sich gegen diesen Test wandten, es für vertretbar halten, die *Belastbarkeit der Ökosysteme* zu testen, zeugt von noch geringerer Verantwortungsfähigkeit.

Wir müssen die Rahmenbedingungen so setzen, daß wir nicht zu den schon vorhandenen (bereits unvertretbaren), sich weiter kumulierenden Risiken noch neue hinzufügen. Die Belastungen müssen auf jeden Fall gesenkt werden. Nur der Engsichtige kann dies als unsozial abtun. Zum Ausgleich existenzbedrohender Härten, vor allem während der Zeit des Umbaus der staatlichen Einflußmöglichkeiten, nimmt der Wächter der Allmende genügend (Ökosteuer-)Mittel ein. Die totale Zerstörung der Allmende dagegen betrifft – wie schon dargelegt – zunächst die Ärmsten der Armen und erst später die anderen – die Reichsten und Mächtigsten zuletzt. Somit ist die bisher betriebene Sozialisierung der Schäden nur auf eine sehr makabre Weise ‘sozial’. Das Hauptproblem in unserer Demokratie ist, daß die Wähler (noch) so dumm sind und über Legislaturperioden hinausdenkende Politiker aller Parteien deshalb keine Chance haben. (Wären sie nur egoistisch, wäre das halb so schlimm.) Insofern hilft doch die Aufklärung des einzelnen etwas.

Grundsätzlich ist das Verursacherprinzip schon anerkannt. Daß es so spärliche Anwendung findet, liegt zum großen Teil an der geistigen Arbeitsteilung unserer Gesellschaft. Fähige Ökologen interessieren sich nicht für Finanz- und Wirtschaftspolitik und haben auch keine Zeit dazu. Die Finanzpolitiker verstehen infolge Zeitmangels und Desinteresses nichts von den natürlichen Zusammenhängen – und haben auch keine Zeit dazu. Ihr Engagement gilt dem (für Biologen krankhaften) *Wachstum*. Hinzu kommen noch auf allen Seiten die erwähnten Mechanismen der Wahrnehmungsverengung und Werteträgheit. Die eine Gruppe betrachtet allzu oft die andere nur undifferenziert als Feind. Unter dem Zwang der Überlebensfähigkeit wird aber eine Kooperation notwendig. An den Gesetzen der Natur – und zwar allen in ihrer Gesamtheit – kommt nämlich kein Wesen vorbei. Wenn nicht von vornherein für alles ein ehrlicher Preis gezahlt wird, muß er später mit Zins und Zinseszins nachgezahlt werden. Leicht geht unser System dann bankrott, und zwar nicht nur das Finanzsystem.

Zum Glück gibt es schon einige Ausnahmen unter den Wirtschaftswissenschaftlern, die erkennen, daß man wichtige Zusammenhänge bisher nicht erkannt hat (vgl. z.B. MÜLLER-WENK 1978; BINSWANGER und Mitautoren 1979; KAPP 1979; SIEBERT 1973; SIMONIS 1985; BRAUNSCHWEIG 1988; WICKE 1986, 1989). Von biologischer Seite kommen kompetente Beiträge von Dieter TEUFEL (1988) und in höchstem (für die 'reine Lehre' ärgerlichem) Maße mit politischer Realität durchtränkt, von Ernst U. v. WEIZSÄCKER (1989).

Es soll und kann hier gar nicht der Versuch gemacht werden, ein wasserdichtes neues Wirtschaftssystem vorzustellen. Natürlich steckt der Teufel im Detail, und sicherlich sind die Einzelheiten immer wieder anpassungsbedürftig an neue Erkenntnisse. Aber komplizierter und willkürlicher als unsere derzeitige Steuerumwelt würde die angestrebte, eine, die unsere Lebensgrundlagen nicht der Einfachheit halber ausklammert, mit Sicherheit nicht. Es gibt schon eine Reihe von Studien, welche auf die Kosten der Umweltbelastung hinweist oder sie auch exakt in Geldbeträgen zu quantifizieren versucht (z.B. KAPP 1979; HEINZ 1980; WICKE 1986).

Die jährlichen monetär quantifizierbaren Kosten, die in der Bundesrepublik durch Umweltschäden hervorgerufen werden – und das sind absolute Mindestgrößen, vieles ist eben nicht quantifizierbar oder in der Schadwirkung noch nicht erkennbar –, werden auf mehr als 103 Milliarden DM beziffert (WICKE 1986). Das waren damals 40% der Gesamtausgaben des Bundes. Wenn also zunächst einmal wenigstens um diesen Betrag der unbewußt kriminelle Konsum besteuert würde, dann stünden dem Staat an anderen Stellen erhebliche Entlastungsmöglichkeiten zur Verfügung. Durch diese Art von *Quellensteuer* würde manche belastende Aktivität eingeschränkt, manches schädliche Produkt würde unwirtschaftlich – und der ökonomischen Gesamtrationalität folgend nicht mehr hergestellt.

Man fördert mit Subventionen bekanntlich sogenannte Zukunftsinvestitionen, die sich später nicht selten als schwerste Hypotheken erweisen. Die unverzügliche Vermeidung weiterer Schäden wäre aber ganz sicher eine lohnende Investition, die uns unsere Nachkommen mehr danken würden als versiegeltes Land, vergifteten Boden, tote Flüsse, unbrauchbares Grundwasser und ein unausgeglichenes Weltklima.

Eine Ressourcensteuer auf den Verbrauch von Bodenschätzen wie fossile Energieträger und unversiegeltes Land, die bislang schlicht ignorierten *Interessen nachfolgender Generationen* berücksichtigend, könnte bei hinreichender Höhe ein enormes Einsparpotential aktivieren. Mit WEIZSÄCKER muß man einräumen, daß solche Änderungen, in unserem Bild also die neuen Selektionsbedingungen der zivilisatorischen Evolution, nicht mit katastrophenartiger Plötzlichkeit hereinbrechen dürfen. Aber sie müssen mit naturimitierender Härte als möglichst exakt berechenbarer Schatten der Zukunft kontinuierlich eingeführt werden, unbeeindruckt vom Geheul des Heeres der suchtverfallenen Genießer des Augenblicks und der mächtigen Lobbyisten, deren Organisation dann an Macht verliert. Andernfalls bricht die Zukunft viel härter und wirklich katastrophenartig herein, und wir sind nicht angepaßt und haben dann auch keine Möglichkeit mehr dazu.

Das immer wiederholte Argument, dies alles sei unsozial, die Reichen könnten weiterverschmutzen, während wieder einmal der Kleine Mann, insbesondere der arme geschröpfte Autofahrer gemolken werde, klingt zwar vordergründig überzeugend, aber es greift dennoch aus mindestens vier Gründen nicht.

(1) Bezüglich der bisher üblichen Besteuerung findet eine ganz erhebliche Entlastung statt.

(2) Auch reiche Leute geben nicht gerne unnötig Geld aus, sondern entscheiden sich zum Beispiel bei hohen Treibstoffkosten sehr flexibel für ein sparsameres Modell. Auch sie zahlen nicht gerne für teuren Strom, wenn sie das etwa durch gutisolierte Kühlschränke, Solarkollektoren und wirkungsstarke Lampen vermeiden können. Wenn sie anders handelten, würden ihre 'Standesgenossen' darüber lachen oder mindestens den Kopf schütteln, wie zur Zeit (noch) über einen Fabrikanten meiner Heimatstadt, der einen großen Teil seines betrieblichen Warmwasserbedarfes trotz niedrigem Energiepreis über eine teure Solaranlage aufbereitet.

(3) Wer trotz aller mit Sicherheit rasch verfügbar und wirtschaftlich werdenden Vermeidungstechnik sich immer noch viel mehr Umweltzerstörung leistet als andere – das wird sich ohne stalinistische Kontrolle kaum vermeiden lassen (und mit solcher bekanntlich noch we-

niger!) –, der entlastet aber durch seine unausweichlich horrenden Steuern den berühmten Kleinen Mann von den für diesen *bisher* unvermeidbaren Zahlungen in den Staatsschatz. Für diesen nämlich entfällt dadurch zum Beispiel die wirklich unsoziale Mehrwertsteuer. Es ist nicht einzusehen, wieso die fiskalische Verteuerung von Brot, Kartoffeln und Wolldecken sozialer ist als die von Strom, Treibstoff, Heizöl und speziell Flugbenzin.

(4) Für den Wohlhabenden stellt sich die Frage nach den maximalen Grenzen der Umweltbelastung erst später als für den Kleinen Mann, dem man mit dem Verlust seines Arbeitsplatzes droht. Letzterer muß sein Leben lang in der zerstörten und vergifteten Umwelt leben, sich mit dem Lärm, der Luft und dem Wasser seines Wohnortes begnügen, mit den belasteten und gegebenenfalls verstrahlten Lebensmitteln. Seine Kinder ersticken an Pseudokrupp, weil vielleicht er selbst als Autofahrer und natürlich auch andere Emittenten auf ihren Emissions*rechten* beharren dürfen (aus Gründen der staatlich gesetzten Spielregeln und aus Konkurrenzgründen im Produktionsbereich 'müssen' sie das auch). Der wirklich Reiche wird (sehr lange) immer noch Möglichkeiten finden, den Problemen durch Wahl einer günstigen Wohnanlage, Einbau von Luftfiltern, häufige Fernreisen und ähnliches auszuweichen.

Es erregt verdächtig wenig den sozialen Kampfgeist der Verhinderer ökologischer Perestroika, daß zur Zeit jemand, der wegen der neuen Armut sich kein Auto leisten kann (oder aus anderen Gründen das nicht tut), weder genügend Fuß- und Radwege noch ein hinreichend leistungsfähiges und vor allem (insbesondere für Familien) bezahlbares öffentliches Personenverkehrssystem vorfindet.

Wenn der Staat seine Einnahmen vorrangig aus der Besteuerung umweltbelastender Güter zöge, dann würde das die ökonomische Selektionslandschaft gewaltig verändern. Sie würde wieder ein zukunftsträchtiges Gesicht bekommen. Der beste Steuerverkürzer wäre nicht mehr kriminell, sondern als bester Umweltschützer berechtigter Anwärter für das Bundesverdienstkreuz.

So etwas kann natürlich nur stufenweise oder gleitend eingeführt werden, aber man muß endlich einmal damit anfangen. Wenn jetzt die planbaren Rahmenbedingungen der nächsten Jahre abgesteckt werden, kann man sich als 'Verbraucher' überlegen, welches Auto man als nächstes kaufen sollte: Auch der Hersteller kann die existenzbestimmende Entscheidung treffen, ob er es wagen kann, einen technisch aufwendigen, verhältnismäßig langsamen Wagen, der dafür aber mit nur ein oder zwei Liter Treibstoff auf 100 km auskommt, auf Band zu legen, oder ob er weiterhin mit seinen nekrophilen 'Geschossen' besser im Rennen liegt. Ein Produzent von Gefriergeräten kann dann zu dem Schluß kommen, daß sich die Herstellung eines vakuumisolierten Tiefkühlschranks, einer Art Thermoskanne nach einem Prinzip, wie es im Röhrenbau schon technisch angewandt wird, der kaum noch Strom kostet, auch ökonomisch rechnet. Für den Häuslebauer wäre der beste Wärmeschutz dann nicht zu teuer und Solarkollektoren würden selbstverständlich usw.

Es soll, wie gesagt, hier in keiner Weise Vollständigkeit angestrebt werden, aber ein besonders aktuelles Problem möchte ich noch aufgreifen: Das Wohnraumproblem.

Das Wohnraumproblem

Selbst unsere Wohnungsnot ließe sich ohne zusätzliche Umweltbelastung *und* ohne Zwangsbewirtschaftung mit gutem Willen und ökologischer Kreativität beseitigen. In einem Land, in dem den Menschen mittlerweise *durchschnittlich* ca. 38 m² Wohnraum zur Verfügung stehen und in dem die demoskopisch ermittelte, allerdings noch nicht erreichte Wunschgröße für das Durchschnitts*badezimmer* 16 m² beträgt, von Wohnungsnot zu reden, klingt zunächst schon etwas grotesk.

Dennoch, es gibt sie, die Wohnungsnot: für Schwachverdienende, für Studenten, Aussiedler und Asylanten – und vor allem noch für die Gruppe, die Wohnraum am dringendsten brauchte: die Kinderreichen, denn *Kinder* haben ein großes biologisch bedingtes Bewegungsbedürfnis, geradezu ein natürliches *Grundrecht* auf Bewegung, weniger die Erwachsenen, die sich außerdem ungefährdeter auch außerhalb der Wohnung bewegen könnten. Wo aber sammelt sich der Wohnraum an? Bei einkommensstarken Singles, den Yuppies und kinderlosen Doppelverdienern, den neuerdings sogenannten 'Dinks' (double income, no kids).

Mit erschreckendem Phantasiemangel fällt den 'Verantwortlichen' meist nichts anderes ein, als Wohnungsbaunotprogramme neu aufzulegen, als ob gerade alle Städte zerbombt wären, doch die Wohnungsnot bleibt so unverändert fortbestehen, auch wenn im Jahr 2000 vielleicht die angestrebten 47 m² pro Kopf (im Durchschnitt) zur Verfügung stehen werden. Weil man aber nach dem Kahlschlag des Krieges schon einmal erfolgreich das Wohnungsproblem mit Bauen gelöst hat (damals sinnvoll), fällt wie bei einer durch einseitiges

Lernen blockierten Versuchstaube den Experten nichts Neues mehr ein. Nach Friedrich v. HAYEK (1979) verläßt die Menschheit eben einen Weg nicht so leicht, auf dem sie bisher so erfolgreich war.

Auch noch in einem anderen Punkt ist der Mensch wie jedes höhere Tier. Er erweitert seinen Machtbereich und was ihm sonst noch Freude macht, soweit es eben geht. Seine Wünsche sind prinzipiell unbegrenzt wie im Märchen vom Fischer und seiner Frau – von absonderlichen systemschädigenden Ausnahmen wie SOKRATES, LAOTSE oder FRANZ VON ASSISI einmal abgesehen. Allerdings wird das Leben dadurch keineswegs automatisch besser, auch nicht beim Wohnen. Karl-Hermann KOCH (1987) kann diesbezüglich seit 1960, als die durchschnittliche Wohnfläche nur 20 m^2 pro Person betrug, keine qualitative Verbesserung feststellen. Im Gegenteil, meint er, scheine die Verbesserung der Wohnverhältnisse zu einer Abnahme der sozialen Kontakte beizutragen. Aber, darin ist der Mensch ganz Tier, um seinen Besitz und dessen Mehrung kämpft er.

Der Besitz von Tieren ist natürlich ein anderer, aber es gibt ihn auch dort. Die einzige ernsthafte Aggression, der Jane GOODALL bei ihren langjährigen Freilandstudien an Schimpansen ausgesetzt war, ereignete sich, als sie eine verlorene Banane, die ein hochbepacktes Weibchen nicht mehr vom Futterplatz wegtragen konnte, an ein leer ausgegangenes Jungtier umverteilen wollte (GRUTER 1983).

Auch ein kleiner Zaunkönig erweitert sein Reich von seinen Wünschen her – wer weiß – vielleicht auch bis ins Unermeßliche. Aber in der Realität bleibt doch jeder Zaunkönig ganz vernünftig. Das liegt ganz schlicht an seinen psychophysischen Grenzen. Ein kleines Revier, ein Existenzminimum, verteidigt er mit fanatischem Einsatz und mit Erfolg. Je weiter er seine Grenzen ausgedehnt hat, um so weniger wichtig werden ihm die Randgebiete und um so weniger kann er sie verteidigen. Der Imperialismus dieses kleinen Königs, sein Erwerbsstreben und Imponierbedürfnis stoßen an natürliche Grenzen.

Genau das aber ist beim Menschen ganz anders – und hier zeigt sich die Notwendigkeit eines kulturellen Regeleingriffs: *Je weiter ein Mensch seinen Einfluß ausgedehnt hat, desto leichter fällt es ihm, sich noch weiter auszudehnen*, mit Hilfe von Geld und sozialer Macht, vielleicht auch mit unsozialer. Und die Ansprüche bleiben – bei vielen jedenfalls – unbegrenzt. Das ist unter anderem der Grund, weshalb trotz – statistisch gesehen – reichlicher Wohnraumversorgung und stagnierender oder abnehmender Bevölkerungszahl in Deutschland Tag für Tag, Stunde für Stunde hektarweise Land dem Naturhaushalt entzogen werden muß, mit allen Folgen für gefährdete Tier- und Pflanzenarten, die Landschaftsästhetik, das Verkehrswesen, den Weltenergiebedarf und auch das Weltklima.

Dies alles ist zwar nicht *nur* ein Problem der Wohnraumversorgung, aber auf diesem Gebiet läßt sich leicht demonstrieren, wie man dem entgegen steuern könnte. Man ist es gewöhnt und hält es deshalb auch für logisch und 'gerecht', vielleicht gar als Teil der göttlichen Ordnung, daß, wenn jemand durch Vermietung zusätzlich Geld aus seiner bisher nicht genutzten Einliegerwohnung zieht, er auch den Fiskus daran partizipieren lassen muß.

Doch was ist das für eine merkwürdige Denkgewohnheit? Vernünftig im Sinne einer umweltverträglichen Lösung des Wohnungsproblems (und wahrscheinlich auch gerechter, jedenfalls sozialer) wäre genau das Umgekehrte (man darf und muß auch einmal erschreckend Neues denken): Der Hausbesitzer müßte kräftig Steuern zahlen, solange sein Haus *unter*bewohnt ist, und er würde davon befreit, mit zunehmend dichter Vermietung. Statt dessen glaubt man aber schon vernünftige Marktbedingungen zu schaffen, indem man noch unverbautes Land besteuert, damit es möglichst schnell auch noch versiegelt wird. Vielleicht hilft das etwas gegen Spekulation, aber sicher wenig gegen Wohnungsnot der wirklich Bedürftigen; es schadet aber sehr dem Naturhaushalt und der Nachwelt.

Die hier von mir vorgeschlagene Steuerumgebung wäre zwar weniger wachstumsfördernd und deshalb Teufelswerk für die Betonindustrie, aber sie wäre sehr förderlich für die Kreativität von Hausbesitzern und Architekten und vor allem für eine wirkliche Lösung des Wohnungsproblems. Wenn ich diesen Vorschlag bisher diskutierte, stieß ich nicht selten auf völliges Unverständnis (das ist bei allem Neuen so) oder auf erhebliche Ablehnung. Das letztere war bei den flexibleren Denkern gewöhnlich der Fall, denen vielleicht sofort ihre persönlichen Wohnverhältnisse durch die (unbewußte) rechte Gehirn-Hemisphäre gingen, welche dann die linke beauftragte, schwer angreifbare Argumente zu finden. Besonders beliebt sind auch hier die angeblich durch Änderungen benachteiligten alten Mütterchen, obgleich man dafür mit Sicherheit bei gutem Willen eine sozialere, das soll heißen menschlichere Lösung fände als zur Zeit. Der Hinweis auf die starre Architektur, die jede Umnutzung und damit auch eine Änderung der Rahmenbedingungen aus sozialen Gründen verbiete, bedeutet die Verneinung jeder architektonischen (und wohl auch sonstigen) Innovationsbereitschaft. So wird der jetzige Zustand festbetoniert. Doch wenn sich nichts ändert, ändert sich alles dramatisch.

Ein Weg aus der moralischen Überforderung

Wenn es auch mit Sicherheit nicht möglich ist, alle Menschen zu freiwilligem Verzicht zu bewegen, ohne Garantie, daß der Rest der Menschheit sich ebenso edel verhält, und es auch kaum möglich sein wird, den überwiegenden Teil der Menschen rechtzeitig in die wichtigsten globalökologischen Probleme einzuführen, so dürfte es aber doch realistisch sein, einer geistigen Weltelite diese Zusammenhänge zu vermitteln. Wie die Atommächte immerhin schon mitten im Winter des Kalten Krieges aus wohlverstandenem Eigennutz in der Lage waren, die oberirdischen Atomwaffenversuche per Abkommen zu unterlassen, so müßten die Repräsentanten des Volkes oder der Macht, zunächst innerhalb begrenzter volkswirtschaftlicher Einheiten (Märkte), möglichst bald aber international, doch in der Lage sein, dauerhaft tragfähige Rahmenbedingungen zu setzen.

Oft hört man auch, solche 'dirigistischen' Maßnahmen – ein Ausdruck, der gleich unangenehme Assoziationen von Planwirtschaft hervorruft – wären sowieso wirkungslos. Dieses Argument haben uns aber längst die Ölscheichs mit dem seinerzeit hochwirksamen Preiskartell zu unserer und zum Teil ihrer eigenen Verwunderung widerlegt (vgl. Abb.6). Gleiches beweisen auch Untersuchungen, wie sie DIERKES/FIETKAU (1988) referieren. Demnach hatte bezüglich des Energiesparens die Bereitstellung von Information nur einen geringen Effekt. „Die größte Energieeinsparung (bis zu 33%) wurde als Ergebnis von Belohnungsstrategien mit Geld erreicht." Das Mittel ist schnöde (leider), aber wirksam (zum Glück).

Wenn mit Information im Umweltbereich überhaupt eine breitenwirksame Verhaltensänderung zu erreichen ist, dann scheint mir das nur über den Umweg der Änderung der umweltrelevanten wirtschaftlichen Rahmenbedingungen zu gehen. Wenn einer hinreichenden Zahl der parametersetzenden Personen die Notwendigkeit und Wirksamkeit solcher steuernden Steuerumgebungen rational, unabhängig von ihrer persönlichen Werteprägung, einleuchtet, dann können solche auch geschaffen werden. Solange das aber nicht der Fall ist, wird von jeder dadurch schlechter gestellten Interessengruppe der Einwand „undemokratisch und unsozial" kommen. Und diese Gruppen tun viel für die Pflege der Meinungslandschaft.

Im nächsten Schritt, wenn wir die so stolz abgeworfenen „feinen Regulative der negativen Rückkopplung, der Einbremsung durch die übergeordneten Zwecke" (RIEDL 1983) durch kluge Rahmenbedingungen wieder auf einer Metaebene zurückgewonnen haben, dann darf der Mensch wieder Mensch sein. Dann kommt er aus seiner unerfüllbaren moralischen Überforderung heraus. In der *neuen zivilisatorischen Evolutionslandschaft* dürfen die gegengesteuerten Organismen und die memgesteuerten Organisationen der Zivilisation weiter ihrem angezüchteten Antrieb folgen und ihre persönlichen oder gruppenspezifischen Lebensbedingungen *innerhalb* dieses an übergeordneten Zwecken orientierten Rahmens verbessern, ohne daß ihre ökologischen Grundlagen dadurch insgesamt verschlechtert oder gar vollends ausgelöscht werden.

Dann, aber erst dann, darf auch der Unternehmer seiner „einzigen sozialen Aufgabe“, die FRIEDMAN ihm zubilligt, nachkommen und „möglichst große Gewinne“ machen, ohne daß echte Idealisten oder üble Pharisäer ihn als asozial beschimpfen. Man darf wieder freie Entscheidungen treffen, ohne ein schlechtes Gewissen zu bekommen. Auch für Schrifterzeugnisse ökologischen Inhalts kann man weißes Papier verwenden, ohne gerade von den besten Freunden als Totengräber der Menschheit denunziert zu werden. Das Hochglanzpapier der Massenflut von Reklame dagegen wird infolge seiner Kosten dann seltener und vielleicht auch grauer. Und beim Stromeinschalten oder Autofahren drückt einen weniger das Gewissen als der Geldbeutel. Nur sind wir noch meilenweit von einer solchen Situation entfernt.

Hoffnungsvolle und schon bewährte Ansätze gibt es viele. Nur bleibt nicht die Zeit, sich Jahrzehnte im Anfangsstadium zu bewegen und immer nur auf die anderen, das böse Ausland usw., zu verweisen. Das massivste Hindernis sind die jeweiligen Partikularinteressen. Wenn in Gemeindeparlamenten über Grundstücksfragen verhandelt wird, werden aus guten Gründen – das ist gesetzlich vorgeschrieben – die Besitzer dieser Grundstücke von den Abstimmungen wegen Befangenheit ausgeschlossen. Wieso aber kann beispielsweise die Energiewirtschaft *de facto* die Marktbedingungen festlegen und damit – trotz allem Druck – weiterhin am verbrauchsfördernden Grundpreis festhalten?

Bei der gesetzlichen Fassung solcher Steuerungsbedingungen müßten allerhöchste Ansprüche an die Unbefangenheit und Unbestechlichkeit der Beteiligten gestellt werden. Erst *nach* Festlegung der ökologieverträglichen Marktbedingungen darf man den Egoismus als konstruktive Triebkraft walten lassen.

Die Evolution der Organismen konnte immer erst auf die manifesten Nachteile oder gar Katastrophen hin reagieren. Wir mit unserer (zugegeben: begrenzten) Fähigkeit, die Zukunft abzuschätzen, wir *könnten* theoretisch die selbstgemachten Katastrophen vermeiden –

oder? Im übrigen hatten wir schon Katastrophen genug, und sie schlagen sich auch in der Einstellung der Menschen nieder. Waren es in den bezüglich der globalen Umweltzerstörung so bedeutsamen USA 1981 erst 45% der Einwohner, die laut Umfrage fanden: „Umweltschutz ist so wichtig, daß die Auflagen und Standards nicht hoch genug sein können, und fortwährend müssen Verbesserungen im Umweltschutz ohne Rücksicht auf Kosten durchgesetzt werden." Im Juni 1989 waren es schon glatte 80%, die diese (mir persönlich übrigens – wenn wörtlich genommen – etwas zu weit gehende) Forderung unterstützten (Ruckelshaus 1989).

Nur am *Verhalten* der Menschen hat sich noch nichts geändert. Da hilft kein Klagen, da hilft wohl nur das oben Gesagte.

14. ALS SCHLUSS EINE PARABEL

Evolutionsbiologische Vorbemerkung

Seit die kulturelle Evolution den Menschen moralische Kategorien bilden ließ, mußte er sich mit dem Phänomen des Bösen auseinandersetzen. Gemäß der besprochenen Neigung zum Animismus, zum Personalisieren wurde – besonders ausgeprägt im mosaisch geprägten Kulturraum – das Böse zu *dem Bösen*, zum Satan, zur Welt der gefallenen Engel mit ihrer ganzen Hierarchie.

Dieses Böse hat sich *mit* dem Menschen *im* Menschen evolviert. Es ist unvermeidlicher Teil unserer selbst. Je weiter man es wegprojiziert in die *anderen* Menschen oder in die Welt der Geister, desto heftiger schnellt es zurück, desto größer wird seine potentielle Energie, desto hoffnungsloser ist man seiner Wucht ausgeliefert. Seine Destruktivität erreicht dann eine Eigenwirklichkeit, die wegen ihrer Unfaßbarkeit die politischer Herrscher übertreffen und sich auch ihrer bemächtigen kann.

Eine Gesellschaft dagegen, die die Ursache sucht, wo sie sitzt, wird zwar dadurch nicht gleich alle Probleme los, aber sie kann mit begrenztem Erfolg die Dinge steuern. Hier ist der Hebel, die dämonische Zivilisationsmaschine wieder auf einen menschenfreundlichen Kurs zu bringen.

Wasser, Wein und Weisheit

Die folgende Begebenheit trug sich in einem fernen Land zu. Bei uns kann sich so etwas Niederträchtiges natürlich nicht ereignen (solange man das Experiment nicht macht). Sie ist in Kurzform rasch berichtet (leider ist mir deren Autor nicht bekannt):

Eine liebende Gemeinde wollte ihrem verehrten Herrn Pfarrer ein Fäßchen Wein stiften. Jeder sollte einen Krug seines besten Weines dazu beisteuern und tat es auch. Bald war das Faß voll. Am Tage der feierlichen Übergabe schickte sich der Bürgermeister in Anwesenheit des ganzen Dorfes an, dem hohen Herrn das erste Gläschen daraus zu kredenzen. Wie auf der biblischen Hochzeit zu Kana, wo aus den Wasserkrügen vorzüglicher Wein geschöpft wurde, kam hier – nur umgekehrt – aus dem Weinfaß lupenreines Wasser. Darauf verfiel die ganze Gemeinde in einen gerechten Zorn über die Schlechtigkeit der Menschen ...

Nur der kluge Pfarrer bewahrte die Fassung. Mit hintergründigem Humor pries der Kenner guten Weines zunächst die lebenspendende Kraft des göttlichen Wassers und sprach dann seine gedrückten Schäflein zu deren Überraschung frei von jeder Schuld. Bei diesem merkwürdigen 'Wunder' habe der allmächtige Herr des Himmels dem armen Teufel einmal die Freiheit für einen lustigen Streich gegeben.

Beifällige und selbstgefällige Entspannung machte sich einen Augenblick lang breit. Doch mit einer geübten Bewegung zog der erfahrene Prediger und Seelenkenner noch einmal die gespannte Aufmerksamkeit auf sich. Es wurde so ruhig, daß man eine Stecknadel hätte fallen hören. Selbst die Grillen schwiegen einen Augenblick. Vor dem Hintergrund dieser unheimlichen Stille fuhr der Pfarrer fort: „Der Schöpfer des Weltalls und der Erde wollte uns eine bedeutsame Botschaft weisen, als er dem Teufel die Schwäche der Gemeinde so augenfällig überließ, nämlich:

Laßt euch nie wieder auf ein Vorhaben ein, in dem der Teufel so *absolut sicheres Spiel* hat. Denn es könnte sein, daß es das nächste Mal nicht um den Wein und das Wasser geht, sondern um das Leben und den Tod."

LITERATUR

Adler, A. (1919): Über den nervösen Charakter. Grundzüge einer vergleichenden Individualpsychologie und Psychotherapie. 2. Auflage Wiesbaden.

Alexander, R. D. (1974): The Evolution of Social Behavior. Annal Review of Ecology and Systematics 5, S. 325–383.

– (1983): Biologie und moralische Paradoxa. In: Gruter/Rehbinder (Hrsg.), S. 161–173.

Altner, G. (1987): Umweltethik – der Schutz unserer Umwelt als Teil einer globalen Verantwortung. In: Calließ/Lob (Hrsg.), Bd. 1, S. 51–56.

Amery, C. (1978): Natur als Politik. Reinbek.

Aoki, C./Ph. Siekievitz (1989): Die Plastizität der Hirnentwicklung. In: Spektrum der Wissenschaft, H. 2, S. 84–93.

Auer, A. (1984): Umweltethik. Ein theologischer Beitrag zur ökologischen Diskussion. Düsseldorf.

Axelrod, R. (1987): Die Evolution der Kooperation. München. [The Evolution of Cooperation. New York 1984.]

Bauer, A./H. Paucke (1984): Naturaneignung als Prozeß sozialistischer Gesellschaftsentwicklung. In: Gärtner/Leisewitz, S. 92–106.

Beck, U. (1986): Die Risikogesellschaft. Frankfurt a. M.

Becker, P. E. (1980): Biologische und kulturelle Evolution. Mitteilungen der Anthropologischen Gesellschaft in Wien 110, S. 1–11.

Beilmann, Ch. (1989): Eine katholische Jugend in Gottes und dem Dritten Reich. Briefe, Berichte, Gedrucktes 1930–1945. Kommentare 1988/89. Wuppertal.

Benedetti, G. (1973): Psyche und Biologie. Stuttgart.

Bertsch, A. (1975): Blüten, lockende Signale. Ravensburg.

Bick, H./K. H. Hansmeyer/G. Olchowy/P. Schmook (Hrsg.) (1984): Angewandte Ökologie – Mensch und Umwelt. 2 Bde. Stuttgart.

Bickerton, D. (1983): Creole Languages. In: Scientific American 249, Juli 1983, S. 108–115.

Binswanger, H. Ch. (1985): Geld und Magie. Deutung und Kritik der modernen Wirtschaft anhand von Goethes Faust. Stuttgart.

Binswanger, H. Ch./W. Geissberger/Th. Ginsburg (Hrsg.) (1979): Wege aus der Wohlstandsfalle. Der NAWU Report: Strategien gegen Arbeitslosigkeit und Umweltkrise. Frankfurt a. M.

Birnbacher, D. (1983) (Hrsg.): Ökologie und Ethik. Stuttgart.

Bischof, N. (1985): Das Rätsel Ödipus. Die biologischen Wurzeln des Urkonfliktes von Intimität und Autonomie. München.

Bolscho, D./G. Eulefeld/H. Seybold (1980): Umwelterziehung. Neue Aufgaben für die Schule. München, Wien, Baltimore.

Bolt, H.M. (1990): Emissionen aus Müllverbrennungsanlagen und ihre toxikologische Bedeutung. In: Forum Ökologische Erneuerung und Abfallwirtschaft in Nordrhein-Westfalen. Schriftenreihe der SPD-Landtagsfraktion. Düsseldorf, S. 35–46.

Bonner, J. T. (1983): Kultur-Evolution bei Tieren. Berlin, Hamburg. [The Evolution of Culture in Animals. Princeton 1980.]

Braunschweig, A. (1988): Die Ökologische Buchhaltung als Instrument der städtischen Umweltpolitik. Grüsch (CH).

Bresch, C. (1983): Evolution aus Alpha-Bedingungen, Zufalls-Türmen und Systemzwängen. In: Riedl/Kreuzer (Hrsg.), S. 22–39.

Burkhard, D. (1989): Die Welt mit anderen Augen. Wie Insekten und Vögel die Welt und ihre Farben sehen. Biologie in unserer Zeit 19, S. 37–46.

Calließ, J./E. Lob (Hrsg.) (1987/88): Praxis der Umwelt und Friedenserziehung. 3 Bde. Düsseldorf.

Campbell, D. T. (1983): Die Funktion des Rechts und der Primärgruppen bei der sozialen Kontrolle. In: Gruter/Rehbiner, S. 175–189).

Carson, R. (1962): Silent Spring. New York.

Chargaff, E. (1984): Das Feuer des Heraklit. München. 1. Aufl. New York 1979.

Chomsky, N. (1959): Review of Skinner's Verbal Behavior. In: Language 35, S. 26–58.

– (1970): Sprache und Geist. Frankfurt a. M. [Language and Mind. 1978 and Linguistic and Politics 1969.]

Crawford, Ch./M. Smith/D. Krebs (Ed.) (1987): Sociobiology and Psychology: Ideas, Issues and Applications. Hillsdale, New Jersey, London.

Darwin, Ch. (1871): The Descent of Man, and Selection in Relation to Sex. London. Zit. n. dt. Ausg.: Die Abstammung des Menschen. Leipzig 1923.

– (1982): Charles Darwin – ein Leben. Autobiographie, Briefe, Dokumente. Hrsg. von S. Schmitz. München.

Dawkins, R. (1978): Das egoistische Gen. Berlin. [The selfish gene. Oxford 1976.]

Dierkes, M./H.-J. Fietkau (1988): Umweltbewußtsein – Umweltverhalten. Karlsruhe.

Dirlmeier, U. (1987): Zu den Lebensbedingungen in der mittelalterlichen Stadt: Trinkwasserversorgung und Abfallbeseitigung. In: Herrmann (Hrsg.), S. 150–159.

Ditfurth, H. v. (1987): Anthropologisch-psychologische Voraussetzungen einer erfolgreichen Umwelt- und Friedenserziehung. In: Calließ/Lob (Hrsg.), Bd. I, S. 664–674.

Dose, K./Rauchfuss, H. (1975): Chemische Evolution und der Ursprung lebender Systeme. Stuttgart.

Douglas, M./W. Wildavsky (1982): Risk and Culture. Berkeley, Los Angeles, London.

Dress, A./H. Hendrichs/G. Küppers (Hrsg.) (1986): Selbstorganisation.

Die Entstehung von Ordnung in Natur und Gesellschaft. München, Zürich.
Drewermann, E. (1988): Strukturen des Bösen. 3 Bde. Paderborn, München, Wien, Zürich.
– (1983): Der tödliche Fortschritt. Von der Zerstörung der Erde und des Menschen im Erbe des Christentums. 3. Aufl. Regensburg.
Eibl-Eibesfeldt, I. (1984): Die Biologie menschlichen Verhaltens. Grundriß der Humanethologie. München, Zürich.
– (1988): Der Mensch – das riskierte Wesen. Zur Naturgeschichte menschlicher Unvernunft. München, Zürich.
Eigen, M./W. Gardiner/P. Schuster/Winkler-Oswatitsch (1981): Ursprung der genetischen Information. In: Spektrum der Wissenschaft, H. 6, S. 36 bis 56.
Eigen, M./R. Winkler (1975): Das Spiel. Naturgesetze steuern den Zufall. München.
Eimas, P. D. (1985): Sprachwahrnehmung beim Säugling. In: Spektrum der Wissenschaft, H. 3, S. 76–83.
Engels, W. (1988): Reproduktion und Kontrolle der Varroamilbe. In: Allgemeine Deutsche Imkerzeitung 22, S. 254–264.
Eppler, E. (1973): Maßstäbe für eine humane Gesellschaft: Lebensstandard oder Lebensqualität. Stuttgart, Berlin, Köln, Mainz.
Eysenck, H. J. (1960): Symposium: The Development of Moral Values in Children. VII – The Contribution of Learning Theory. In: The British Journal of Educational Psychology 30, S. 11–21.
Faber, M./H. Niemes/G. Stephan (1983): Entropie, Umweltschutz und Rohstoffverbrauch. Eine naturwissenschaftlich ökonomische Untersuchung. Heidelberg, New York, Tokyo.
Fietkau, H.-J. (1984): Bedingungen ökologischen Handelns. Gesellschaftliche Aufgaben der Umweltpsychologie. Weinheim, Basel.
Filipp, S.-H./D. Frey (1988): Das Selbst. In: Immelmann et al. (Hrsg.), S. 415 bis 454.
Frank, F. (1986): Der Mythos vom „Gleichgewicht in der Natur". Die biologischen Aspekte des gegenwärtigen Faunenwandels. In: Berichte der Deutschen Sektion des Internationalen Rates für Vogelschutz 26, S. 27–40.
Frank, W. (1976): Parasitologie. Stuttgart.
Friederici, A./R. Furrer (1987): Wahrnehmung und Vorstellung von Raum. In: Spektrum der Wissenschaft, H. 2, S. 38–48.
Friedgood, H. B. (1972): Unmenschliche Menschheit. In: E. U. v. Weizsäcker (Hrsg.), S. 13–25.
Friedman, M. (1984): Kapitalismus und Freiheit. Frankfurt a. M., Berlin, Wien. [Capitalism and Freedom. Chicago 1962.]
Frisch, K. v. (1974): Tiere als Baumeister. Frankfurt a. M., Berlin, Wien.
Fromm, E. (1974): Anatomie der menschlichen Destruktivität. Stuttgart. [The Anatomy of Human Destructiveness. New York, Chicago, San Francisco 1973.]

Gärtner, E./A. Leisewitz (Red.) (1984): Ökologie – Naturaneignung und Naturtheorie. Köln.
Gehlen, A. (1961): Anthropologische Forschung. Reinbek.
Geyer, H. (1954): Über die Dummheit. Ursachen und Wirkungen der intellektuellen Minderleistung des Menschen. Ein Essay. Göttingen, Berlin, Frankfurt a. M.
Goodall, J. (1971): Wilde Schimpansen. Reinbek. [In the Shadow of Man. London 1971.]
– (1983): Ordnung ohne formelles Recht. In: Gruter und Rehbinder, S. 129–141.
Gould, J. L./P. Marler (1987): Lernen durch Instinkt. In: Spektrum der Wissenschaft, H. 3, S. 104–115.
Gruen, A. (1987): Der Wahnsinn der Normalität: Realismus als Krankheit. München.
Gruhl, H. (1975): Ein Planet wird geplündert. Die Schreckensbilanz unserer Politik. Frankfurt a. M.
– (1982): Das irdische Gleichgewicht. Ökologie unseres Daseins. Düsseldorf.
– (1986): Der atomare Selbstmord. München, Berlin.
Gruter, M. (1983): Die Bedeutung der biologisch orientierten Verhaltensforschung für die Suche nach den Rechtsursachen. In: Gruter und Rehbinder, S. 225–241.
Gruter, M./M. Rehbinder (Hrsg.) (1983): Der Beitrag der Biologie zu Fragen von Recht und Ethik. Schriftenreihe zur Rechtssoziologie und Rechtstatsachenforschung. Bd. 54. Berlin.
Haken, H. (1986): Physik und Synergetik: Die Vielfalt der Phänomene und die Einheit des Denkens. In: Maier-Leibnitz (Hrsg.), S. 157–201.
Haken, H./M. Haken-Krell (1989): Entstehung von biologischer Information und Ordnung. Darmstadt.
Haken, H./A. Wunderlin (1986): Synergetik. Prozesse der Selbstorganisation in der belebten und unbelebten Natur. In: Dress/Hendrichs/Küppers (Hrsg.), S. 35–60.
Hardin, G. (1968): The Tragedy of the Commons. The population problem has no technical solution; it requires a fundamental extension in morality. In: Science 162, S. 1243–1248.
Hassenstein, B. (1973): Verhaltensbiologie des Kindes. München.
Hayek, F. A. v. (1979): Die drei Quellen der menschlichen Vernunft. Tübingen.
Heberer, G. (Hrsg.) (1971): Die Evolution der Organismen. Stuttgart.
Heberer, G./W. Henke/H. Rothe (1975): Der Ursprung des Menschen. Unser gegenwärtiger Wissensstand. Stuttgart.
Hedewig, R./W. Stichmann (Hrsg.) (1988): Biologieunterricht und Ethik. Köln.
Heinz, I. (1980): Volkswirtschaftliche Kosten durch Luftverunreinigungen. Ökonomische Bewertung der Wirkungen von Luftverunreinigungen. Studie im Auftrag des Umweltbundesamtes. Dortmund.
Herre, W./M. Roehrs (1971): Domestikation und Stammesgeschichte. In: Heberer (Hrsg.), Bd. II/2, S. 29–174.

Herrmann, B. (Hrsg.) (1987): Mensch und Umwelt im Mittelalter. 3. Aufl. Stuttgart.
– (1987): Parasitologische Untersuchung mittelalterlicher Kloaken. In: Herrmann (Hrsg.), S. 160–169.
Hess, E. (1975): Prägung. Die frühkindliche Entwicklung von Verhaltensweisen bei Tier und Mensch. München. [Imprinting. Early Experience and the Developmental Psychology of Attachement. New York 1973.]
Hess, B./M. Markus (1986): Chemische Uhren. In: Dress et al., S. 61–79.
Hoebel, B. G. (1983): Neurogene und chemische Grundlagen des Glücksgefühls. In: Gruter/Rehbinder, S. 87–109.
Hofstadter, D. (1983): Metamagikum. Kann sich in einer Welt voller Egoisten kooperatives Verhalten entwickeln? In: Spektrum der Wissenschaft, H. 8, S. 8–14.
Holz, H. H. (1984): Historischer Materialismus und ökologische Krise. In: E. Gärtner/A. Leisewitz (Red.), S. 30–42.
– (1975): Technik und gesellschaftliche Wertordnung. In: Verein Deutscher Ingenieure (Hrsg.), Werte und Wertordnungen in Technik und Gesellschaft. Düsseldorf.
Hubel, D. H./T. N. Wiesel (1979): Die Verarbeitung visueller Informationen. In: Spektrum der Wissenschaft, H. 11, 1979.
Huxley, A. (1964): Die Pforten der Wahrnehmung. Meine Erfahrung mit Meskalin. München. [The doors of Perception. London 1954.]
Huxley, T. H. (1893): Evolution and Ethics. The Romanes Lecture. Zit. aus Nachdruck: Th. Huxley/J. Huxley (1947), Touchstone for Ethics. New York, London, S. 67–112.
Illies, J. (1976): Adolf Portmann. Ein Biologe vor dem Geheimnis des Lebendigen. Freiburg i. Br., Basel, Wien.
Immelmann, K./K. R. Scherer/Ch. Vogel/P. Schmoock (Hrsg.) (1988): Psychobiologie: Grundlagen des Verhaltens. Stuttgart, New York, Weinheim, München.
Inglehart, R. (1979): Wertwandel in den westlichen Gesellschaften: Politische Konsequenzen von materialistischen und postmaterialistischen Prioritäten. In: Klages und Kmieciak (Hrsg.), S. 279–316.
Jochim, M. A. (1981): Strategies for Survival. Cultural behavior in an ecological context. New York, London.
Johnson, G. R./S. H. Ratwick/T. J. Sawyer (1987): The Evocative Significance of Kin Terms in Patriotic Speech. In: Reynolds et al., S. 157–174.
Jonas, H. (1984): Das Prinzip Verantwortung. Frankfurt a. M.
Kalil, R. E. (1990): Nervenverknüpfung im jungen Gehirn. In: Spektrum der Wissenschaft, H. 2, S. 94–102.
Kaplan, R. W. (1989): Organismenvielfalt und unser Weltbild. In: Naturwissenschaftliche Rundschau 42, S. 354–359.
Kapp, W. K. (1979): Soziale Kosten der Marktwirtschaft. Das klassische Werk der Umweltökonomie. Frankfurt a. M. [Social Costs of Business Enterprise. Bombay 1963.]

Kattmann, U. (1980): Bezugspunkt Mensch. Grundlegung einer humanzentrierten Strukturierung des Biologieunterrichts. 2. Aufl. Köln.
Kawai, M. (1965): Newly Aquired Pre-cultural Behavior of the Natural Troop of Japanese Monkeys on Koshima Islet. In: Primates 6, S. 1–30.
King, F. A. (Hrsg.) (1979): Handbook of Behavioral Neurobiology. Bd. 2. New York, London.
Kinzelbach, R. K. (1989): Ökologie, Naturschutz, Umweltschutz. Darmstadt.
Klages, H./P. Kmieciak (Hrsg.) (1979): Wertwandel und gesellschaftlicher Wandel. Frankfurt a. M.
Klemmer, P. (1984): Ökologische Wirtschaft – eine Alternative? In: Kirche und Gesellschaft 110. Köln.
Knippers, R. (1976): Biologisches zur Krebsentstehung. Konstanzer Universitätsreden. Konstanz.
Knizia, K. (1981): Energie, Ordnung, Menschlichkeit. Düsseldorf, Wien.
Koch, K.-H. (1987): Architektur und Umwelt. In: Calließ/Lob, Bd. I, S. 104 bis 116.
Koestler, A. (1978): Der Mensch – Irrläufer der Evolution. Eine Anatomie der menschlichen Vernunft und Unvernunft. [Janus. A Summing up. London.]
Kolb, F. (1987): Die Stadt in der Antike. In: Spektrum der Wissenschaft, H. 11, S. 62–74.
Koslowski, P./P. Kreuzer/R. Löw (Hrsg.) (1983): Die Verführung durch das Machbare. Ethische Konflikte in der modernen Medizin und Biologie. Stuttgart.
Krebs, Ch., J. (1988): The message of ecology, New York.
Krebs, J. R./N. B. Davies (1984): Einführung in die Verhaltensökologie. Stuttgart, New York. [An Introduction to Behavioural Ecology. Oxford 1981.]
Kugler, H. (1970): Blütenökologie. Stuttgart, New York.
Küppers, B.-O. (1986): Wissenschaftsphilosophische Aspekte der Lebensentstehung. In: Dress et al. S. 81–101.
Lafargue, P. (1966): Das Recht auf Faulheit & Persönliche Erinnerungen an Karl Marx. Hrsg. und eingeleitet von Iring Fetscher. Wien. [Le droit à la Paresse. 1883.]
Laotse (1957): Tao te kin. Das Buch des Alten von Sinn und Leben. Übersetzung und Erläuterung von R. Wilhelm. Düsseldorf, Köln.
LeDoux, J. E./D. H. Wilson/M. S. Gazzaniga (1979): Beyond Commissurotomy: Clues to Consciousness. In: King (Ed.), S. 543–554.
Lenneberg, E. H. (1972): Biologische Grundlagen der Sprache. Frankfurt a. M. [Biological foundations of language. New York 1967.]
Lindauer, M. (1975): Verständigung im Bienenstaat. Stuttgart.
Lincke, H. (1970): Das Überich – eine gefährliche Krankheit? In: Psyche 24, S. 375–402.
Linsenmair, K. E./G. Mikula (1988): Soziale Einflüsse. In: Immelmann et al. (Hrsg.), S. 455–486.
Lloyd-Jones, H. (1987): Ehre und Schande in der griechischen Kultur. In: Antike und Abendland, H. 1, S. 1–28.

Lorenz, K. (1943): Die angeborenen Formen möglicher Erfahrung. In: Zeitschrift für Tierpsychologie 5, S. 235–409.
– (1963): Das sogenannte Böse. Wien.
– (1973): Die Rückseite des Spiegels. Versuch einer Naturgeschichte menschlichen Erkennens. München, Zürich.
– (1974): Die acht Todsünden der zivilisierten Menschheit. München, Zürich.
– (1978): Vergleichende Verhaltensforschung. Wien, New York.
– (1983): Der Abbau des Menschlichen. München.
Lorenz, K./M. Wuketits (Hrsg.) (1983): Die Evolution des Denkens. Zürich.
Lorenzen, S. (1989): Das nützliche Chaos. In: Kosmos, H. 11, S. 66–73.
Maddox, J. (1973): Unsere Zukunft hat Zukunft. Stuttgart.
Maier-Leibnitz (Hrsg.) (1986): Zeugen des Wissens. Mainz.
Markl, H. (1986): Natur als Kulturaufgabe. Über die Beziehung des Menschen zur lebendigen Natur. Stuttgart.
Mathes, D. (1988): Tierische Parasiten. Braunschweig, Wiesbaden.
Maturana, H./F. J. Varela (1987): Der Baum der Erkenntnis. Wie wir die Welt durch unsere Wahrnehmung erschaffen – die biologischen Wurzeln menschlichen Erkennens. Bern.
Maynard Smith, J./G. R. Price (1973): The Logic of Animal Conflicts. In: nature 246, S. 15–18.
Mayr, E. (1989): Die Darwinsche Revolution und die Widerstände gegen die Selektionstheorie. In: Naturwissenschaftliche Rundschau 42, H. 7, S. 255 bis 265.
Meadows, D. L. (1972): Die Grenzen des Wachstums. Stuttgart. [The Limits to Growth. New York.]
Medick, H./S. Sabean (Hrsg.) (1984): Emotionen und materielle Interessen. Göttingen.
Mehlhorn, H. (Hrsg.) (1989): Grundriß der Zoologie. Stuttgart.
Mehlhorn, H./G. Piekarski (1985): Grundriß der Parasitenkunde. Parasiten des Menschen und der Nutztiere. Stuttgart, New York.
Meier, H. (Hrsg.) (1988): Die Herausforderung der Evolutionsbiologie. München, Zürich.
Menzel, R. (1983): Neurobiology of Learning and Memory: The Honeybee as a Model System. In: Naturwissenschaften 70, S. 504–511.
– (1987): Lernen mit kleinen Gehirnen. In: Aus Forschung und Medizin (Schering) 2 H. 3, S. 75–83.
Meyer-Abich, K. M. (1984): Wege zum Frieden mit der Natur. Praktische Naturphilosophie für die Umweltpolitik. München, Wien.
Milgram, St. (1974): Das Milgram-Experiment. Zur Gehorsamsbereitschaft gegenüber Autorität. Reinbek. [Obedience to Authority. An experimental view. New York 1974.]
Miller, S. L. (1953): A Production of Amino Acids under Possible Primitive Earth Conditions. In: Science 117, S. 528–529.
Mitscherlich, A. (1969): Die Unwirtlichkeit unserer Städte. Anstiftung zum Unfrieden. 8. Aufl. Frankfurt a. M.

Möcker, V./K. G. Tempel (Red.) (1980): Was Sie schon immer über Auto und Umwelt wissen wollten. (Umweltbundesamt) Berlin.
Mohr, H. (1981): Biologische Erkenntnis. Stuttgart.
– (1983): Evolutionäre Erkenntnistheorie. In: Biologie in unserer Zeit 13, H. 1, S. 16–20.
– (1987): Natur und Moral. Ethik in der Biologie. Darmstadt.
Möller, E. (1989): Unternehmen pro Umwelt: Ansätze ganzheitlichen Denkens in Politik und Wirtschaft, Architektur, Produktentwicklung und Design. München.
Monakow, C. v. (1950): Gehirn und Gewissen. Psychobiologische Aufsätze. Biographische Einführung und Nachruf von M. Minkowski. Zürich.
Monod, J. (1972): Zufall und Notwendigkeit. Philosophische Fragen der modernen Biologie. 4. Aufl. München. [Le hasard et la nécessité. Paris 1970.]
Moos, S. v. (1968): Le Corbusier. Elemente einer Synthese. Frauenfeld, Stuttgart.
Morris, D. (1957): "Typical Intensity" and Its Relations to the Problem of Ritualization. In: Behaviour 11, S. 1–12.
Müller-Wenk, R. (1978): Die ökologische Buchhaltung. Frankfurt a. M.
Münch, P. (1984): Ordnung, Fleiß und Sparsamkeit – Texte und Dokumente zur Entstehung der „bürgerlichen Tugenden". München.
Mynarek, H. (1986): Ökologische Religion. Ein neues Verständnis der Natur. München.
Niethammer, L. (1979): Umweltwahrnehmung als Problem moderner Sozialgeschichte. In: Sturm (Hrsg.), S. 133–146.
Orwell, G. (1949): 1984. Frankfurt a. M., Berlin, Wien 1984. [Nineteen eighty-four. 1949.]
Patzig, G. (1986): Ethik und Wissenschaft. In: Maier-Leibnitz (Hrsg.), S. 977 bis 997.
Picht, G. (1972): Umweltschutz und Politik. In: E. U. v. Weizsäcker (Hrsg.): S. 80–94.
Pigou, A. C. (1920): The Economics of Welfare. 4. Aufl. London 1962.
Popper, K. (1973): Objektive Erkenntnis. Ein evolutionärer Entwurf. Hamburg. [Objective Knowledge. Oxford 1972.]
Popper, K. R./J. C. Eccles (1984): Das Ich und sein Gehirn. 3. Aufl. München. [The Self ans Its Brain – An Argument for Interactionism. Berlin, London, New York 1977.]
Portmann, A. (1973): Anpassung als Möglichkeit und Bedrohung in der heutigen Situation. In: Universitas 23, S. 61–68.
Prigogine, I. (1988): Die physikalisch-chemischen Wurzeln des Lebens. In: Meier (Hrsg.), S. 19–52.
Rechenberg, I. (1973): Evolutionstrategie. Optimierung technischer Systeme nach Prinzipien der biologischen Evolution. Stuttgart-Bad Cannstatt.
Reichel, P. (1989): Faszination des Faschismus. Erscheinungstermin: München 1990. (Zit. n. Die Zeit, Nr. 20, Vorabdruck.)

Rensch, B. (1968): Biophilosophie auf erkenntnistheoretischer Grundlage (Panpsychistischer Identismus). Stuttgart.

Reynolds, V./V. Falger/I. Vine (Hrsg.) (1987): The Sociobiology of Ethnocentrism: Evolutionary Dimensions of Xenophobia, Discrimination, Racism and Nationalism. London, Sydney.

Richter, H.-E. (1980): Flüchten oder Standhalten. Reinbek.

Riedl, R. (1973): Die Biosphäre und die heutige Erfolgsgesellschaft. In: Universitas 28, S. 587–593.

– (1980): Biologie der Erkenntnis. Die stammesgeschichtlichen Grundlagen der Vernunft. Berlin, Hamburg.

– (1983): Denkordnung als Abbild der Naturordnung. In: Riedl/Kreuzer, S. 40–58.

– (1985): Die Spaltung des Weltbildes. Biologische Grundlagen des Erklärens und Verstehens. Berlin, Hamburg.

Riedl, R. J./F. Kreuzer (Hrsg.) (1983): Evolution und Menschenbild. Hamburg.

Rifkin, J. (1987): Kritik der reinen Unvernunft. Pamphlet eines Ketzers. Reinbek. [Declaration of a Heretic. Boston 1985.]

Roth, G. (1986): Selbstorganisation – Selbsthaltung – Selbstreferentialität: Prinzipien der Organisation der Lebewesen und ihre Folgen für die Beziehungen zwischen Organismus und Umwelt. In: Dress et al. S. 149–180.

Ruckelshaus, W. D. (1989): Politik für eine lebensfähige Welt. In: Spektrum der Wissenschaft, H. 11, S. 152–162.

Sachsse, H. (1978): Anthropologie der Technik. Ein Beitrag zur Stellung des Menschen in der Welt. Braunschweig.

Schaaffhausen, H. (1867): On the Relation between the Anthropoid Apes and Man. In: Anthropological Review 17, S. 236–239.

Scheich, H. (1987): Neural correlates of auditory filial imprinting. In: Journal of comparative Physiology A, 161, S. 605–619.

Schidlowski, M. (1981): Die Geschichte der Erdatmosphäre. In: Spektrum der Wissenschaft, H. 4, S. 16–27.

Schmack, E. (1982): Chancen der Umwelterziehung. Grundlagen einer Umweltpädagogik und Umweltdidaktik. Düsseldorf.

Schmidbauer, W. (1972): Homo consumens. Der Kult des Überflusses. Stuttgart.

Schrödinger, E. (1952): Was ist Leben? Die lebende Zelle mit den Augen des Physikers betrachtet. 2. Aufl. München. [What is life? The Physical Aspekt of the Living Cell. Cambridge 1944.]

Schulz, W. (1985): Der monetäre Wert besserer Luft. Eine empirische Analyse individueller Zahlungsbereitschaften und ihrer Determinanten auf der Basis von Repräsentativumfragen. Frankfurt a. M., Bern, New York.

Schumacher, E. F. (1981): Die Rückkehr zum menschlichen Maß. Reinbek. [Small is beautiful. A Study of Economics as if People Mattered. London 1973.]

Seiler, W. (1990): Klimaänderung: die große Herausforderung des nächsten

Jahrhunderts. In: Tagungsbericht 10. Hochschultage Energie. Essen, S. 87 bis 105.
Siebert, H. (1973): Das produzierte Chaos. Ökonomie und Umwelt. Stuttgart, Berlin, Köln, Mainz.
Simonis, U. E. (Hrsg.) (1985): Ökologie und Ökonomie. Auswege aus einem Konflikt. 3. Aufl. Karlsruhe.
Sperry, R. W. (1970): Perception in the Absence of the Neurological Commissures. In: Perception and Its Disorders. Baltimore.
Spiro, M. E. (1954): Is the Family Unversal? In: American Anthropologist 56, S. 839–846.
Staudinger, H./W. Behler (Hrsg.) (1976): Chance und Risiko der Gegenwart. Eine kritische Analyse der wissenschaftlich-technischen Welt. 2. Aufl. Paderborn.
Stifter, A.: Brigitta. Zit. n. Ausg. Frankfurt a. M. 1964.
Strey, G. (1989): Umweltethik und Evolution. Herkunft und Grenzen moralischen Verhaltens gegenüber der Natur. Göttingen.
Stroebe, W. (1988): Vorurteile. In: Immelmann et al., S. 487–524.
Sturm, H. (Hrsg.) (1979): Ästhetik & Umwelt. Wahrnehmung, ästhetische Aktivität und ästhetisches Urteil als Momente des Umgangs mit der Umwelt. Tübingen.
– (1979): Ästhetik und Umwelt – Anmerkungen zum Verhältnis von Wahrnehmung, ästhetischen Funktionen, – Normen, – Werten. In: Sturm (Hrsg.), S. 77–95.
Taylor, S. E./J. D. Brown (1988): Illusion and Well-being: A social psychological perspective on mental health. In: Psychological Bulletin 103/2, S. 193 bis 210.
Teilhard de Chardin, P. (1959): Der Mensch im Kosmos. München. [Le Phénomène humain.]
Teufel, D. (1988): Die Lösung, Herr Stoltenberg: Führen Sie die Ökosteuer ein. In: Natur, H. 4, S. 16–23.
Thackeray, W. M. (1848): The Book of Snobs.
Thornhill, R./N. Wilmson Thornhill (1987): Human Rape: The Stengths of the Evolutionary Perspective. In: Crowford/Smith/Krebs, S. 269–291.
Toynbee, A. (1988): Menschheit und Mutter Erde. Die Geschichte der großen Zivilisationen. Düsseldorf. [Mankind and Mother Earth – A Narrative History of the World. Oxford 1976.]
Treiber, H./H. Steinert (1990): Die Fabrikation des zuverlässigen Menschen. Über die Wahlverwandtschaft der Kloster- und Fabrikdisziplin. München.
Verbeek, B. (1973): Das Auto und sein Ökosystem. In: Frankfurter Allgemeine Zeitung v. 10. 10. 1973.
– (1976): Ökologie – Grundlagen, Hintergründe, pädagogisch-didaktische Überlegungen. Kastellaun, Saarbrücken.
– (1978): Die Biologie der Wirtschaft. In: Kosmos, H. 4, S. 220–224.
– (1983): Das Leben und das Energieproblem. In: Unterricht Biologie 84, S. 46–49.

– (1987): Das Wertesystem als Wurzel der Umweltzerstörung. In: Calließ/Lob (Hrsg.), Bd. I, S. 57–68.
Vernier, B. (1986): Vom rechten Gebrauch der Verwandtschaft; die Zirkulation von Gütern, Arbeitskräften und Vornamen auf Karpathos (Griechenland). In: Medick/Sabean, S. 55–110.
Vogel, Ch. (1986): Evolution und Moral? In: Maier-Leibnitz, S. 467–507.
– (1988): Gibt es eine natürliche Moral? Oder: Wie unnatürlich ist unsere Ethik? In: Meier (Hrsg.), S. 193–219.
Vogel, Ch./E. Voland (1988): Evolution und Kultur. In: Immelman et al., S. 101–130.
Voiret, J.-P. (1989): Zum Ursprung von Hochkultur und Herrschaft. Kalender, Astronomie und „Himmelsreligion" im alten China. In: Orientierung 53, S. 116–119.
Vollmer, G. (1975): Evolutionäre Erkenntnistheorie. Stuttgart.
Wagner, G. (1986): Evolution der Evolutionsfähigkeit. In: Dress et al., S. 121 bis 147.
Walter, H./S.-W. Breckle (1983 ff.): Ökologie der Erde. 3 Bde. Stuttgart.
Wegener, H.-J. (1990): Überlegungen zur Diskussion um Regenwälder und Tropenholz-Boykott. In: Natur- und Landschaftskunde, H. 1, S. 7–10.
Weizsäcker, E. U. v. (Hrsg.) (1972): Humanökologie und Umweltschutz. Stuttgart, München.
– (1989): Erdpolitik. Ökologische Realpolitik an der Schwelle zum Jahrhundert der Umwelt. Darmstadt.
Wessoleck, W. (1984): Gesellschaftlicher Werte- und Bewußtseinswandel in der „ökologischen Philosophie". In: Gärtner/Leisewitz (Red.), S. 156–167.
Wicke, L. (1986): Die ökologischen Milliarden. Das kostet die zerstörte Welt – so können wir sie retten. München.
– (1989): Umweltökonomie. Eine praxisorientierte Einführung. 2. Aufl. München.
Wickler, W. (1968): Mimikry. Nachahmung und Täuschung in der Natur. München.
– (1975): Die Biologie der Zehn Gebote. München.
– (1983): Hat Ethik einen evolutionären Ursprung? In: Koslowski/Kreuzer/Löw (Hrsg.), S. 125–140.
Wickler, W./U. Seibt (1977): Das Prinzip Eigennutz. Ursachen und Konsequenzen sozialen Verhaltens. Hamburg.
Wilson, E. O. (1980): Biologie als Schicksal. Die soziobiologischen Grundlagen menschlichen Verhaltens. Berlin. [On human nature. Cambridge 1978.]
– (1989): Die Bedrohung des Artenreichtums. In: Spektrum der Wissenschaft, H. 11, S. 88–95.
Woosley, S./T. Weaver (1989): Die große Supernova von 1987. In: Spektrum der Wissenschaft, H. 10, S. 86–96.
Wormbs, B. (1983): Natürlich mit Korsett. In: natur, H. 6, S. 47–50.
Wuketits, F. (1981): Biologie und Kausalität. Biologische Ansätze zur Kausalität, Determination und Freiheit. Berlin, Hamburg.

Zimen, E. (1980): Der Wolf. Mythos und Verhalten. Frankfurt a. M.
Zimmer, D. E. (1979): Unsere erste Natur. Die biologischen Ursprünge menschlichen Verhaltens. München.
– (1988): So kommt der Mensch zur Sprache. Über Spracherwerb, Sprachentstehung und Sprache und Denken. Zürich.

REGISTER

Personen

Sachen